U0078051

超迷人 Photoshop 入門美學

CC適用

Windows & Mac

關於本書

使用前請務必先閱讀本說明

▶ 本書內容是依據 2021 年 9 月為止之資訊，解說關於「Adobe® Photoshop® 2021」的操作方法。於本書出版後，「Adobe® Photoshop® 2021」及其他各軟體的功能與操作方式、畫面等可能會有所變更，可能導致無法依本書所刊載之內容進行操作。有關本書出版後之相關資訊，我們會盡可能提供於敝公司網站（books.gotop.com.tw），但無法保證能即時提供所有資訊與確實的解決辦法。此外，若因使用本書而產生的直接或間接損害，本書作者與敝公司不承擔任何責任，還請見諒。

▶ 若對本書內容有疑問，請至敝公司網站的「聯絡我們」頁面，於表單中輸入具體頁數並詳述您的問題後送出。我們不提供透過電話及傳真解答疑問的服務。而碁峰資訊的網站（books.gotop.com.tw）也提供包含本書在內的各碁峰出版物之相關支援資訊，請務必瀏覽、參考。

▶ 對於下列這些問題，我們無法回答，還請見諒。

- 本書出版之後有所改變的軟、硬體規格及服務內容等相關問題
- 本書所介紹之產品或服務的支援
- 不屬於書中所列步驟的問題
- 與硬體、軟體、服務本身的故障或缺陷有關的問題

● 關於專門用語

在本書中，我們以「Photoshop」來指稱「Adobe® Photoshop® 2021」。此外，本書中所使用的專門用語，基本上都以螢幕上實際顯示的名稱為準。

● 本書的操作環境

本書中的各個操作畫面，是在「Windows 10」電腦上安裝「Photoshop 2021」，並於連上網路的狀態下所擷取而得。在其他不同的環境下，部分操作畫面可能會有差異。

「できる」、「できるシリーズ」為 Impress 公司的註冊商標。

Microsoft、Windows 10 為美國 Microsoft Corporation 在美國及其他國家之註冊商標或商標。

其他出現在本書中的公司名稱、產品名稱、服務名稱等，通常為各開發公司及服務提供者之註冊商標或商標。

此外，本書並未明確標記™及®記號。

本書所有內容皆受著作權法保護。未經作者及出版者的許可，不得以轉載、抄襲、複製等方式利用。

● 關於本書所用的照片素材

書中所用的照片若下方未標記創作者，就屬於 CC0（公眾領域貢獻宣告）的照片素材。

Photoshop YOKUBARINYUMON CCTAIOU “DEKIRU YOKUBARINYUMON”
Copyright © 2021 senatsu
Chinese translation rights in complex characters arranged with Impress Corporation through Japan UNI Agency, Inc., Tokyo

前言

本書能夠讓讀者們透過精美的範例製作，學習到真正好用的技巧。

Photoshop 是用來處理照片與圖像的編修軟體。

環顧四周，各位現在舉目所見的諸多商品，想必都包含了某些照片或圖像。這類經過設計的圖像，幾乎都可用 Photoshop 來製作。從隨處可見的雜誌及零食包裝、飲料瓶上的標籤等印刷品，到顯示在社群網站上的照片、YouTube 的影片縮圖、網頁廣告等螢幕圖像，Photoshop 的應用領域可謂十分廣泛。

而且不只是照片與影像編修，Photoshop 也可用於平面設計製作，但對各位讀者來說，編修影像的目的是什麼呢？

- 想讓照片更具吸引力
- 想做出理想的視覺作品
- 想在社群網站上用來吸引顧客
- 想要明確地傳達商品特色
- 想要用於宣傳活動
- 想要學會新的技能
- 想要在社群網站上獲得很多讚

有些人的目的可能已經很明確，但或許也有一些人還搞不清楚自己的目的為何。

像是對 Photoshop 有興趣但不知該從何學起的人、在某個程度上會使用 Photoshop 但未曾有系統地從基礎開始學習的人等，本書正是為這些人所設計。

筆者依據過去參與眾多企業廣告製作之觀點，並從創作作品的角度出發，以實際的應用情境為假設前提，精選了從「絕對必懂的基本功能」到「基本功能的應用技巧」等內容構成本書。目的就是要盡可能用有效率的方式循序漸進，從簡單的課程開始慢慢進階，好讓大家能夠毫不費力地學到最後。此外，為了讓讀者們能夠愉快地學習，在熱愛攝影的攝影師們的協助下，筆者精心收集了許多漂亮的照片，這點也是本書的一大特色。務求不讓由本書開始入門的人感到挫折，並徹底做到解說簡單易懂又能夠應用，是筆者的堅持之一。

本書的目標，就是要讓各位能夠理解 Photoshop，並應用於各種情境。在此，筆者與所有編輯一同衷心期盼可透過本書，幫助大家達成「創作與實現」的心願。

senatsu

CONTENTS

CHAPTER 3

CHAPTER 4

本書練習範例檔

● 範例下載

本書範例檔可從以下網址下載。下載的檔案為壓縮檔，請解壓縮檔案後再使用。

http://books.gotop.com.tw/download/ACU084500

本書提供的練習檔及練習檔所包含的素材，都只能用於書中學習 Photoshop 的操作。但屬於 CC0 的素材則受 CC0 使用條款之約束。

禁止進行下列行為：再次散佈素材 / 用於違反公共秩序及善良風俗之內容 / 用於包含違法、虛假、誹謗等之內容 / 其他侵害著作權之行為 / 商用及非商用方面的二次利用。

● 關於社群網站的貼文

在社群網站上張貼與本書有關的內容時，請加上「# 超迷人 Photoshop 入門美學」標籤。有標記創作者的照片不得擅自張貼於社群網站等處。

● 練習檔的資料夾結構

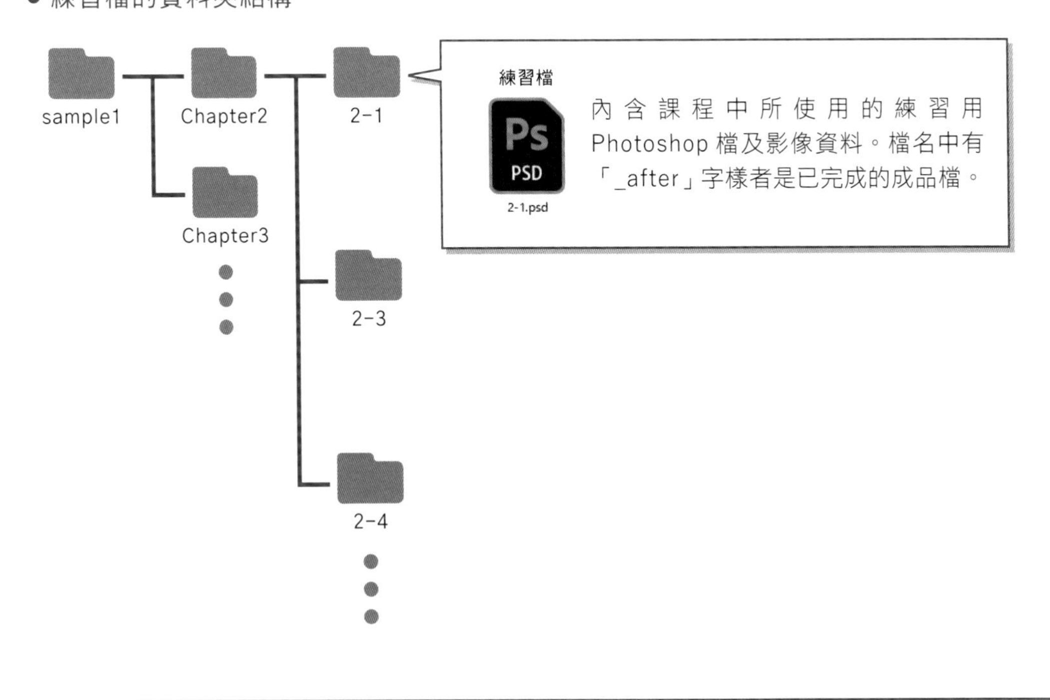

如何閱讀本書

本書內容同時適用於 Windows 與 Mac 兩種系統，但解說內容是以 Windows 為準。使用 Mac 進行鍵盤操作時，請將 Ctrl 換成 ⌘，將 Alt 換成 option，將 Enter 換成 return。

主題標籤（# 標籤）
此課程的學習內容與關鍵字。

課程標題
用一句話表達此課程要做的事。

練習檔
此課程所使用之檔案的檔名。

在此課程中會學到些什麼
說明此課程的步驟與所使用的功能。

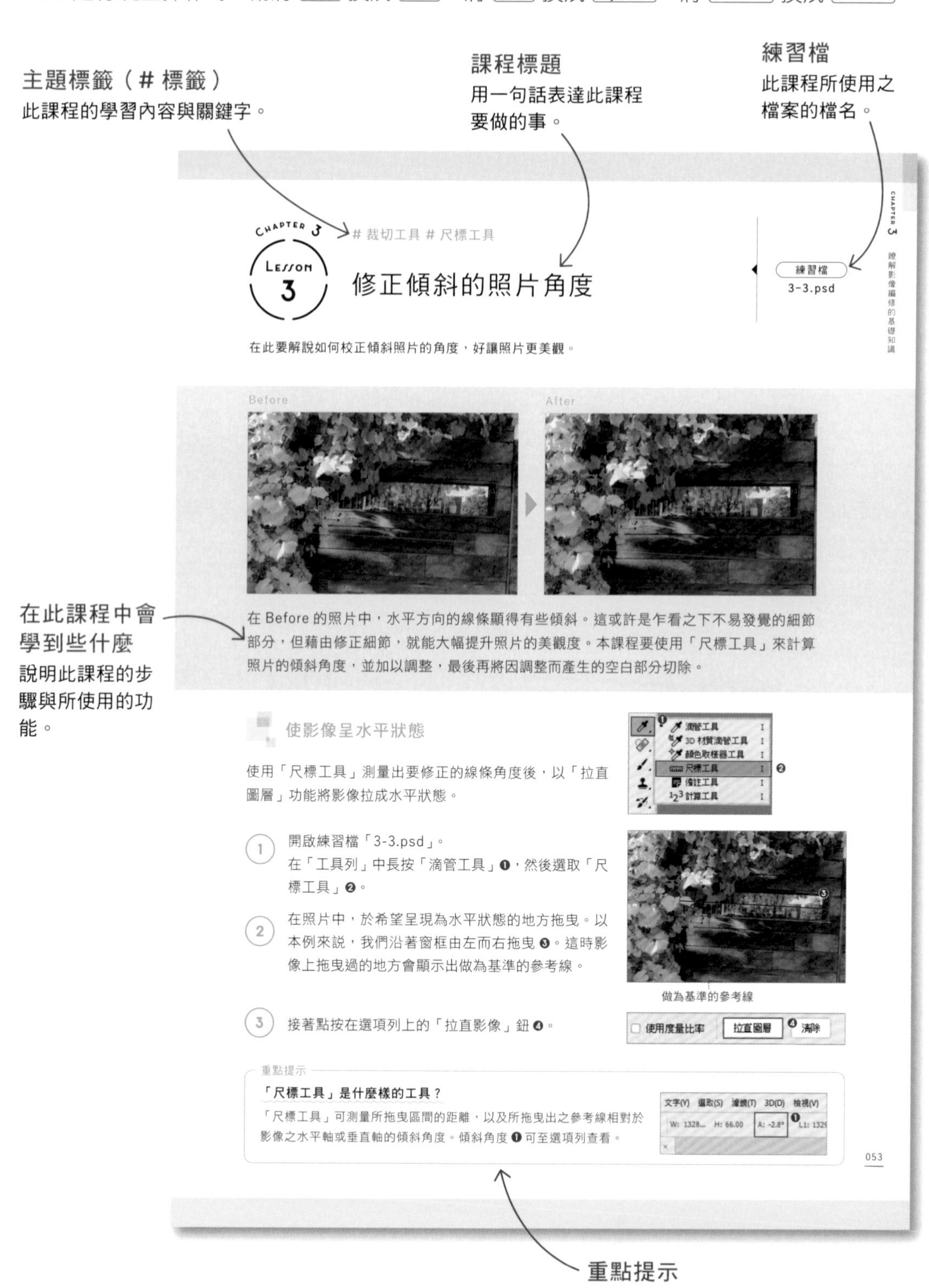

CHAPTER 3 # 裁切工具 # 尺標工具

LESSON 3 修正傾斜的照片角度

練習檔 3-3.psd

在此要解說如何校正傾斜照片的角度，好讓照片更美觀。

Before After

在 Before 的照片中，水平方向的線條顯得有些傾斜。這或許是乍看之下不易發覺的細節部分，但藉由修正細節，就能大幅提升照片的美觀度。本課程要使用「尺標工具」來計算照片的傾斜角度，並加以調整，最後再將因調整而產生的空白部分切除。

使影像呈水平狀態

使用「尺標工具」測量出要修正的線條角度後，以「拉直圖層」功能將影像拉成水平狀態。

1. 開啟練習檔「3-3.psd」。在「工具列」中長按「滴管工具」❶，然後選取「尺標工具」❷。
2. 在照片中，於希望呈現為水平狀態的地方拖曳。以本例來說，我們沿著窗框由左而右拖曳❸。這時影像上拖曳過的地方會顯示出做為基準的參考線。
3. 接著點按在選項列上的「拉直影像」鈕❹。

做為基準的參考線

重點提示

「尺標工具」是什麼樣的工具？

「尺標工具」可測量所拖曳區間的距離，以及所拖曳出之參考線相對於影像之水平軸或垂直軸的傾斜角度。傾斜角度❶可至選項列查看。

053

重點提示
說明操作時的注意事項與相關的便利技巧等。

本書的內容設計，是讓讀者只需依序閱讀頁面，即可充分享受到使用 Photoshop 製作影像的樂趣。以即使是初學者也能夠順利操作，就算是有經驗的人也能服氣的詳盡說明為特色。

操作解說
逐步解說實際在畫面上該如何操作。所列出的標題可讓人一眼就看出各步驟的操作目的。

建議
作者提供的忠告及小知識。

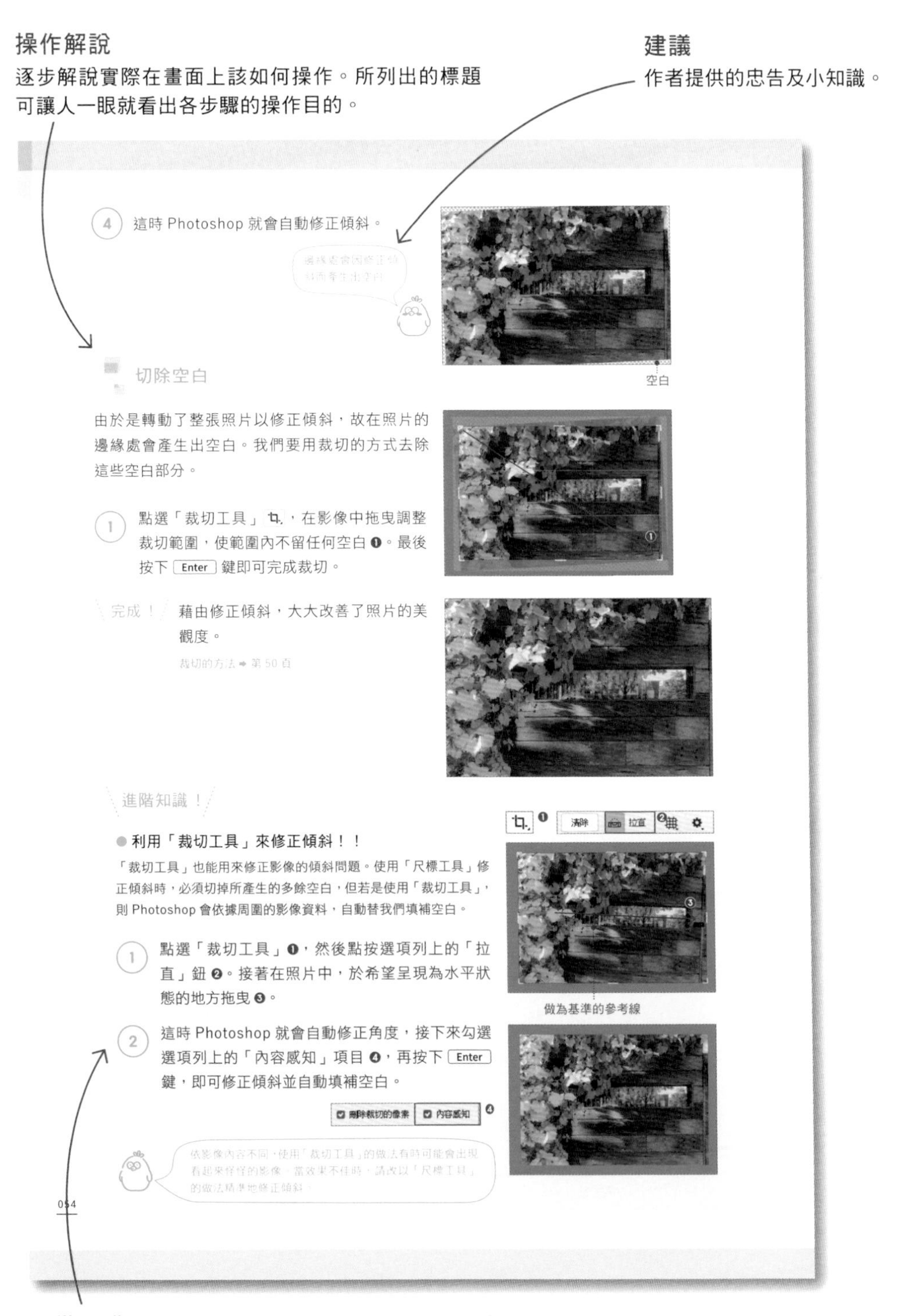

④ 這時 Photoshop 就會自動修正傾斜。

邊緣處會因修正傾斜而產生出空白

空白

切除空白

由於是轉動了整張照片以修正傾斜，故在照片的邊緣處會產生出空白。我們要用裁切的方式去除這些空白部分。

① 點選「裁切工具」，在影像中拖曳調整裁切範圍，使範圍內不留任何空白 ❶。最後按下 Enter 鍵即可完成裁切。

完成！ 藉由修正傾斜，大大改善了照片的美觀度。

裁切的方法 ➡ 第 50 頁

進階知識！

● 利用「裁切工具」來修正傾斜！！

「裁切工具」也能用來修正影像的傾斜問題。使用「尺標工具」修正傾斜時，必須切掉所產生的多餘空白，但若是使用「裁切工具」，則 Photoshop 會依據周圍的影像資料，自動替我們填補空白。

① 點選「裁切工具」❶，然後點按選項列上的「拉直」鈕 ❷。接著在照片中，於希望呈現為水平狀態的地方拖曳 ❸。

② 這時 Photoshop 就會自動修正角度，接下來勾選選項列上的「內容感知」項目 ❹，再按下 Enter 鍵，即可修正傾斜並自動填補空白。

做為基準的參考線

依影像內容不同，使用「裁切工具」的做法有時可能會出現看起來怪怪的影像。當效果不佳時，請改以「尺標工具」的做法精準地修正傾斜。

054

必備知識！介紹的是開始操作前所需具備的知識或資訊。
進階知識！介紹的是與課程所學相關的進階知識或技術等。

本書的內容結構

本書是以 1 ～ 10 章，從基礎到應用、創作的學習內容所構成。

基礎

瞭解Photoshop能夠做些什麼

說明 Photoshop 是什麼樣的工具、能夠做哪些事情。

學習Photoshop的基本操作

解說 Photoshop 的基本操作及選取範圍的建立方式、簡單的編修處理方法等。

應用

學習各類影像的編修技巧

依據風景、人像、食物等不同的影像類型，介紹能使照片變得更好看的編修技巧。

創作

製作美麗的圖像作品

運用於前面各章學到的技巧來製作圖像作品。

進一步加深Photoshop的知識

包含外掛程式的介紹及快速鍵列表等，可讓人學到有助於使用 Photoshop 的實用知識。

認識 Photoshop

影像編輯軟體 Photoshop 是什麼樣的工具？
它能夠做哪些事情？
讓我們從認識 Photoshop 開始。

#Photoshop 簡介

Photoshop 是什麼？

Photoshop 是一種能夠進行照片編修及插圖製作等影像編輯處理的軟體。在張貼照片於社群網站已成日常的今日，使用 Photoshop 的機會可說是越來越多了。

Adobe Photoshop 2021（22.0.0版）的操作畫面

持續受到大家喜愛的 Photoshop

Photoshop 是 Adobe 公司的影像編輯軟體產品。

Photoshop 擅長照片的修正及加工，甚至也可做為插圖製作及網頁等的設計工具而廣為許多人所愛用。從 1990 年的第一個版本發佈至今，不論專業還是業餘，Photoshop 一直支持著人們的創作活動。現在你可以支付月費訂閱的方式，即時取得 Photoshop 軟體最新功能（若你還沒用過 Photoshop，請先至 Adobe 網站以訂閱方式購買）。近來，Photoshop 增添了許多運用 AI 的自動功能，使得以往需花費大把時間靠手動方式進行的校正及編修處理，都能輕易完成。積極融入時代需求的 Photoshop，今日依舊持續進化中。

日常可見的 Photoshop 應用情境

在我們生活周遭，充滿了許多照片與圖像、平面設計。像是 App 的圖示與印記、網頁及雜誌、廣告、遊戲、社群網站的貼文、商品包裝 ...... 等等，少了照片和圖像、平面設計，這些都無法成立。而這些作品，很多都是用 Photoshop 製作出來的。使用 Photoshop，就能夠進一步美化照片，或是描繪出幻想中的世界等，可以做出各式各樣的視覺表現。在人人都能用手機或數位相機輕鬆拍照並張貼至網路的今日，使用 Photoshop 的機會和 Photoshop 的使用者，都日益增加。

CHAPTER 1

LESSON 2

#Photoshop 簡介

Photoshop 能夠做些什麼？

Photoshop 能夠做的事情很多，讓我們來快速瀏覽一下本書的各項學習內容。

校正色彩

Photoshop 能夠調整照片的亮度及對比 、顏色。當照片沒能拍出你想要的顏色或亮度時，就可用 Photoshop 來調整改善，甚至還能透過校正處理，進一步創作出更令人印象深刻的影像。

Before

After

藉由校正處理，使下方的覆盆子更醒目，讓整體細節更清晰

使用遮色片遮罩影像

Photoshop 能夠將照片中不需要的部分遮罩（隱藏）起來，只顯露出需要的部分，達成如去背般的效果。就連頭髮或動物的毛皮等也都能夠乾淨漂亮地遮罩起來。

Before

After

Photoshop能在保留蓬鬆質感的狀態下，對細密的狗毛進行遮罩處理

替照片增添效果

Photoshop 具備各式各樣的濾鏡，可依需求為影像增添效果，像是以特殊效果使物體發光，或是將背景模糊化以製造出有如用單眼相機拍攝的感覺等。

Before

After

只將背景模糊化，藉此凸顯前景處的汽車

裁切照片與修正構圖

Photoshop 能夠以指定的寬高比例來裁切照片，也能旋轉照片。依據照片的內容狀況，有時甚至還能夠將沒照到的範圍合成出來。

Before

After

將原本位於照片中央的果實移動到右側1/3的位置，裁切成更令人印象深刻的構圖

合成照片

Photoshop 能夠將多張照片合成、可創作拼貼作品，或者表現出奇幻世界。

Before

After

將廢墟的照片與水底照片合成，做出淹沒在水中的廢墟影像。

Before

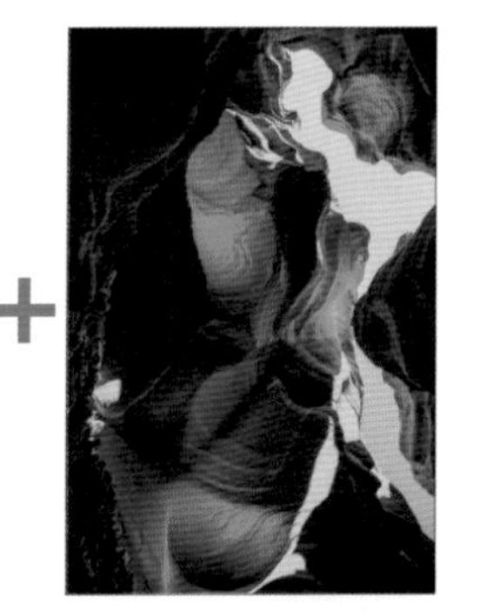

After

合成人物照與溪谷照，以數位方式重現多重曝光的照片。

移除照片中不需要的部分

Photoshop 也能夠輕鬆移除不小心拍進照片裡的多餘部分。除了灰塵與小碎屑外，就連人或建築物等各式各樣的物體都能夠移除得很自然。

Before

After

利用背景的藍天來移除空中的飛鳥

進行設計製作

除了照片的編修處理外，Photoshop 也能夠插入文字、繪製圖形，以及使用筆刷來製作插圖等。結合這些工具與功能，便能夠製作出海報與明信片等宣傳品。

邀請函

YouTube的影片縮圖

網頁橫幅

使用筆刷繪製

進階知識！

● 與 Adobe Illustrator 的差異

與 Adobe Photoshop 同屬平面圖像類設計工具而廣為使用的，還有 Adobe Illustrator。相對於 Photoshop 擅長照片的校正與編修處理，Illustrator 則擅長如 Logo 標誌製作和線條清晰的插圖製作等領域。兩者在資料方面也有所不同，Photoshop 主要處理的是由像素集合而成的「點陣影像」，而 Illustrator 則主要處理以數值化之點與線為基礎來描繪圖像的「向量影像」。這兩個軟體經常相互搭配運用，例如用 Photoshop 編修照片後，將之配置於 Illustrator 中，以製作傳單等印刷品，又或是用 Illustrator 製作 Logo 後，將之與 Photoshop 編修過的影像結合，以製作網頁橫幅等。

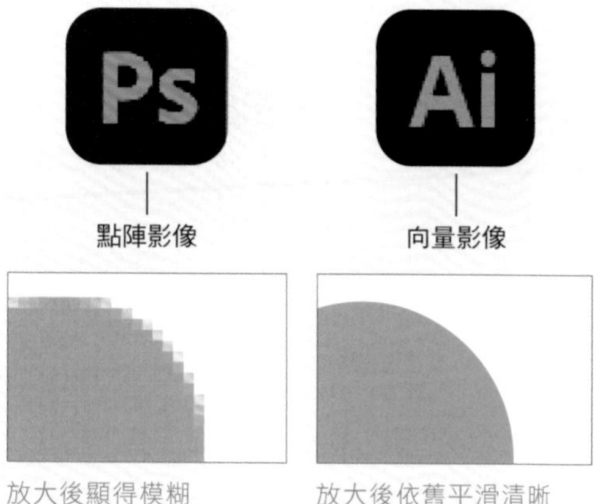

放大後顯得模糊

放大後依舊平滑清晰

COLUMN

Photoshop 的進化與普及

如本章所述，Photoshop 在影像編修軟體的領域中擁有悠久的歷史。隨著時代進展配備不同新功能的 Photoshop，最近給人的感覺就是他們試圖追上手機影像編修 App 的便利性。

手機 App 能以滑動的方式選擇濾鏡，任何人都能輕鬆調整照片顏色、即時進行臉部的編修處理等。

而 Photoshop 也增加了越來越多只需按一個按鈕就會由 AI 自動處理的功能。

其中，在去背功能的部分有相當驚人的進化。現在即使是如動物的毛皮等分界模糊的影像，Photoshop 也能透過自動處理輕易完成去背。

既然 Photoshop 會自動替我們完成麻煩的操作，那麼我們人類就能更專注於思考設計等創造性的部分，這真的是非常棒的事情。

過去，照片的加工是由影像編修人員處理，設計則由設計師及創作者負責，各自分工。但 Photoshop 的進化讓人們能夠跨越這些藩籬，使創作者能在發揮自身優勢的同時，執行更廣泛的業務。

今後，想必不僅限於創作者，Photoshop 將會進一步普及至商店老闆及業務行銷負責人員等，為更廣泛的各行各業的人們所運用。為了能在那個時刻到來時，可以有自信地操作 Photoshop，就讓我們一起快樂地學習本書吧！

Photoshop 具備的自動功能之一

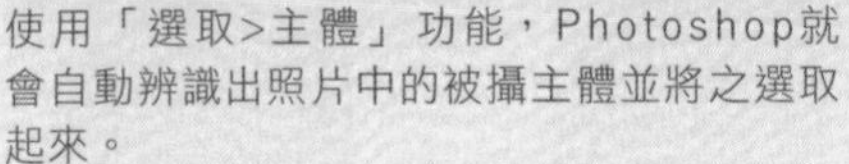

使用「選取>主體」功能，Photoshop就會自動辨識出照片中的被攝主體並將之選取起來。

學習 Photoshop 的基本操作

本章將實際體驗如何使用 Photoshop 來編修照片。
透過從啟動、對照片進行處理再儲存的一連串程序，
讓各位學會 Photoshop 的基本操作。

啟動 Photoshop # 開啟影像

啟動 Photoshop 並開啟影像

練習檔
2-1.psd

現在開始我們要來體驗使用 Photoshop 進行影像編修處理。首先要學習的是啟動 Photoshop 以及開啟影像檔的方法。

啟動 Photoshop

1. 點開「開始 」選單 ❶，在應用程式清單中點選「Adobe Photoshop 2021」❷。

重點提示

若是在 Mac 上啟動

按 shift + ⌘ + A 鍵開啟「應用程式」資料夾，然後雙按「Adobe Photoshop 2021」資料夾內的「Adobe Photoshop 2021」。

2. 這時 Photoshop 便會啟動，顯示啟動畫面。

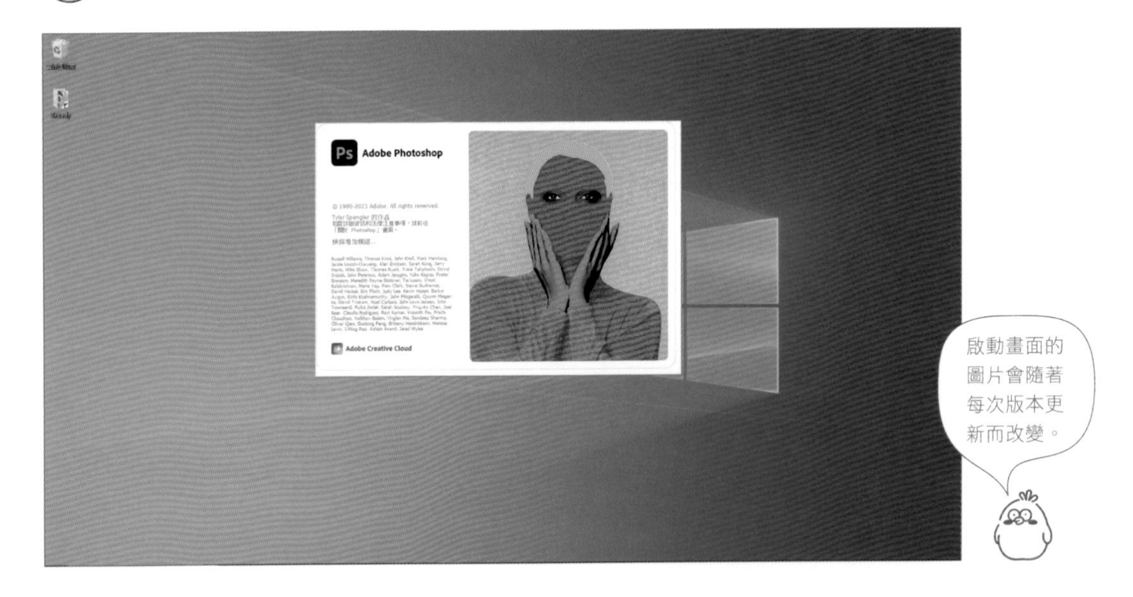

開啟影像

Photoshop 啟動後會顯示首頁畫面。在此畫面中，除了可開啟既有的影像檔外，也可建立新檔案或瀏覽教學課程。在此我們要開啟既有的影像檔。

1 點選「檔案」選單中的「開啟舊檔」❶。

首頁畫面

「開啟舊檔」的快速鍵是 Ctrl（⌘）+O 鍵。

重點提示

開啟影像檔還有其他做法

你也可透過點按首頁畫面中的「開啟」鈕，或是直接將影像檔拖放至首頁畫面的方式來開啟影像檔。首頁畫面的功能會隨版本而有所不同，但從「檔案」選單開啟的做法永遠不變，故建議各位先記住從選單開啟的做法。

2 在「開啟」對話視窗中選擇練習檔「2-1.psd」❶，然後按「開啟」鈕❷。

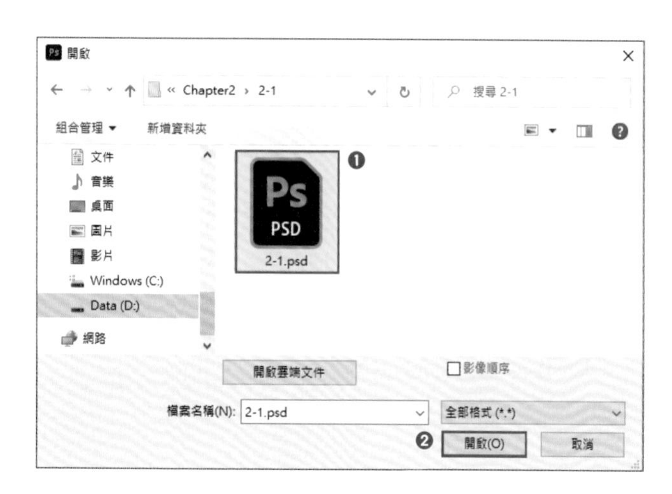

＼完成！／ 成功開啟影像檔。

第一次啟動時，當你按下首頁畫面中的「開啟」鈕後，會顯示出「雲端文件」對話視窗。當你看到此對話視窗時，請依下方「重點提示」的說明操作。

顯示副檔名

在開始用 Photoshop 編修影像之前，請先設定電腦顯示檔案的副檔名。所謂的「副檔名」，是用來標記檔案種類以便判斷哪個應用程式能夠開啟該檔案的記號，它位於檔名的末尾處，由「.」（點）加上英文字母及數字構成。本課程的檔案種類是 Photoshop 檔，副檔名為「.psd」。若你的電腦並未顯示出副檔名，請開啟檔案總管，點選「檢視」索引標籤 ❶，然後勾選「副檔名」❷。

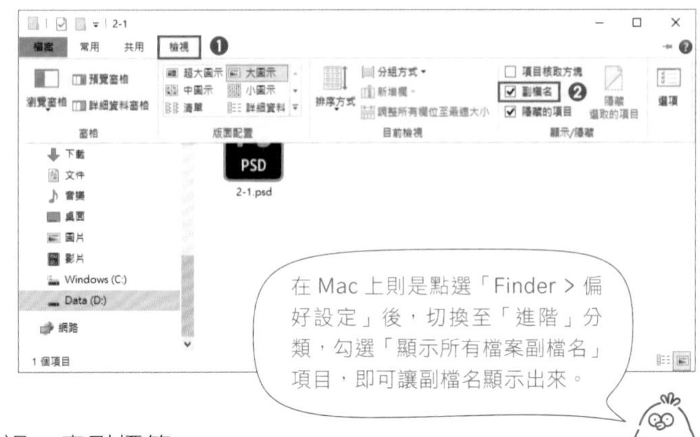

在 Mac 上則是點選「Finder > 偏好設定」後，切換至「進階」分類，勾選「顯示所有檔案副檔名」項目，即可讓副檔名顯示出來。

重點提示

顯示出「雲端文件」對話視窗時

當你按下首頁畫面中的「開啟」鈕後，若是彈出「雲端文件」對話視窗，則請點按左下角的「您的電腦上」❶，便可存取你電腦裡的檔案。而從「雲端文件」對話視窗則可開啟儲存在雲端的檔案。Photoshop 可藉由將檔案儲存於雲端的方式，讓人們使用桌上型電腦和筆記型電腦等多個裝置的 Photoshop 來存取並處理相同的檔案。

重點提示

如何不顯示首頁畫面

點選「編輯」選單（Mac 為「Photoshop」選單）中的「偏好設定 > 一般」，在「偏好設定」對話視窗的「一般」分類中 ❶，取消「自動顯示首頁畫面」項目後 ❷，按「確定」鈕 ❸，就能讓首頁畫面不再顯示出來。若要使之重新顯示出來，就勾選該項目後按「確定」鈕即可。

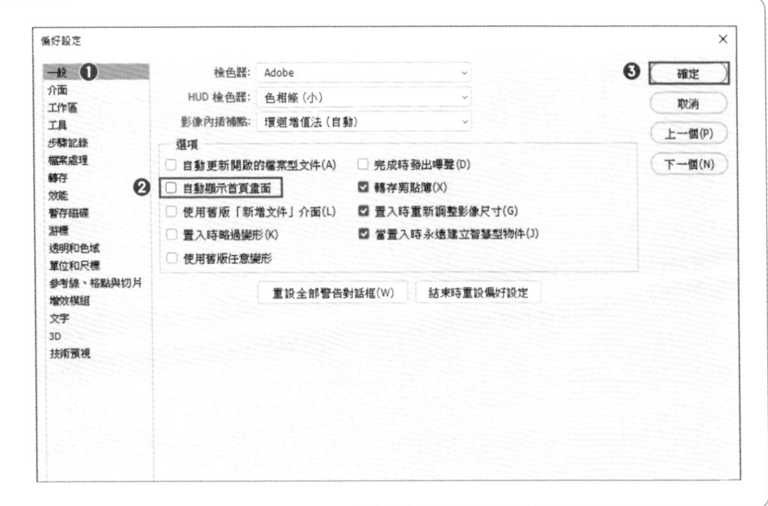

進階知識！

如何建立新文件

若是要繪製插圖、設計 Logo 標誌等，亦即不是要開啟既有的影像檔，而是要建立新文件的話，請點選「檔案 > 開新檔案」❶（也可在首頁畫面點按「新建」鈕）。這時會彈出「新增文件」對話視窗，設定「寬度」、「高度」、「解析度」、「色彩模式」等項目 ❷，再按「建立」鈕 ❸，即可建立並開啟新的影像檔。而點按此對話視窗上方的「相片」、「列印」、「線條圖和插圖」、「網頁」等索引標籤，還可選擇以各種不同類型的文件預設集來建立新檔案。

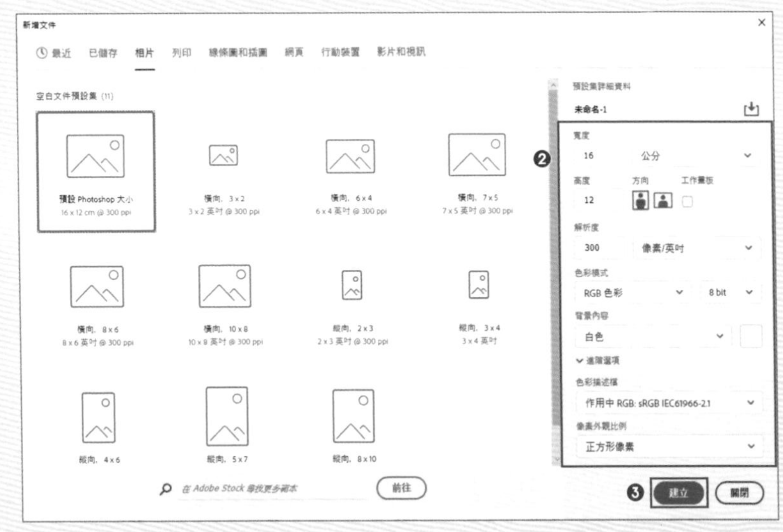

「新增文件」對話視窗

重點提示

開新檔案的快速鍵

按 Ctrl（⌘）+N 鍵即可建立新文件。

在第 2 章中，課程 1 ～ 7 的內容是連貫的，故本課程所開啟的「2-1.psd」檔可繼續沿用至下一課程。若是要跳至特定課程學習，請直接開啟各課程的練習檔。

工作區

瞭解 Photoshop 的編輯畫面

在 Photoshop 中進行影像編修的畫面稱為「工作區」。以下將介紹工作區各部分的名稱及主要功能。

※號碼對應至後續的說明文字

❶ 選單列

各種操作 Photoshop 的編輯功能，以選單的形式分類收納於此。只要點按選單名稱，便會顯示出該選單所含有的功能列表，以供你點選要使用的功能。功能名稱右側有「...」者，點選後會彈出對話視窗。而有「▸」者代表含有子選單。

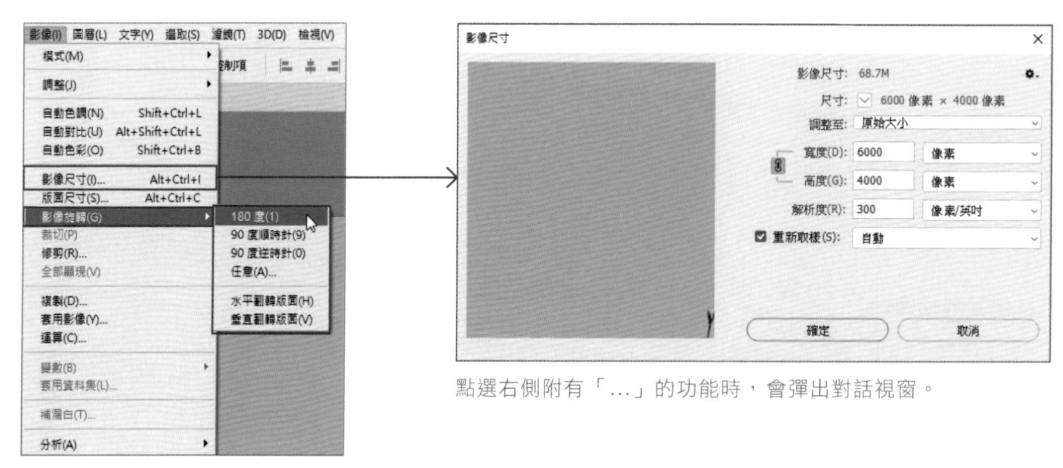

附有「▸」符號的功能具有子選單

點選右側附有「...」的功能時，會彈出對話視窗。

❷ 工具面板

完整收納了編輯和選取等直接操作影像用的工具。由於可依據圖示圖案來選用，故能提供有如從工具箱換用工具般的直覺式操作體驗。也稱為「工具列」。工具圖示的右下角有個小三角形者，只要長按（按住不放），便會進一步顯示出相關工具。

右下角有個小三角形的工具，可長按以叫出多個相關工具

❸ 選項列

你可在此變更目前所選用工具的各個設定項目。其所顯示的內容會依目前選用的工具而改變。

❹ 文件視窗

所開啟的影像或所建立之文件的顯示區域。此視窗的左上角有索引標籤，其中會顯示出檔案名稱。同時開啟多個檔案時，便可藉由點選索引標籤的方式來切換顯示各個檔案。

❺ 版面

可進行影像編輯的區域。只有這個範圍的內容能夠轉存及列印。

❻ 面板槽

可進行各種與影像編輯和繪圖有關的調整及數值的設定、確認的小視窗，叫做「面板」。而聚集了各種面板的地方稱為「面板槽」，許多相關功能都集合於此。這些面板預設是以索引標籤並排的形式重疊在一起，只要點選想使用的面板的索引標籤，便可使之顯示出來。若沒看到你想用的面板，則可至「視窗」選單中尋找並點選，即可叫出該面板。你還可拖曳面板的索引標籤，使之脫離面板槽並移動到畫面上的任意位置。使用完畢後再將之拖曳回面板槽，即可保持畫面乾淨清爽，以利編修作業。

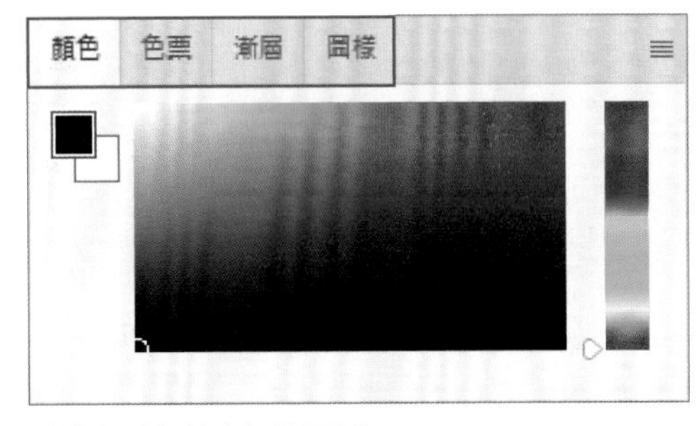

點按索引標籤來切換面板

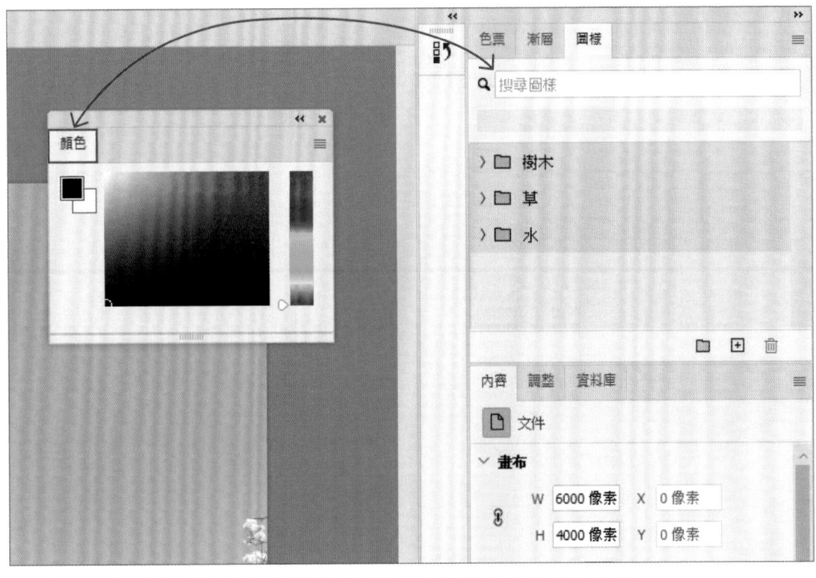

你可拖曳面板的索引標籤使之脫離面板槽，也可將之拖曳回面板槽。

「面板槽」就像是「桌子的抽屜」！

放大　顯示影像並移動顯示位置

放大與縮小 # 縮放顯示工具 # 手形工具

練習檔
2-3.psd

放大顯示影像，你就能夠一邊確認細節部分一邊進行編修作業。現在就讓我們來學習放大與縮小檢視，以及移動顯示位置的方法。

Before

After

使用「縮放顯示工具」，就能改變影像的顯示尺寸。將影像放大顯示後，再用「手形工具」移動影像，好讓需要編修的部分顯示出來。

放大、縮小顯示影像

要放大或縮小影像的顯示時，就使用「縮放顯示工具」。點選「縮放顯示工具」後，每點按一次影像，就能逐步放大或縮小所點按的部分。在此以放大飛鳥的部分為例說明。

1. 開啟練習檔「2-3.psd」。點選「工具列」中的「縮放顯示工具」❶。確認放大鏡圖示顯示為加號 🔍（放大），然後在畫面中飛鳥的左邊點一下 ❷。

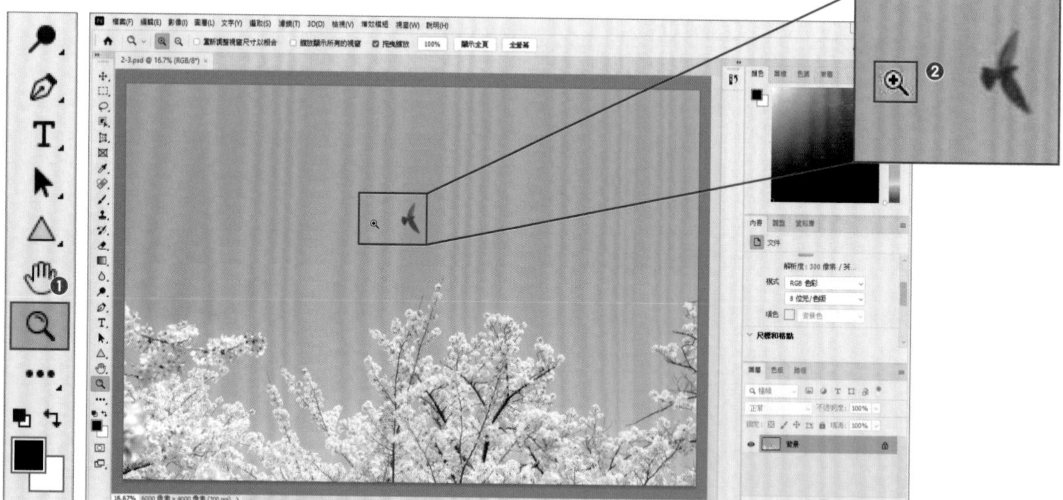

2 每點按一次，影像便會放大一階。在此我們繼續點按 4 次。查看顯示著檔名的索引標籤處 ❸ 或文件視窗的左下角 ❹，確認顯示百分比的確已變大。

3 接著來試試縮小顯示影像。在選取加號（放大）的「縮放顯示工具」的狀態下，按住 Alt （ option ）鍵不放，使之暫時切換為減號（縮小）狀態 ❺，再點按飛鳥的左邊。

重點提示

也可按「縮小顯示」鈕來切換

你也可在選項列點按「縮小顯示」鈕 ❶ 來切換至縮小顯示。

重點提示

如何放大、縮小整個顯示範圍

「縮放顯示工具」是以所點按的位置為中心來放大、縮小顯示，而按 Ctrl （ ⌘ ）鍵 + ⊞ ／ ⊟ 鍵，則能放大、縮小整個顯示範圍。

4 影像縮小顯示了。每點按一次，影像的顯示便會逐漸越縮越小。

重點提示

也可透過拖曳來放大、縮小

選項列中的「拖曳縮放」項目預設是有勾選的 ❶。在此狀態下，用「縮放顯示工具」於畫面上按住滑鼠左鍵往右拖曳可放大顯示，往左拖曳則會縮小顯示。

移動到方便檢視的位置

現在我們要使用「手形工具」，嘗試調整顯示於文件視窗中的影像位置。當版面（影像）放大顯示到比文件視窗還大的程度時，就可利用「手形工具」來移動版面的位置。在此讓我們試著把飛鳥移動到畫面中央。

1 於「工具列」點選「手形工具」❶，然後在畫面中按住滑鼠左鍵拖曳以調整位置，使飛鳥顯示在畫面中央 ❷。此外，不論目前選取了哪種工具，只要按住 Space 鍵不放，都能暫時切換至「手形工具」，這樣你就能方便地快速移動影像位置。

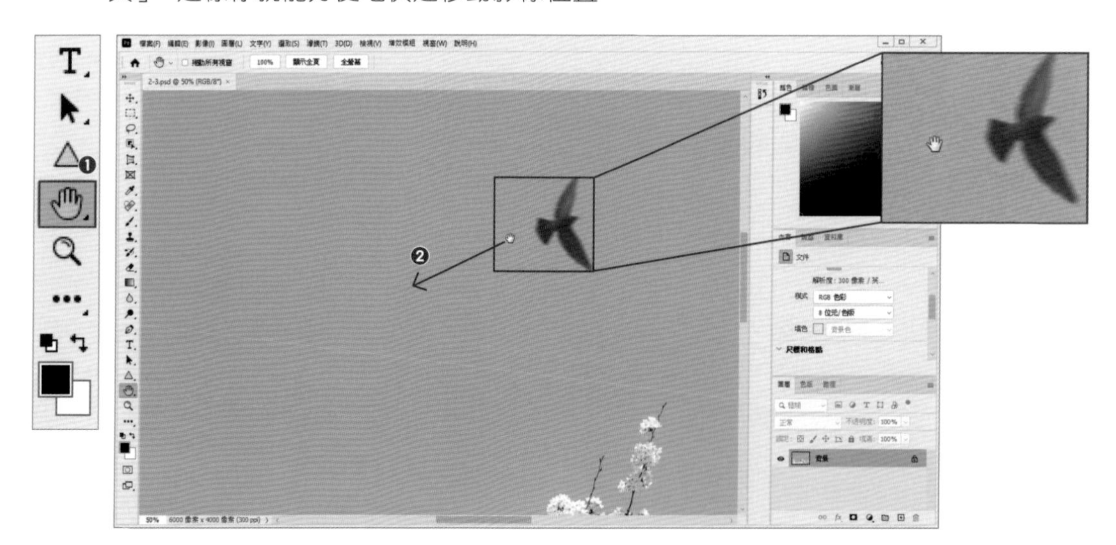

完成！把放大顯示的飛鳥移動到畫面中央了。

進階知識！

以框選物體的方式來放大顯示

「縮放顯示工具」還可透過框選想放大顯示的物體，亦即藉由指定範圍的方式，來放大顯示。當你已決定好要放大顯示哪個部分時，便可採取此做法。

① 取消選項列上的「拖曳縮放」項目 ❶。

② 使用加號（放大）的「縮放顯示工具」，從左上往右下拖曳，將虛線框住要放大顯示的部分 ❷。

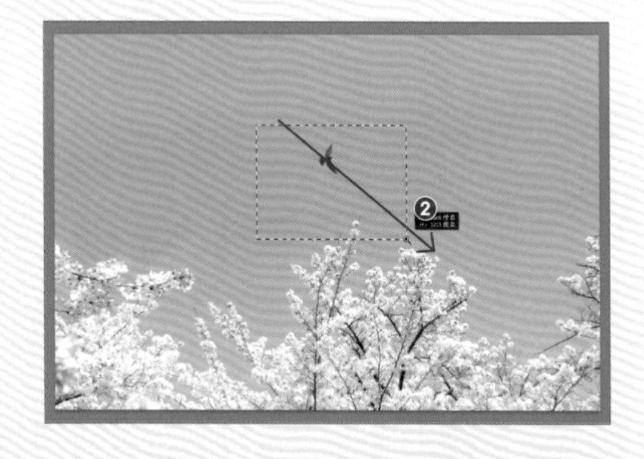

③ 框住的部分被放大顯示了。

\# 建立新圖層 # 仿製印章工具 # 筆刷的設定

用仿製印章工具讓飛鳥消失

練習檔
2-4.psd

本例要試著讓影像中的飛鳥消失，將該部分替換為藍天。這是影像處理的常用技巧之一，可用於拍照拍到意料之外的物體等各式各樣的情況。

Before

After

用複製來的樣本將飛鳥隱藏起來

本課程要運用工具迅速移除影像中的飛鳥。我們將使用的是「仿製印章工具」，能夠將部分影像複製並貼在你想移除的物體上，其特色在於能以如印章般的方式來運用。在進行影像編修時，此工具常用於消除影像中的多餘物體等情況。接著就讓我們來拯救不小心拍到不相干的路人、飛鳥、小小的灰塵垃圾這類「要不是拍進了那玩意，可就是一張好照片了 ......」的 NG 照片吧！在此我們不變更原始照片，而是會建立作業用的新圖層來進行編修。

建立新圖層

首先要建立作業用的圖層。所謂的圖層，就是重疊在影像上有如透明薄膜般的東西。藉由建立作業用的圖層，就能在不破壞原始影像的狀態下進行編輯。

關於圖層的詳細說明，請見第 41 頁。在此是以建立新作業用空間之目的來「建立新圖層」。

1. 開啟練習檔「2-4.psd」。在畫面右下角的「圖層」面板中，點按「建立新圖層」鈕 ❶。

2. 這樣就能在「背景」圖層上建立出一個新圖層（圖層 1）❷。

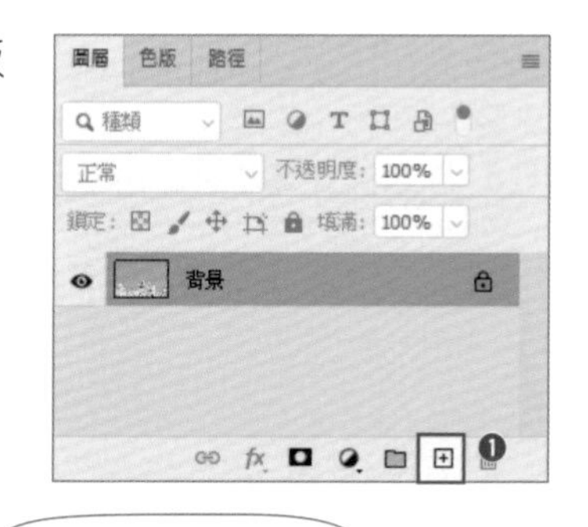

新增的圖層是透明的，所以影像的外觀並無變化。

變更圖層名稱

接著要更改圖層名稱，以便從名稱就能判斷其內容為何。

① 雙按顯示為「圖層 1」的圖層名稱，使之進入可編輯狀態 ❶。

使用清楚易懂的圖層名稱，並整理得井井有條，作業才會順利！

② 輸入「編修」後，按 Enter （return）鍵 ❷。

③ 成功變更了圖層名稱。

編修就是進行加工、修正之意。從下一步驟開始，我們就要使用這個圖層來編修影像。

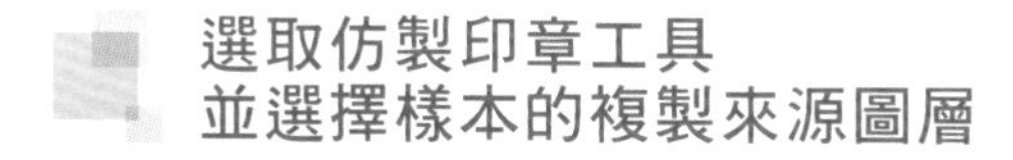

選取仿製印章工具並選擇樣本的複製來源圖層

點選「仿製印章工具」後，設定要複製樣本的圖層。

① 在工具列點選「仿製印章工具」❶，然後於選項列將「樣本」設定為「目前及底下的圖層」❷。

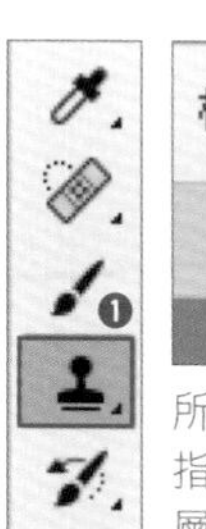

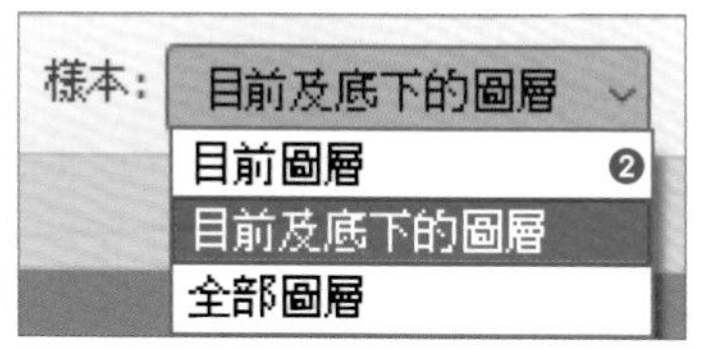

所謂「目前及底下的圖層」，就是指在「圖層」面板中從目前所在圖層起算的以下所有圖層。

重點提示

無法複製時，請查看「樣本」設定

選項列的「樣本」項目可指定要複製樣本的圖層。本例雖是在「編修」圖層上使用「仿製印章工具」，但由於「編修」圖層空空如也，若將「樣本」選為「目前圖層」的話，就會複製不到任何樣本。故請務必記得要選為「目前及底下的圖層」。此外由於本例的「編修」圖層之上沒有其他圖層，故也可選為「全部圖層」。

變更筆刷的大小與硬度

接著要決定複製樣本時的筆刷大小與硬度。所謂筆刷，是指編修的筆刷。也就是使照片顯影、列印照片時為了用墨水修整而使用的筆刷，就跟畫筆一樣，有各式各樣的硬度與大小。在 Photoshop 中的筆刷工具所模擬的就是這種修整筆。硬度的數值越大，筆畫的邊界就越清晰。在此我們將硬度數值設定得小一些，使筆刷的邊界較模糊，以便融入背景。

「筆刷預設」揀選器

1. 點按選項列上的「按一下以開啟「筆刷預設」揀選器」鈕 ❶，打開「「筆刷預設」揀選器」❷。

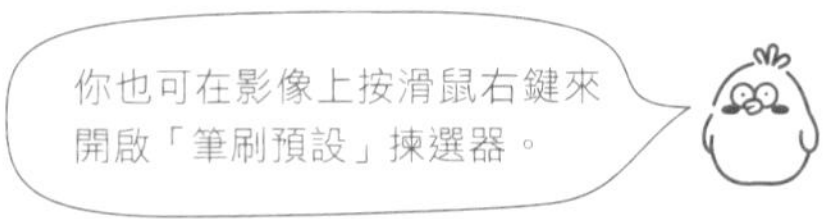

2. 將「尺寸」設為「600 像素」❸，「硬度」設為「50%」❹。

重點提示

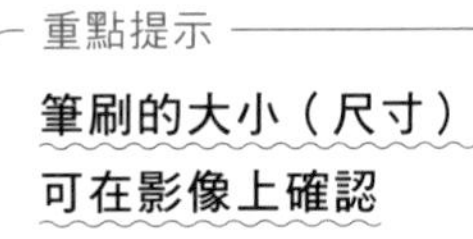

筆刷的大小（尺寸）可在影像上確認

在已選取「仿製印章工具」的狀態下，將滑鼠指標移到影像上，筆刷的大小便會以圓形顯示 ❶。請依據欲移除的物體大小來設定其尺寸。

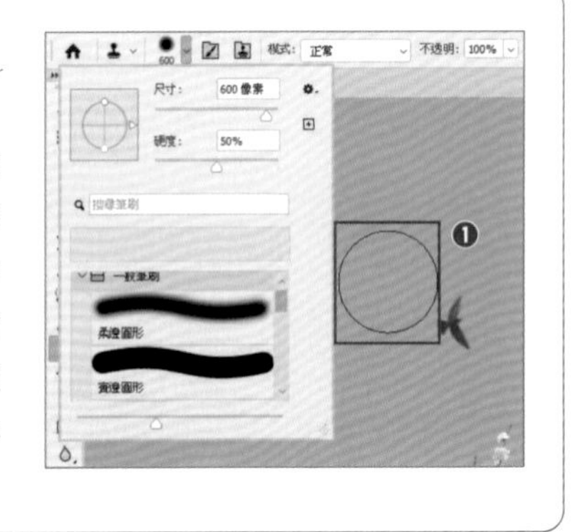

複製樣本以隱藏物體

首先選取作業用的圖層。然後將「背景」圖層的藍天複製並貼到其上的圖層，藉此隱藏飛鳥。

1. 在「圖層」面板中，確認已選取「編修」圖層 ❶。

2 按住 Alt（option）鍵不放，在飛鳥右側的藍天部分點一下 ❷。

這時，雖然所選取的圖層為「編修」圖層，但由於「樣本」已選為「目前及底下的圖層」，故可複製「背景」圖層的藍天部分。

按住 Alt（option）鍵不放，滑鼠指標就會變成準星狀 ⊕。

3 鬆開 Alt（option）鍵，滑鼠指標便會恢復成代表筆刷大小的圓形，請移至飛鳥上點按一下 ❸。

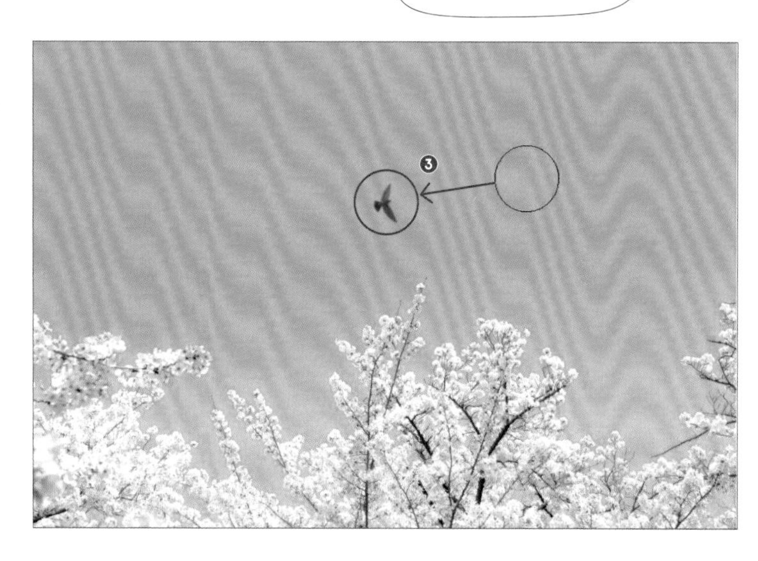

也就是說，使用「仿製印章工具」複製樣本時，就是要先按住 Alt（option）鍵點按以指定複製來源，接著要蓋印複製時則以點按或拖曳的方式進行。

完成！成功地把飛鳥清除得一乾二淨。

重點提示

啟用與停用「對齊」功能的差異

「仿製印章工具」的＋號代表所複製的樣本來源。而顯示在圓形裡的，是以＋號為圓形中心的影像範圍。若有勾選（啟用）選項列中的「對齊」❶，則一開始指定的複製來源會在維持一定距離 ❷ 的狀態下，隨筆刷移動。即使是藍天的照片，也會有濃淡變化而不會是整片均勻的藍色，故若是持續從同一個位置複製樣本，就容易顯得不自然，但若是有啟用「對齊」功能，則樣本來源會一直在筆刷附近移動，這有助於獲得更自然的效果。若是取消（停用）「對齊」，那麼已指定的樣本來源（＋號）就會完全固定不動，這比較適合想複製固定圖案的情況。請依需要來靈活運用。

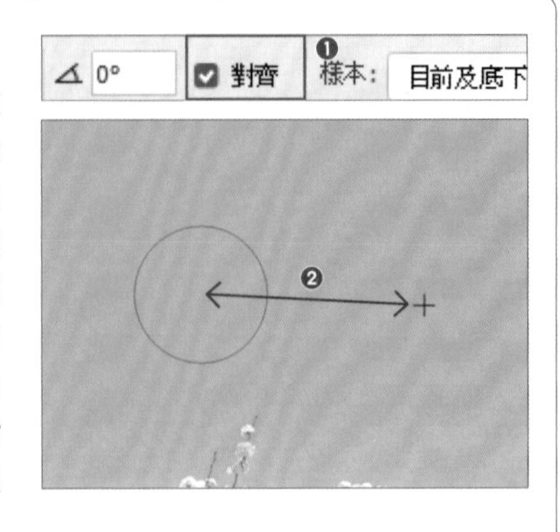

重點提示

隨時都能恢復至原始的影像狀態

點按「圖層」面板中「背景」圖層左側的眼睛圖示，將該圖層隱藏起來 ❶，便可看到以「仿製印章工具」複製到「編修」圖層上的部分藍天影像 ❷。就是因為上頭覆蓋了這些藍天影像，所以飛鳥便消失無蹤。而由於「背景」圖層的資料本身並未被更動，故只要隱藏或刪除「編修」圖層，即可隨時將影像復原。

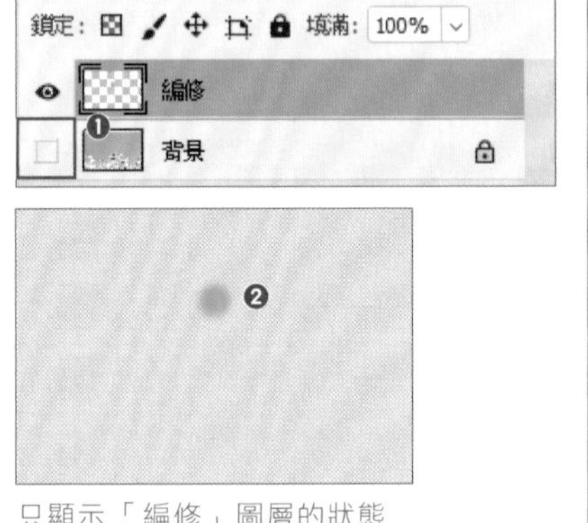

只顯示「編修」圖層的狀態

進階知識！

● 如何快速變更筆刷的硬度與大小

每次更改筆刷的大小或硬度時，都要打開「筆刷預設」揀選器來設定，實在很麻煩。但其實你也可利用下面的快速鍵，迅速方便地變更設定。而且除了「仿製印章工具」外，「筆刷工具」也可用這種方式設定。

1. 按住 Alt ＋ Ctrl ＋滑鼠右鍵（option ＋ control ＋滑鼠鍵）不放往右拖曳，可加大筆刷尺寸 ❶，往左拖曳則能縮小尺寸 ❷。

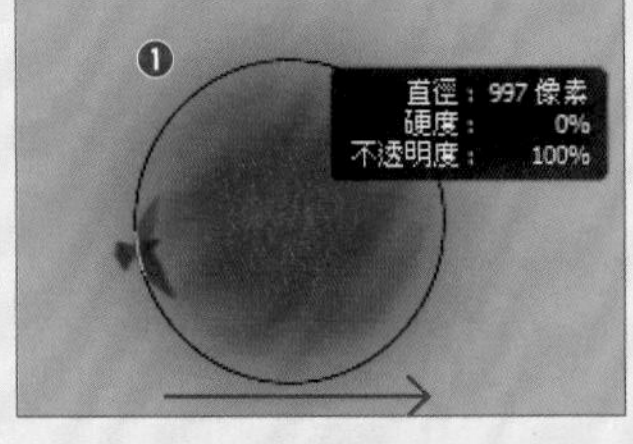

加大

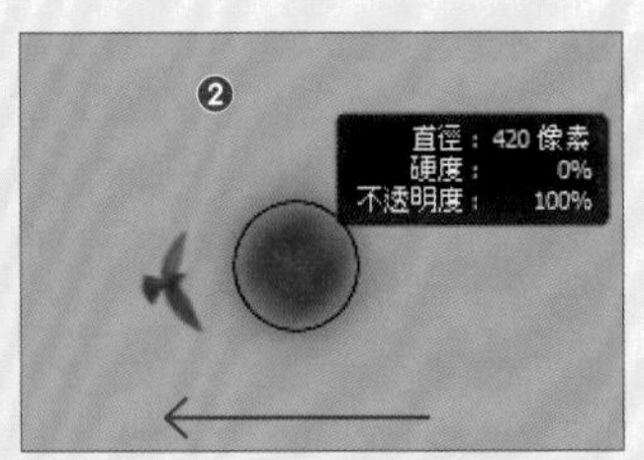

縮小

2. 按住 Alt ＋ Ctrl ＋滑鼠右鍵（option ＋ control ＋滑鼠鍵）不放往上拖曳，可讓筆刷變得柔軟（降低硬度）❸，往下拖曳則能增加硬度 ❹。

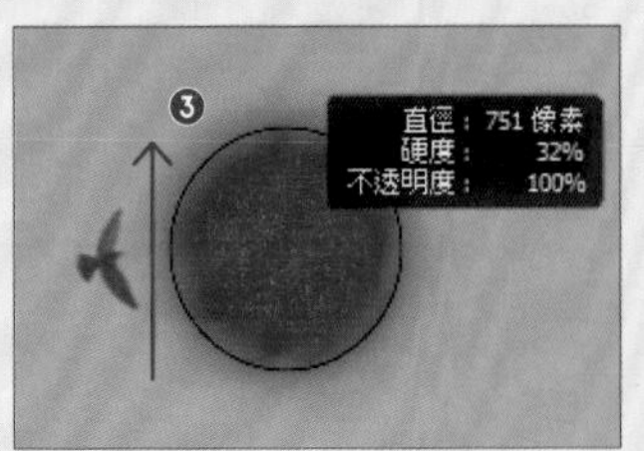

變柔軟

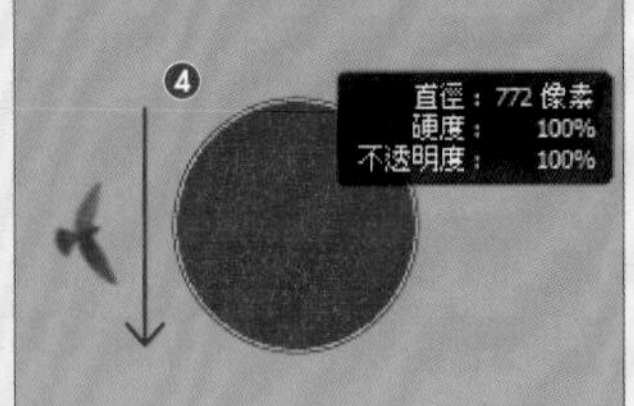

變硬

CHAPTER 2 LESSON 5

輸入文字 # 水平文字工具 # 移動工具

為影像增添文字

練習檔
2-5.psd

接續前一堂課，在此我們要試著為影像增添文字。此外也將一併學習如何變更所增添之文字的類型及顏色、大小等。

我們將使用「水平文字工具」來加入文字。此外也將解說如何以「移動工具」在畫面上移動文字的位置，並於「字元」面板做一些基本設定。

選取「水平文字工具」

要輸入文字時，通常會使用「水平文字工具」或「垂直文字工具」。本課程將使用「水平文字工具」輸入橫向排列的文字。一旦輸入文字，「圖層」面板便會自動新增對應的文字圖層。由於並不是直接將文字輸入在影像上，故你可隨時變更這些已輸入的文字。

1. 開啟練習檔「2-5.psd」。點選「工具列」中的「水平文字工具」❶。

重點提示

文字工具有 4 種

Photoshop 的文字相關工具共有 4 種。本課程使用的是「水平文字工具」，若想輸入縱向排列的文字時，可使用「垂直文字工具」。其用法與「水平文字工具」相同。另外「水平文字遮色片工具」和「垂直文字遮色片工具」則可用來建立文字形狀的選取範圍。

輸入文字

決定輸入文字的起點處，然後開始輸入文字。

1. 在想輸入文字的地方點一下 ❶。本例點按的是藍天中的適當位置。這時「圖層」面板裡便會新增出文字圖層 ❷。

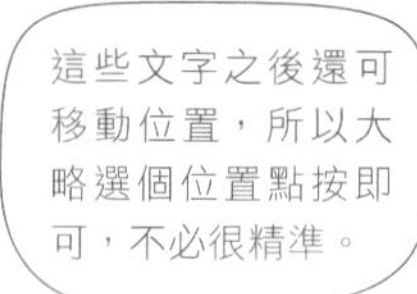

未翻譯哦～～

2. 設定字體大小 ❸，然後輸入「Spring」❹。

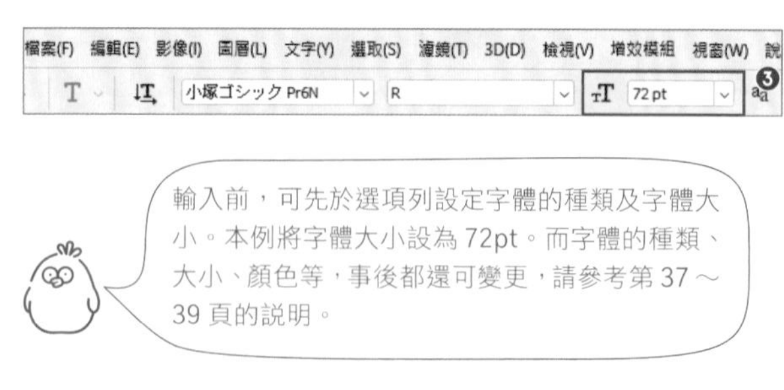

決定文字的配置位置

1. 由於我們最後要把文字配置在影像正中央，故點按選項列上的「文字居中」鈕 ❶，先將文字的參考點設定在文字方塊中央，以利後續作業。你會看到代表參考點的■記號移到了中央 ❷。

重點提示

什麼是參考點？

所謂的參考點，就是變形字體時做為基準位置的點。

移動文字

接著要用「移動工具」來移動文字。只要使用「移動工具」，就能移動圖層或選取範圍內的影像。在此我們要把剛剛輸入的文字移動並配置於影像的中央一帶。

1 點選「工具列」中的「移動工具」❶。

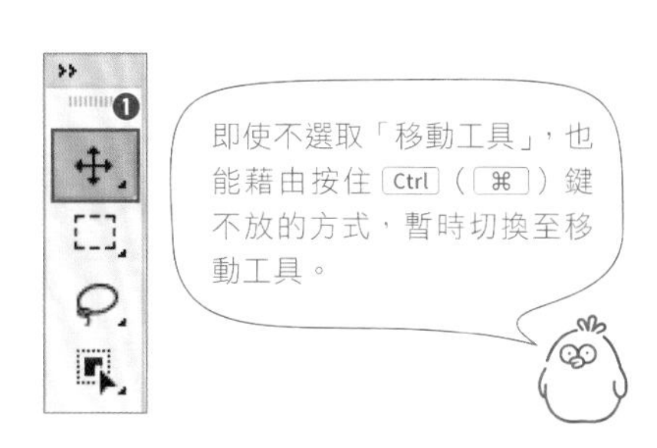

2 拖曳文字，將之移動到中央。移至影像中央處時，便會如圖顯示出粉紅色的參考線。本例將文字配置於中央稍微偏上處，以免文字與櫻花重疊。

> 重點提示
>
> **利用智慧型參考線**
>
> 這些粉紅色的線是做為位置參考基準用的參考線，稱為「智慧型參考線」。Photoshop 預設有啟用此功能，但若是被停用了，只要到「檢視 > 顯示」選單下勾選「智慧型參考線」，即可啟用。

改變文字顏色

你可在「字元」面板中設定文字的顏色及大小、字體種類等。在此我們要把文字的顏色變更為白色，以便與藍天搭配，同時也要更改字體大小。

1 勾選「視窗」選單下的「字元」❶，叫出「字元」面板。

這是不論工作區處於什麼狀態都能叫出「字元」面板的做法，不過有時你只要在面板槽中找一下，就能找到該面板。此外在「內容」面板中也能使用「字元」面板的部分功能。

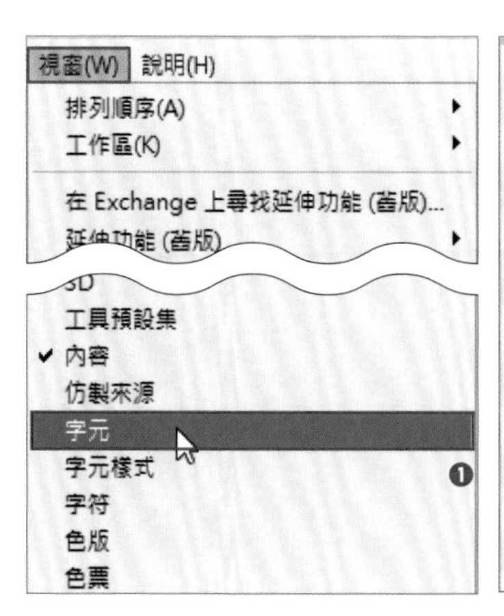

「字元」面板

② 使用「水平文字工具」T.，以拖曳的方式反白選取文字。

重點提示

也可從文字圖層選取

只要雙按文字圖層的「T」，就能和拖曳操作一樣反白選取文字。

③ 點按「字元」面板上的「顏色」色塊 ❷。這時會彈出「檢色器（文字顏色）」對話視窗，在色彩欄位點選左上角的白色部分 ❸，然後按「確定」鈕 ❹。

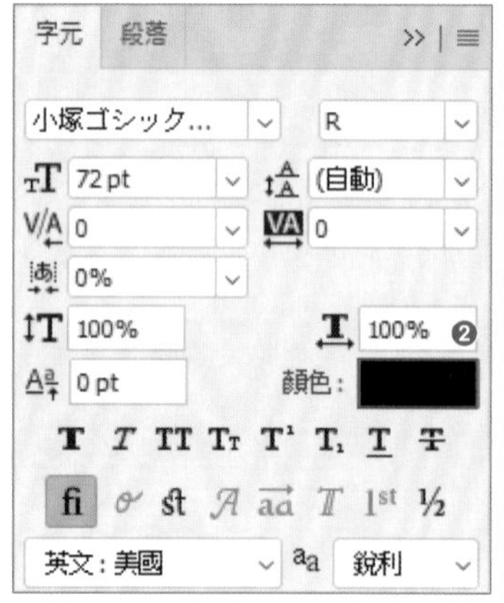

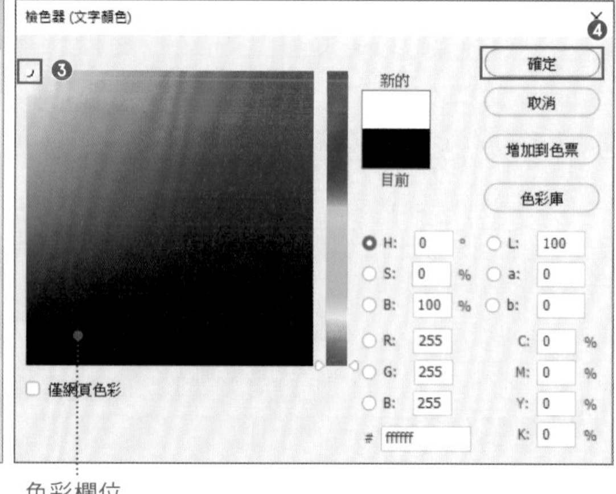

④ 使用「水平文字工具」T. 點一下文字以取消反白選取後，就可看出文字已變成白色。

變更文字的大小

繼續，讓我們來變更文字的大小。在前面的課程中，我們已移除飛鳥，在天空中製造出了寬廣的空間，所以現在可以大膽地把文字調大。

即將完成！

1. 和先前的步驟一樣，用「水平文字工具」以拖曳的方式反白選取文字後，在「字元」面板將字體大小輸入為「320pt」❶，按 Enter （return）鍵。接著用「水平文字工具」點一下文字以取消反白選取。

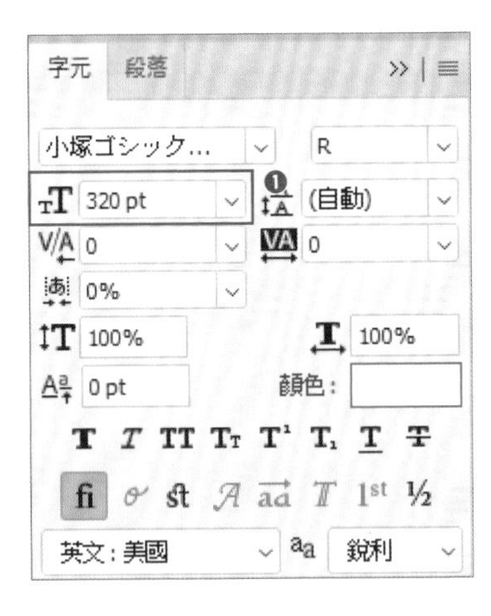

第 36 頁所設定的參考點在此發揮作用，當文字變大時，可看出是以中央為基準變大。

重點提示

文字的大小也可用拖曳的方式改變

你也可在「字元」面板上，透過按住「設定字體大小」圖示左右拖曳的方式，來改變文字的大小。將滑鼠指標移到「設定字體大小」圖示上時，指標會變成手指圖示 ❶，這時按住滑鼠左鍵往右拖曳即可加大，往左拖曳則可縮小，而取消文字的反白選取便能確認設定。選項列上的字體大小圖示也能以同樣方式操作。

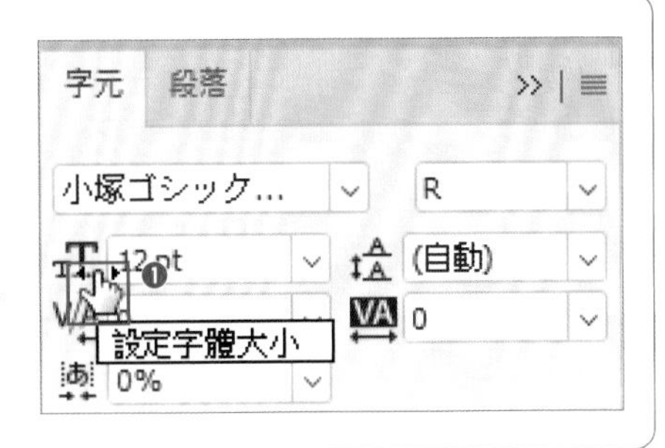

2. 點按選項列上的打勾鈕 ❷，確定變更。

完成！ 成功將文字調大了。

在本課程中，我們是先拖曳反白選取文字後，再改變其顏色，但其實只要選取想變更的文字圖層，就能夠改變其顏色與大小了。不過若是要將「Spring」改成「Summer」，亦即要改變文字本身的話，就必須要反白選取才行。

進階知識！

●「字元」面板的主要功能

你可在「字元」面板中進行與文字有關的各種調整。在此便針對其中一些常用的基本功能做說明。

而由於第 149 頁將會解說也可在「內容」面板設定的內容，因此也請記得參閱該處的說明。

❶ 字體種類

選擇要使用的字體

❷ 字體樣式

選擇隨附於字體的粗細等樣式。

❸ 字體大小

選擇字體的尺寸。

❹ 字距微調

設定游標右側字元的緊貼程度。

❺ 字距調整

調整所選取字串的字元間距。

❻ 垂直縮放

調整所選文字的高度。

❼ 水平縮放

調整所選文字的寬度。

❽ 顏色

選擇文字的顏色。

CHAPTER 2 Lesson 6

圖層的基礎知識

瞭解圖層的基礎知識

練習檔 2-6.psd

「圖層」是進行影像編修時非常重要的功能。在本課程中，我們將學習圖層的概念、「圖層」面板的檢視方式及其基本操作。

圖層是什麼？

所謂的「圖層」，就是重疊在影像上有如透明薄膜般的東西。圖層上除了可放置影像、文字、圖形等內容外，還可設定重疊方式（混合模式）及透明的程度（不透明度）。藉由在影像上建立新圖層做為作業用圖層的方式，便能在不破壞原始影像的狀態下進行編輯，這可說是圖層的一大優點。此外，由於圖層可重疊多層，又能隨時刪除，故要重新編輯多少次都不成問題。

圖層是在「圖層」面板中管理。而影像的外觀和其在「圖層」面板中的結構，就如以下的範例影像所示。以此例來說，由上而下依序重疊了文字 ❶、泡泡對話框 ❷、插圖 ❸、照片 ❹。

圖層的堆疊順序

「圖層」面板

影像的外觀

查看圖層的順序與影像外觀

圖層由下而上層層堆疊，所形成的影像就像是從最上層往下可看見的狀態。現在讓我們來看看實際改變圖層的堆疊順序時，影像的外觀會如何變化。

① 開啟練習檔「2-6.psd」。此影像的最底層為包含飛鳥的「背景」圖層，其上接著為了隱藏飛鳥而建立的「編修」圖層，然後上面又再堆疊了「Spring」文字圖層，總共由這 3 個圖層構成。

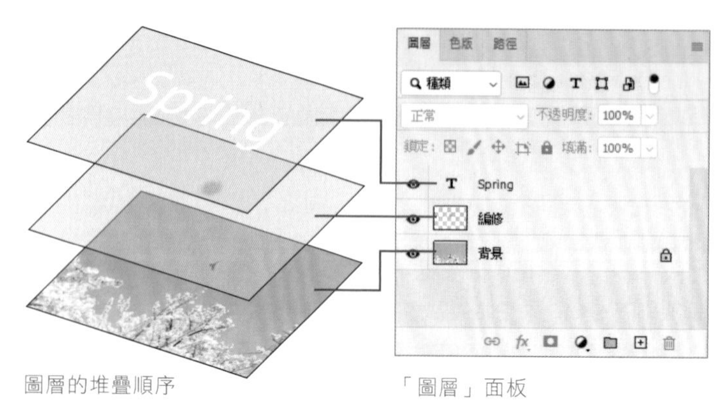

圖層的堆疊順序

「圖層」面板

影像的外觀

② 在「圖層」面板中，把文字圖層拖曳至「編修」圖層之下 ❶，將圖層的順序交換。

③ 這時用「仿製印章工具」繪製的圓形便出現在文字上 ❷。確認過外觀上的差異後，請將圖層順序恢復原狀。

即使影像中所配置的元素相同，若圖層的堆疊順序改變，影像外觀也會隨之改變。請確實理解圖層的運作原理，並妥善管理圖層。在下一堂課中，我們要把建立好的影像儲存起來。

將文字圖層移到「編修」圖層之下，導致「Spring」文字圖層的內容有部分被遮蓋（隱藏）。

進階知識！

●「圖層」面板的主要功能

「圖層」面板包含各種建立及管理圖層用的功能。在此便針對其中一些常用的基本功能做說明。

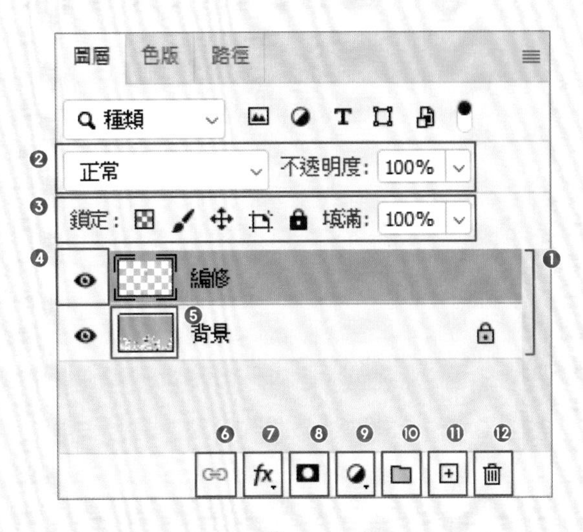

❶ 圖層清單

會列出影像中的所有圖層。呈現為深灰色的圖層（如圖中的「編修」圖層）是目前所選取的圖層。而圖層的排列順序可藉由拖曳圖層的方式來改變。

❷ 混合模式與不透明度

可變更混合模式（重疊方式）與不透明度（穿透率）。

❸ 鎖定功能

可鎖定以保護所選圖層的全部或部分內容。

- 鎖定透明像素：無法繪圖於透明部分，但可移動及變形。
- 鎖定影像像素：不論透不透明，全都無法繪圖，但可移動及變形。
- 鎖定位置：無法移動及變形。
- 防止自動嵌套進／出工作區域或邊框：在建立了多個工作區域的狀態下，使內容無法自動移動至其他工作區域。

❹ 圖層的顯示與隱藏

可暫時切換圖層的顯示與隱藏。有顯示出眼睛圖示的圖層，就是目前內容有顯示出來的圖層。而點按眼睛圖示，使該圖示消失，其圖層便會隱藏。再點按一次又會重新顯示出來。

❺ 圖層縮圖

會顯示圖層的預視影像。

❻ 連結圖層

可將所選取的多個圖層連結起來，以便同時移動及變形這些圖層的內容。

❼ 增加圖層樣式

可選擇要添加在圖層上的效果。

❽ 增加圖層遮色片

替圖層新增圖層遮色片。

❾ 建立新填色或調整圖層

可建立填色圖層、調整圖層。

❿ 建立新群組

將目前所選取的多個圖層建立成群組。

⓫ 建立新圖層

建立新的圖層。若按住 Alt（option）鍵不放點按此鈕，便會彈出「新增圖層」對話視窗，可先進行圖層名稱等設定後再建立圖層。

⓬ 刪除圖層

刪除目前所選取的圖層。

儲存 # 關閉 Photoshop

儲存影像
並關閉 Photoshop

練習檔
2-7.psd

透過本章課程，你已學到 Photoshop 初步的編修及文字輸入操作，也已瞭解圖層的結構。接下來就讓我們把操作至此的影像儲存起來，並關閉 Photoshop。

替檔案命名後儲存

在課程 1 ～ 6 中，我們開啟檔案，進行了消除影像部分內容、輸入文字等編修處理。現在要來儲存這些作業內容。在此藉由另存為不同檔名的方式，將之與原始影像分開儲存。

① 點選「檔案 > 另存新檔」❶。

（若是直接從此課程開始操作，則請先開啟練習檔「2-7.psd」。）

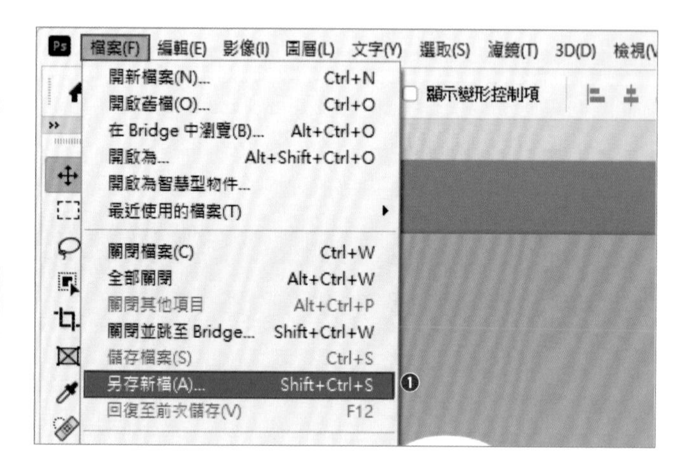

重點提示

「另存新檔」的快速鍵

常用功能的快速鍵很值得記住。「另存新檔」的快速鍵是 Shift + Ctrl（⌘）+ S。

重點提示

「儲存檔案」與「另存新檔」的差異

「儲存檔案」是將所編輯的內容覆寫掉原始影像並儲存，故儲存後無法回復到編輯前的狀態。若是想保留原始影像，請選擇「另存新檔」。而想以其他的檔案格式儲存時，也要選擇「另存新檔」。

② 第一次存檔時，會彈出詢問儲存位置的對話視窗 ❷。本例不儲存到雲端，而是要儲存在自己的電腦裡，故點按「儲存在您的電腦」鈕 ❸。

若是不希望下次存檔時又再彈出此對話視窗，請勾選左下角的「不要再顯示」項目。

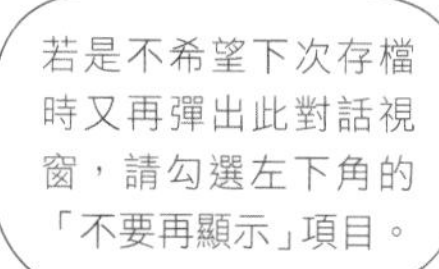

③ 接著會顯示出「另存新檔」對話視窗。為了更清楚明確，在此將「檔案名稱」改成「2-7_spring.psd」❹。「存檔類型」選為「Photoshop」❺，並依需要指定儲存位置❻。

設定完成後，按「儲存」鈕❼。

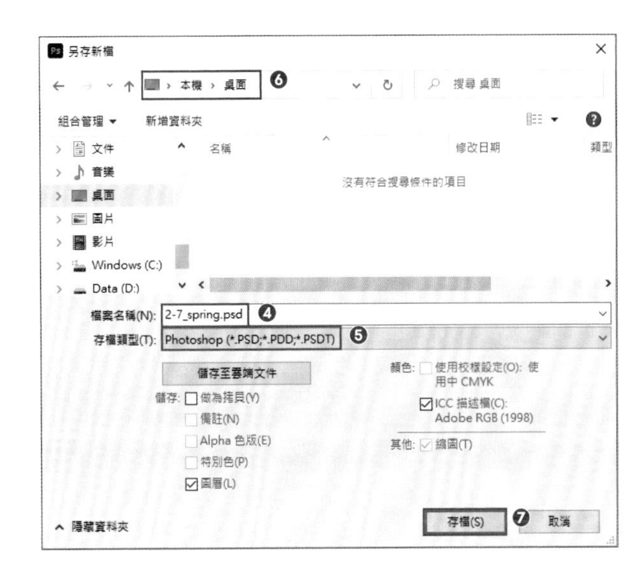

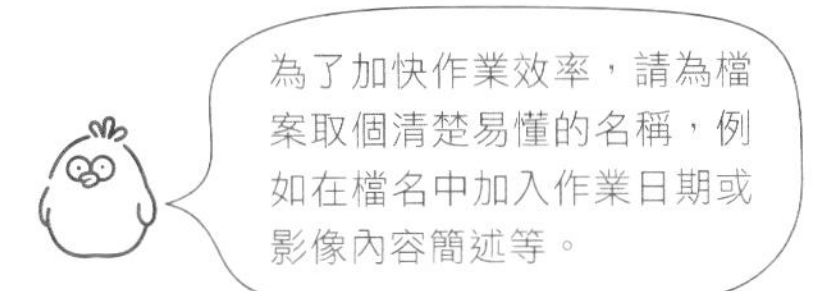

④ 第一次存檔時，會彈出詢問相容性的「Photoshop 格式選項」對話視窗。確認已勾選「最大化相容性」項目❽好讓舊版的 Photoshop 也可開啟後，即可按下「確定」鈕❾。這樣就完成儲存了。

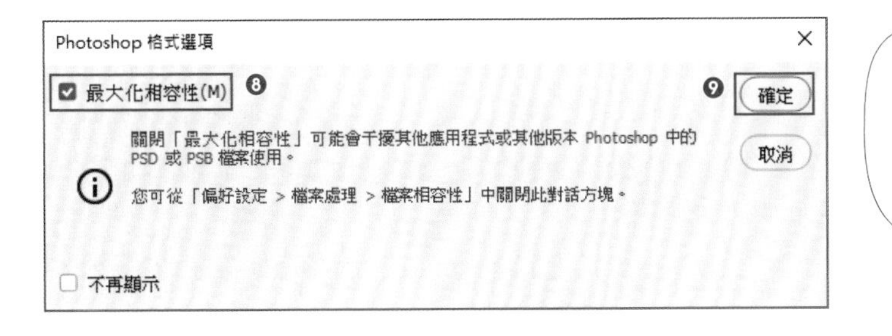

若取消「最大化相容性」項目來停用該功能的話，檔案會變小。故若你不使用舊版的 Photoshop，就建議取消此項目。

⑤ 存成了副檔名為「.psd」的檔案。

即使原始影像為 JPEG 格式，只要以 Photoshop 格式（.psd）儲存，所儲存的檔案便能保留圖層等 Photoshop 中的編輯狀態。

關閉 Photoshop

① 點選「檔案 > 結束」（Mac 為「Photoshop> 結束 Photoshop」）❶。

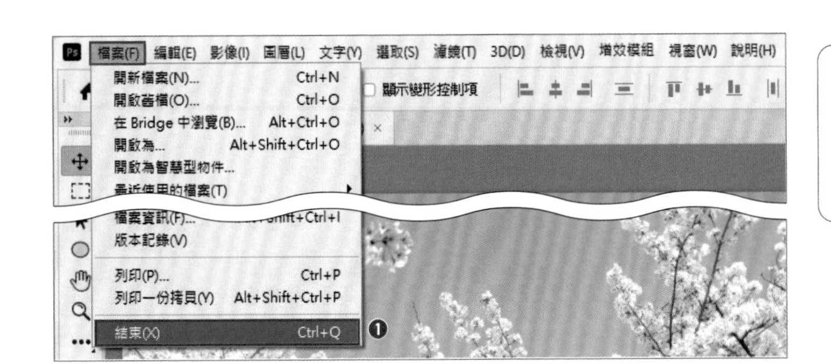

重點提示

〔結束〕關閉軟體

也可利用「結束」的快速鍵 Ctrl（⌘）+ Q 來關閉 Photoshop。

COLUMN

瞭解檔案的儲存格式

在第 2 章的第 7 堂課中，我們把影像檔存成了 Photoshop（PSD）的格式，不過 Photoshop 還可以儲存其他各式各樣的格式。下表介紹其中幾個較具代表性的格式。

儲存格式	特性
Photoshop（PSD）	此格式可完整保存圖層、遮色片、色版等 Photoshop 功能。InDesign 和 Illustrator 等其他的 Adobe 應用軟體也能直接讀入 PSD 格式來進行作業。一般通常會將作業過程中的檔案存成 PSD 格式，最後的成品檔案則轉換成相容性高的 JPEG 或 TIFF 等格式。
GIF	此檔案格式能使用的顏色數量最多只有 256 色，因此檔案輕巧為其一大特色。GIF 適合用於不需要很多顏色的網頁用圖片及插圖、圖示等。
JPEG	此格式除了能呈現 1677 萬色的全彩影像外，還能以高壓縮率縮減檔案大小，因而被廣泛應用於數位照片領域。在 Photoshop 中，你可為此格式選擇從 0 到 12 的多個不同階段的壓縮率，而壓縮率越高，影像品質就越差。另外，JPEG 格式不支援透明背景。
PNG	這是廣泛普及於網路上的影像格式，可保有影像的透明度。相對於 GIF 只能有 256 色，PNG 則支援全彩（1677 萬色）。
TIFF	可以不經過任何壓縮而儲存影像的一種格式。受桌面排版應用程式支援，以印刷為目的時，也經常會從 PSD 等格式轉存成 TIFF 格式來使用。但由於檔案很大，故不用於網路。

重點提示

存成不含圖層的檔案格式時

在某些版本的 Photoshop 中，含有圖層的檔案無法直接以「另存新檔」命令存成 JPEG 或 PNG 格式。若在「另存新檔」對話視窗中的「存檔類型」選單裡沒看到 JPEG 或 PNG 等格式，請點按「儲存副本」鈕切換至「儲存副本」對話視窗進行儲存。而即使可選 JPEG 或 PNG 等格式，Photoshop 也會強制勾選「做為拷貝」項目，待你按下「存檔」鈕，設定完壓縮率後，會先合併所有圖層（不保留圖層）再存檔。此外你也可點選「檔案 > 儲存副本」或「檔案 > 轉存 > 轉存為」命令來儲存這類格式。

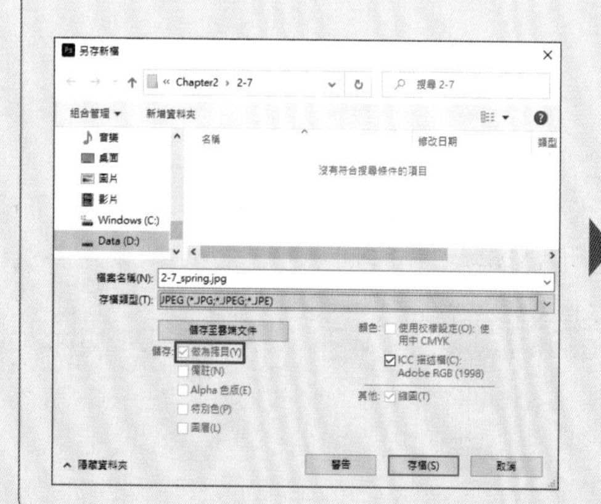

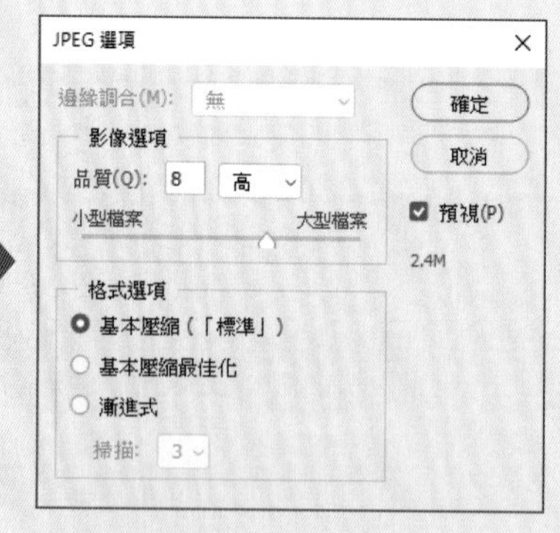

瞭解影像編修的基礎知識

在本章，我們要學習 Photoshop 的
基本影像編修功能。
熟悉其基礎功能及運作原理，更有助於實際應用。
此外還將學習色彩與解析度等影像編輯時
必備的基礎知識。

學習影像編修的基礎知識

在進入實際的影像編修操作前，讓我們先來學習一下什麼是影像編修？影像編修包括了哪些內容？

什麼是影像編修？

Photoshop 可進行如改變亮度或色調、消除髒污、移動主體、裁掉部分影像等各式各樣的照片加工處理。首先就讓我們來瞭解一些基本的影像校正與編修方法。

影像編修的效果

請比較下面的左右兩張照片。
如果是要放在簡餐店的菜單上，哪張照片比較會讓人想點來吃呢？
哪張照片放在商品頁面上時更搶眼，更能吸引人下單購買呢？ Photoshop 所能夠做到的影像編修及其效果，可以施展魔法，讓人光看到料理的照片就覺得肚子餓，光看到商品的照片就想買到手。

修正色調，讓料理顯得溫熱，蔬菜看來新鮮，令人垂涎三尺。

調整對比以凸顯商品的質感

瞭解基本的影像編修

在 Photoshop 中，只要透過簡單的操作，便能進行將傾斜的主體拉正、使過暗的照片變亮等基本的修整處理。

● 裁切照片

可裁切照片以達成去除多餘部分、讓主體更顯眼等目的。

詳見 ➡ 第 50 頁

針對想凸顯的部分裁切照片

● 修正傾斜

可在畫面上指定水平或垂直線來修正傾斜問題。除非有特殊目的，否則一般來說照片內的水平、垂直線要與螢幕或紙張的縱橫線條一致，照片才會顯得協調而穩定。

詳見 ➡ 第 53 頁

修正水平方向有點傾斜的照片

● 調整明暗度

可將過暗或過亮的照片調整成亮度適中，以改變照片給人的印象。

詳見 ➡ 第 55 頁

將過暗的照片調亮

● 調整色調

可將因拍攝時受環境光影響而導致偏離原本色彩的照片，調整至適當的色調。如此便能讓花朵更鮮豔、使食物更顯美味，創作出更具說服力的照片。

詳見 ➡ 第 67 頁

校正色調與對比，給人更鮮明的印象

從下一堂課開始，我們就要來實際體驗這些影像編修處理。

裁切照片

裁切工具

練習檔
3-2.psd

在此要解說如何裁切照片，以去除周圍多餘部分，進一步凸顯出影像中的主角。

Before

After

在本課程中，為了讓照片前景處的紅色果實更突出，我們要修剪掉周圍的多餘部分。此外考量到構圖，在此要讓紅色果實於裁切後位於稍偏右下角處。

顯示裁切預覽

1. 開啟練習檔「3-2.psd」。點選「工具列」中的「裁切工具」❶，然後點按影像❷。

2. 這時影像上會顯示出被 8 個控點圍繞的裁切預覽畫面。運用這些控點，便能將圍繞範圍以外的部分切掉。

8 個控點（以紅線框起處）

在維持寬高比例的狀態下裁切

本例要在維持原始照片寬高比例的狀態下進行裁切。同時還要考量到構圖，將多餘部分切除後讓紅色果實位於稍偏右下角處。

1. 按住 Shift 鍵不放，拖曳角落或邊緣的控點 ❶，以決定裁切位置。這時在裁切範圍以外的部分都會變暗。

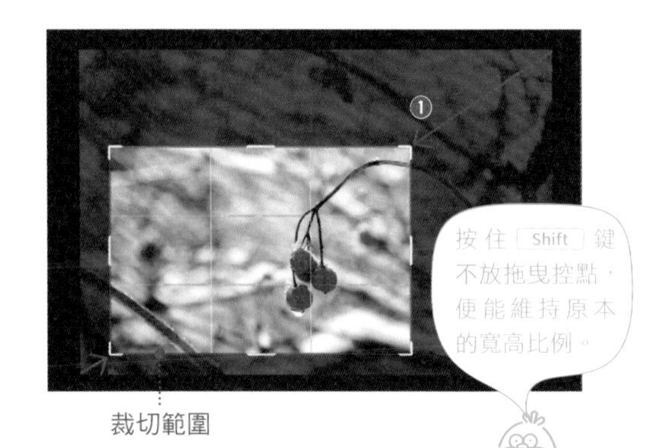

重點提示

參考三等分構圖進行裁切

裁切預覽預設會顯示三等分構圖。所謂的三等分構圖，就是將寬與高各自分割成三等分，然後把主要部分配置在分割線的交叉點或線上的一種構圖配置。以此例來說，請移動控點，使做為主要部分的紅色果實位於右下角的交叉點處。

重點提示

直接在影像上拖曳以決定裁切範圍

點選「裁切工具」後，也可以不管預覽畫面，用直接拖曳框選所需部分的方式來決定裁切位置。

2. 決定好裁切範圍後，就點按選項列上的打勾鈕 ❷。

也可按 Enter 鍵來確定裁切範圍。

重點提示

如何取消裁切

若要取消裁切，請點按選項列上的 ⊘ 鈕。

完成！ 裁切完成。

進階知識！

● 以指定尺寸的方式裁切

你也可直接指定尺寸以進行裁切。當尺寸固定時，就適合採用這種做法。

1 點選「裁切工具」。在選項列上點按「比例」旁的 ⌄ 鈕 ❶，選擇「寬 × 高 × 解析度」❷。

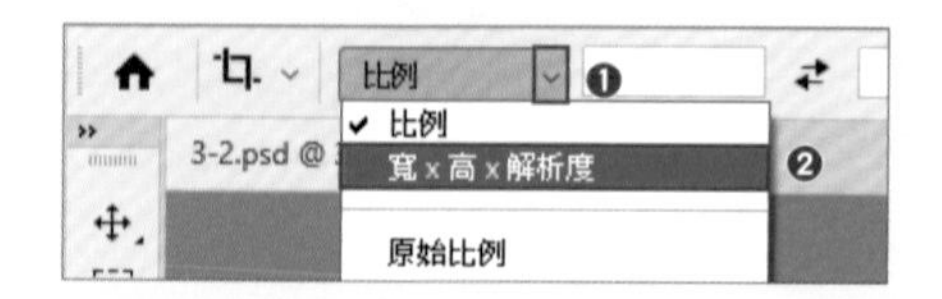

2 在選項列中依序輸入寬度與高度以指定裁切尺寸 ❸。

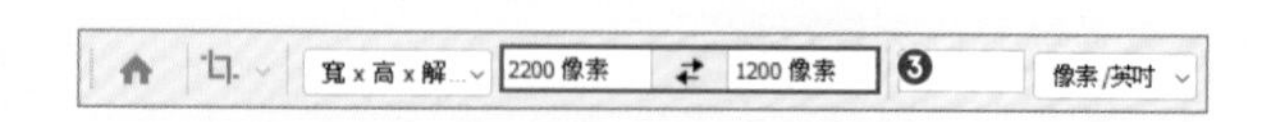

3 這時裁切框就會變成你所指定的尺寸。拖曳裁切框控點以決定裁切範圍 ❹，按下選項列上的打勾鈕即可確定裁切 ❺。

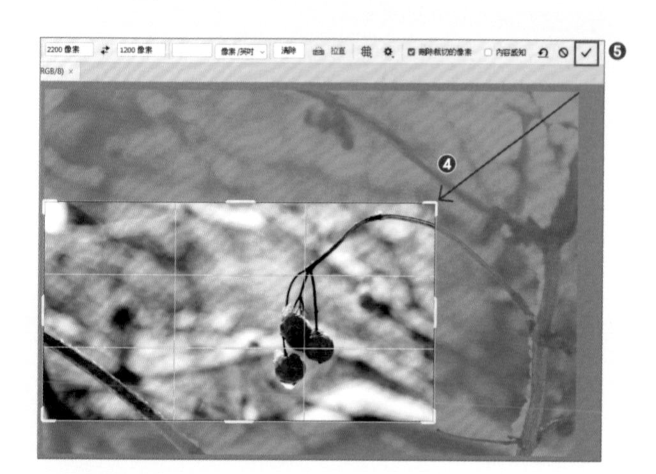

4 以指定的尺寸完成了影像裁切。查看編輯畫面的左下角，可看出影像尺寸確實為指定的尺寸 ❻。

重點提示

在不改變寬高比例的狀態下指定尺寸

在步驟 ② 中，若只指定寬度或高度其中一者，就能以該數值，在維持寬高比例的狀態下改變尺寸。若要用這樣的尺寸裁切，請和前一頁的步驟 ① 一樣按住 Shift 鍵不放拖曳裁切框的控點來指定範圍後，按下選項列上的打勾鈕即可。不論預覽所顯示的數值為何，裁切完成後的尺寸必定會是所輸入的數值。

只輸入寬度

裁切工具 # 尺標工具

修正傾斜的照片角度

練習檔
3-3.psd

在此要解說如何校正傾斜照片的角度，好讓照片更美觀。

Before

After

在 Before 的照片中，水平方向的線條顯得有些傾斜。這或許是乍看之下不易發覺的細節部分，但藉由修正細節，就能大幅提升照片的美觀度。本課程要使用「尺標工具」來計算照片的傾斜角度，並加以調整，最後再將因調整而產生的空白部分切除。

使影像呈水平狀態

使用「尺標工具」測量出要修正的線條角度後，以「拉直圖層」功能將影像拉成水平狀態。

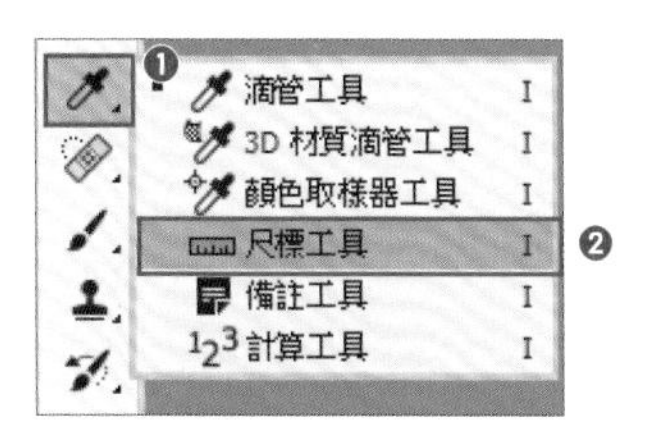

1. 開啟練習檔「3-3.psd」。
在「工具列」中長按「滴管工具」❶，然後選取「尺標工具」❷。

2. 在照片中，於希望呈現為水平狀態的地方拖曳。以本例來說，我們沿著窗框由左而右拖曳❸。這時影像上拖曳過的地方會顯示出做為基準的參考線。

做為基準的參考線

3. 接著點按在選項列上的「拉直影像」鈕❹。

使用度量比率 拉直圖層 ❹ 清除

重點提示

「尺標工具」是什麼樣的工具？

「尺標工具」可測量所拖曳區間的距離，以及所拖曳出之參考線相對於影像之水平軸或垂直軸的傾斜角度。傾斜角度❶可至選項列查看。

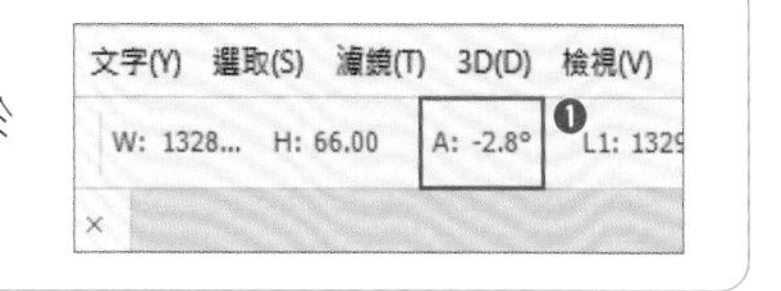

④ 這時 Photoshop 就會自動修正傾斜。

切除空白

由於是轉動了整張照片以修正傾斜，故在照片的邊緣處會產生出空白。我們要用裁切的方式去除這些空白部分。

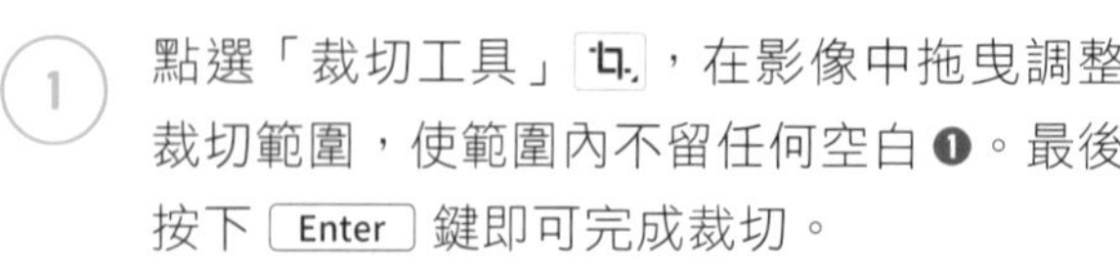

① 點選「裁切工具」，在影像中拖曳調整裁切範圍，使範圍內不留任何空白❶。最後按下 Enter 鍵即可完成裁切。

完成！ 藉由修正傾斜，大大改善了照片的美觀度。

裁切的方法 ➡ 第 50 頁

進階知識！

● 利用「裁切工具」來修正傾斜！！

「裁切工具」也能用來修正影像的傾斜問題。使用「尺標工具」修正傾斜時，必須切掉所產生的多餘空白，但若是使用「裁切工具」，則 Photoshop 會依據周圍的影像資料，自動替我們填補空白。

做為基準的參考線

① 點選「裁切工具」❶，然後點按選項列上的「拉直」鈕❷。接著在照片中，於希望呈現為水平狀態的地方拖曳❸。

② 這時 Photoshop 就會自動修正角度，接下來勾選選項列上的「內容感知」項目❹，再按下 Enter 鍵，即可修正傾斜並自動填補空白。

☑ 刪除裁切的像素 ☑ 內容感知 ❹

依影像內容不同，使用「裁切工具」的做法有時可能會出現看起來怪怪的影像。當效果不佳時，請改以「尺標工具」的做法精準地修正傾斜。

CHAPTER 3 LESSON 4

調亮過暗的照片

亮度 / 對比 # 調整圖層

練習檔
3-4.psd

Photoshop 有很多可調整照片亮度的功能，本課程便要解說如何使用「亮度 / 對比」功能，讓過暗的照片變亮。

Before

After

這堂課要運用「亮度」與「對比」，把晦暗的照片處理成明亮的照片。「亮度」功能是用於調整影像的亮度，「對比」功能則用於調整影像的明暗強弱。接下來就讓我們運用為調整圖層之一的「亮度 / 對比」，編修出讓人印象深刻的明亮照片。

調整圖層與填色圖層

具有色彩校正功能的圖層，叫做「調整圖層」。調整圖層共有 16 種 ❶，可對影像進行各式各樣的色彩校正。預設在調整圖層之下的所有圖層都會套用其色彩校正效果。藉由使用調整圖層，就能在不變更原始影像的狀態下進行校正。

而能夠在圖層中填入顏色的圖層，叫「填色圖層」，共有「純色」、「漸層」、「圖樣」3 種 ❷。

雖說 Photoshop 也可以不透過調整圖層或填色圖層，直接校正影像，然而若是反覆校正多次，影像品質就會越來越差。因此進行校正處理時，最好利用調整圖層或填色圖層，以保留原始影像完好無缺。

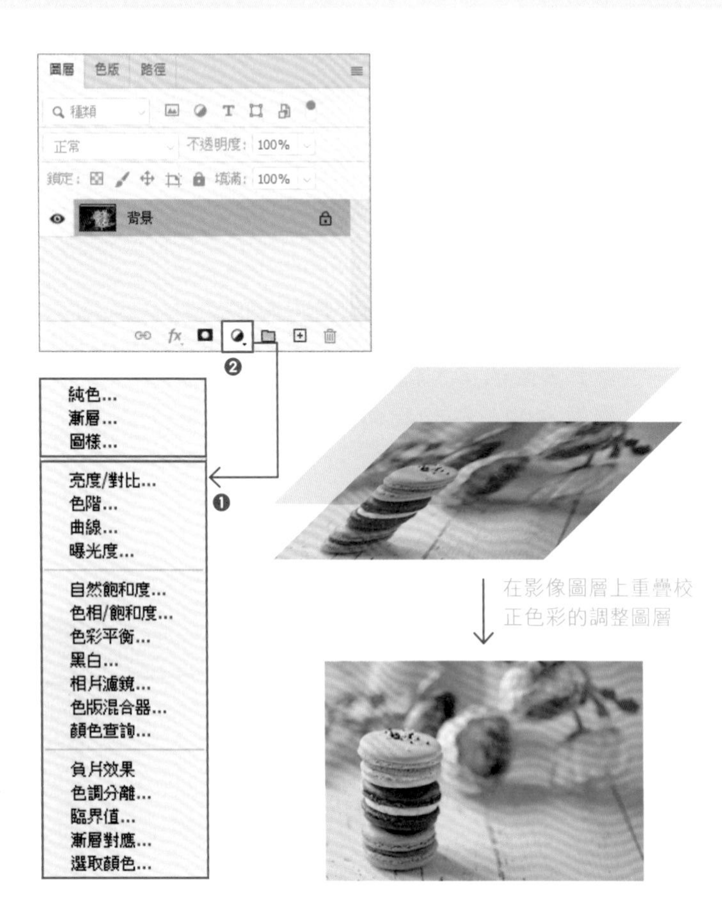

建立調整圖層

建立「亮度 / 對比」的調整圖層。

1. 開啟練習檔「3-4.psd」。
在「圖層」面板中點選背景圖層 ❶。按一下面板下方的「建立新填色或調整圖層」鈕 ❷，選擇「亮度 / 對比」❸。

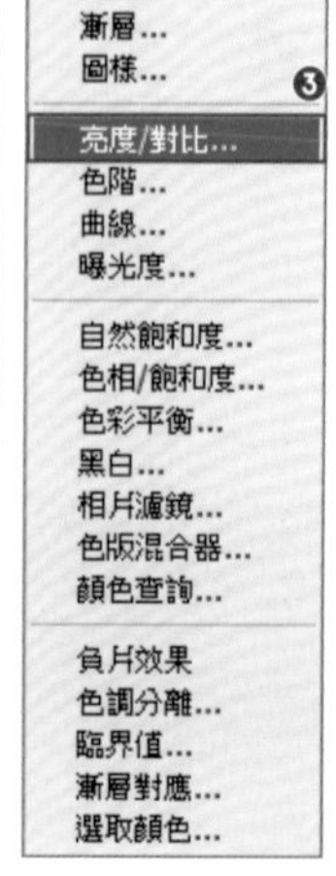

2. 在背景圖層上就會建立出一個「亮度 / 對比」調整圖層 ❹。

調整亮度 / 對比

在「內容」面板中分別調整亮度與對比。本例是將「亮度」增強，並把「對比」稍微調弱。

1. 在「亮度 / 對比」的「內容」面板中，把「亮度」滑桿往右拖曳 ❶。請一邊觀察影像的變化一邊調整。在此我們將「亮度」設定為「70」❷。

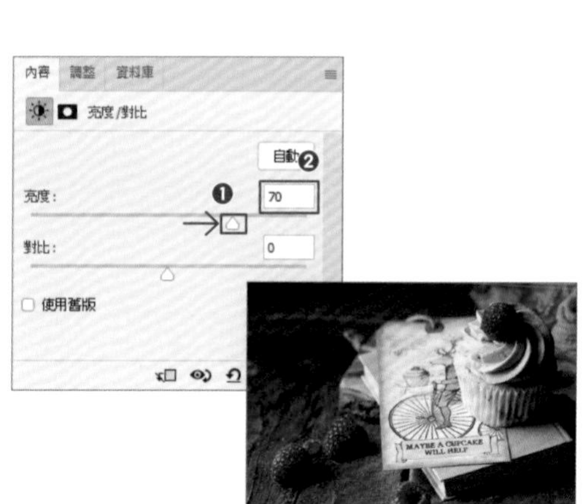

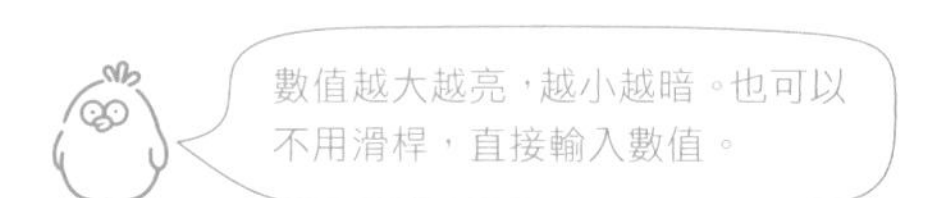

2. 把「對比」滑桿往左拖曳 ❸。將因增加亮度而導致的過大對比稍微減弱，使影像顯得柔和些。在此我們把「對比」設定為「-10」❹。

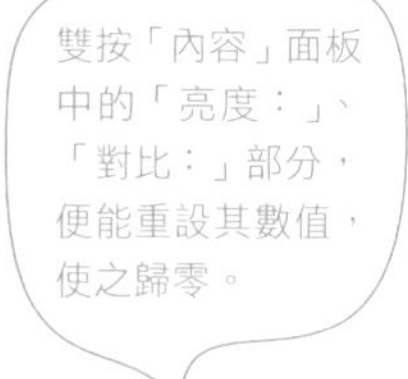

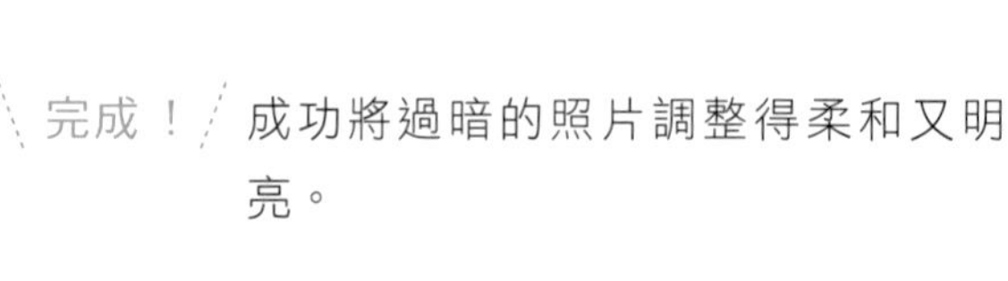

完成！ 成功將過暗的照片調整得柔和又明亮。

進階知識！

● 用各種方法調整影像的亮度

本課程是使用「亮度 / 對比」調整圖層來修正影像，不過 Photoshop 還有其他功能也可用來調整亮度。下面便要介紹其中較具代表性的「曲線」與「色階」調整圖層，同樣能將照片調亮的方法。

使用「色階」的做法

「色階」可利用呈現出亮度的色階分佈狀況的「色階分佈圖」，來調整亮度。只要將滑桿左右拖曳，就能調整亮度。而且甚至可進行比本課程所用的「亮度 / 對比」更細微的調整。

將「亮部」滑桿往左拖曳 ❶，使照片的亮部更亮。接著將「中間調」滑桿往左拖曳 ❷，使中等亮度的部分也稍微變亮。

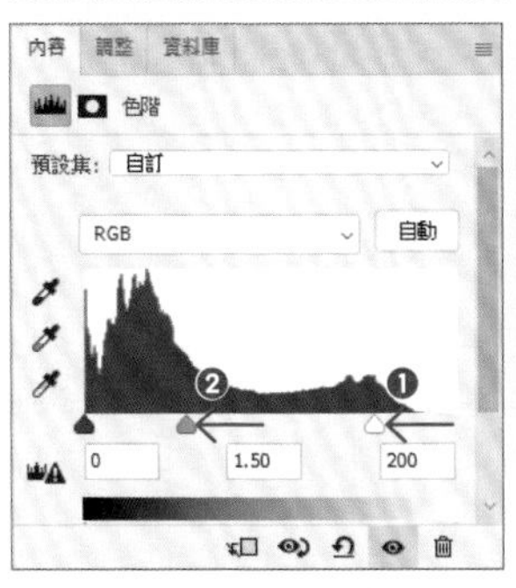

以亮部為主來調亮的照片

使用「曲線」的做法

「曲線」是一種利用圖表來進行修正的功能。其做法是在顯示於圖表中的線條上點按以建立控制點，然後拖曳該控制點來改變線條形狀，藉此調整亮度與色調。「曲線」可進行比剛剛介紹的「亮度 / 對比」、「色階」更細微的調整，往往能做出相當柔和的效果。

將調整中間亮度的控制點往上拉，使之變亮 ❸，再將調整暗部的控制點也往上拉 ❹，也使之變亮。

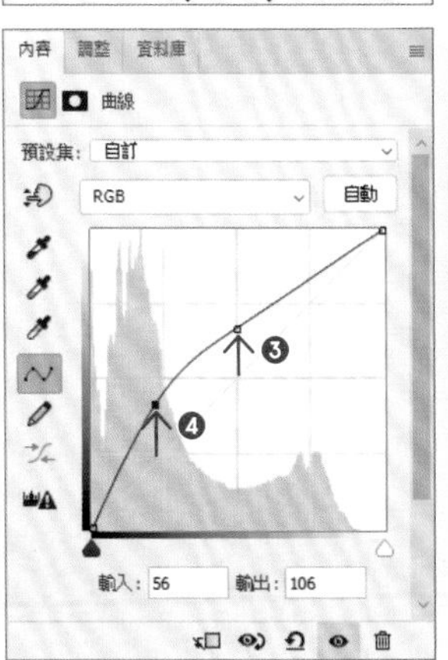

以中間亮度和陰影部分為主來調亮的照片

「色階」與「曲線」的詳細使用方式將於後續課程中解說。在此只要瞭解還有這些其他的功能就可以了。

CHAPTER 3

LESSON 5

色階

為照片增添強弱對比

練習檔
3-5.psd

要做出有對比的好照片，就必須將亮部和暗部都清楚呈現出來。本課程將說明使用「色階」功能為照片增添對比的方法。

Before

After

在這堂課裡，我們要使用調整圖層之一的「色階」，把整體看來模糊黯淡的影像，調整成亮部更亮、暗部更暗的狀態。亦即藉由增強明暗對比，來為照片增添強弱變化。

「色階」是什麼？

「色階」是一種調整影像的明暗及色彩平衡的功能。

使用形狀如山一般被稱做「色階分佈圖」的的圖表來進行修正。而這個如山一般的形狀，呈現的是該影像的資料分佈。

橫軸以 256 個階調（0 ～ 255）代表明暗的階段，越往左越暗，越往右越亮。縱軸則是像素的數量。查看色階分佈圖就能知道，哪些亮度（階調）的像素分別有多少數量分佈於影像中。

如右圖，從左側到中間部分的山形較大，右側的山形較小。由此可知，這是一張整體而言暗部較多的影像。

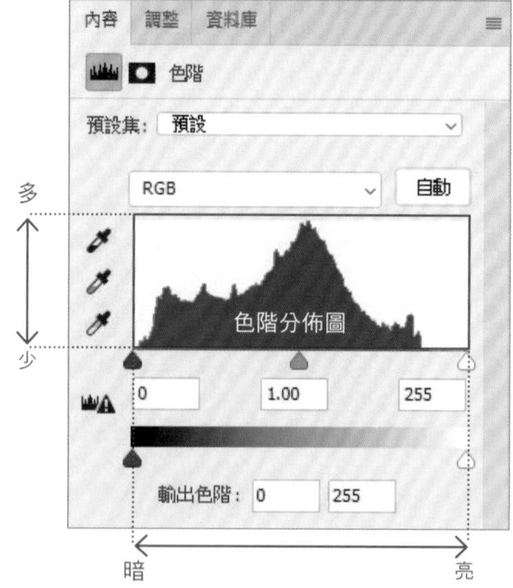

「色階」的操作方法

在色階分佈圖下方有 3 個滑桿。由左開始依序代表了「陰影」(最暗處)、「中間調」、「亮部」(最亮處),而左右拖曳移動這些滑桿即可調整明暗。

陰影 ....最暗的位置。在這個位置以左的範圍都會是黑色。因此,若將陰影滑桿往右拉,陰暗部分便會增加。

中間調.....代表陰影與亮部的中間位置。若將此滑桿往左拉,明亮部分會增加,往右拉則是陰暗部分會增加。

亮部 ....最亮的位置。在這個位置右邊的範圍都會是白色。因此,若將亮部滑桿往左拉,明亮部分便會增加。

「色階」的幾個調整例子

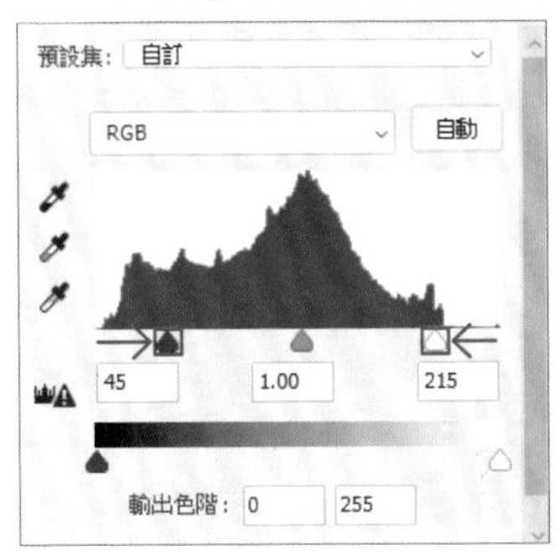

增加亮部與陰影,就能為影像增添對比。

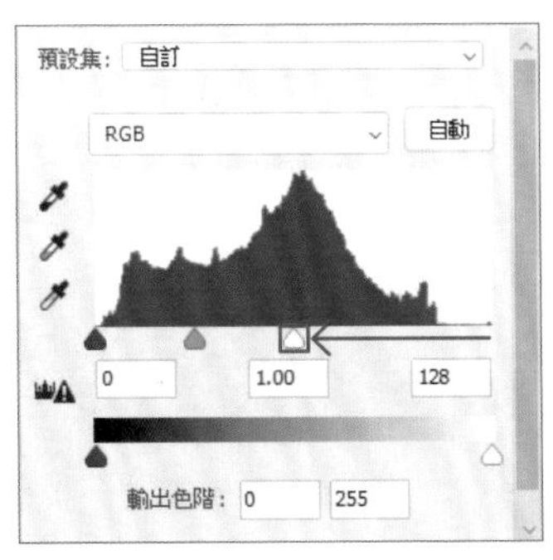

亮部增加太多,影像的明亮部分會完全變白(亮爆)。

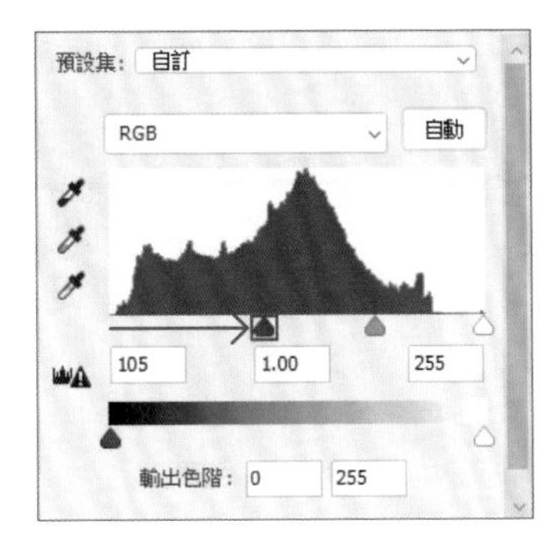

陰影增加太多,影像的陰暗部分會完全黑掉。

在「圖層」面板建立調整圖層

做為調整照片亮度的前置作業，首先要建立「色階」調整圖層。

1. 開啟練習檔「3-5.psd」。點按「圖層」面板下方的「建立新填色或調整圖層」鈕 ❶，選擇「色階」❷。

2. 在背景圖層上就會建立出一個「色階」調整圖層 ❸。

調整照片的明亮部分

由於我們想增強對比，故要讓照片的明亮部分更亮，讓陰暗部分更暗。首先拖曳亮部滑桿來調整明亮部分。

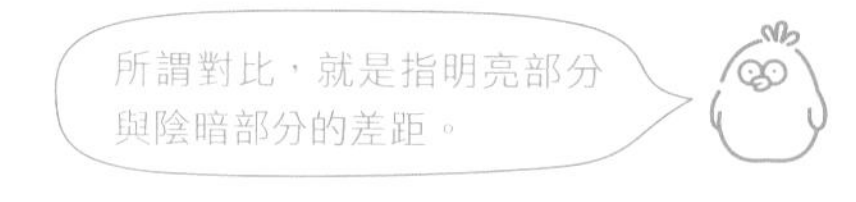

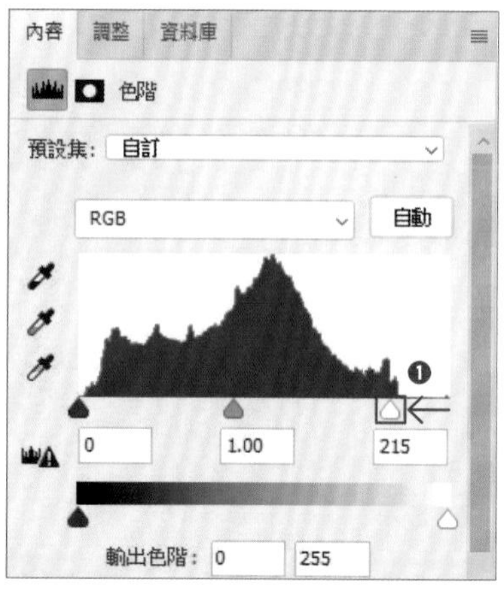

1. 將亮部滑桿往左拖曳 ❶，使亮部更亮，但不至於讓玻璃被光線照到的部分亮爆。本例設定為「215」。

2. 明亮部分變得更亮了。

調整照片的陰暗部分

接著拖曳陰影滑桿，使暗部更暗，以調整出強弱對比。

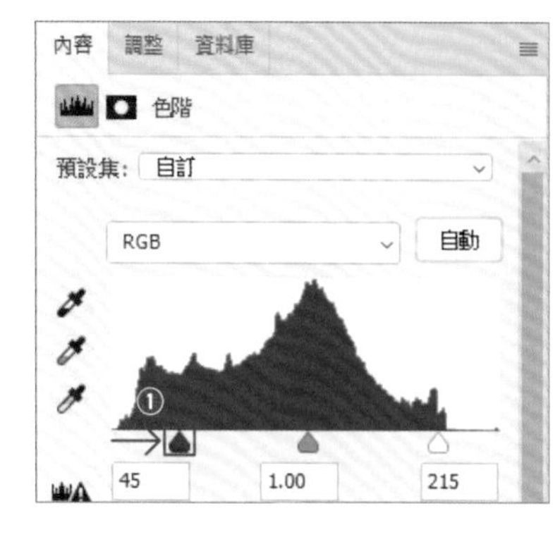

1. 將陰影滑桿往右拖曳 ❶，一邊觀察照片一邊調整，直到背景的陰暗部分明顯變成黑色為止。本例設定為「45」。

2. 陰暗部分變得更暗了。

調整照片的中間調部分

至此，我們已使亮部更亮，讓暗部更暗，增強了照片的對比。最後還要把像素數量最多的中間調部分也稍微調亮，好在維持對比強度的同時，製造出明亮的整體印象。

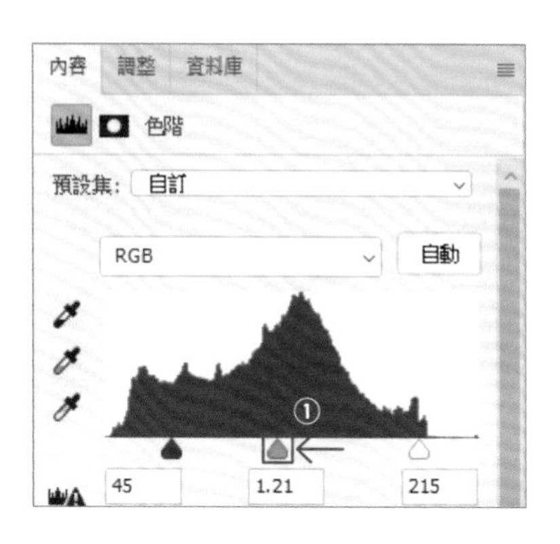

1. 把中間調滑桿往左拉 ❶，一邊觀察照片一邊調整，於保持對比強度的前提下，讓整體變亮。本例設定為「1.21」。

若是只想把照片調亮，通常先調整中間調部分的亮度就能獲得期望的結果。因為絕大多數白天拍攝的照片，都以中間亮度的像素數量最多。

完成！ 成功使用「色階」替照片增添了強弱對比。

重點提示

使用「色階」修正的小技巧

對於如下圖這種陰暗部分與明亮部分都沒什麼像素資料的影像，只要將左右兩端的滑桿分別往中間拖曳到有資料開始出現的位置，就能產生出適當的對比。

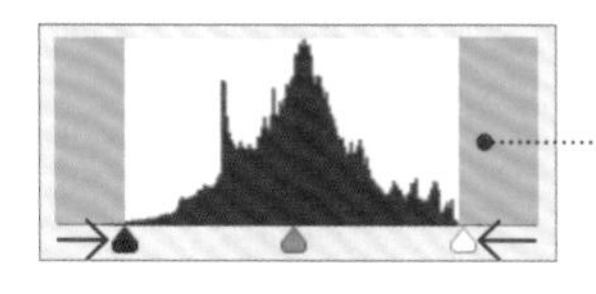

沒有像素資料

進階知識！

用各種方法替照片增添強弱對比

本課程是用「色階」功能來強化對比，替照片增添強弱變化。如果是用其他的調整圖層來替同樣的照片強化對比，情況會是如何呢？讓我們比較看看。

使用「亮度 / 對比」的做法

當我們把「亮度」滑桿往右拖曳，使照片變亮 ❶，則由於大部分本來就很明亮的部分變得更亮了，於是便能做出對比強烈的效果。接著將「對比」滑桿往右拖曳 ❷，就能更進一步強化對比。

所謂的對比變強，就是去掉中間調部分的資訊。但少了中間調部分的資訊，照片的深度也會消失，看起來會變得平平的，這點請務必小心。

亮度：30
對比：60

變成明亮且對比強烈的照片

使用「曲線」的做法

使用「曲線」來強化對比時，要把調整明亮部分的控制點往上拉以調亮 ❸，並把調整陰暗部分的控制點往下拉以調暗 ❹。這時的曲線便會呈現為 S 型。

比起使用「亮度 / 對比」，使用「曲線」較容易維持中間調，可呈現出美麗的色彩漸層變化。

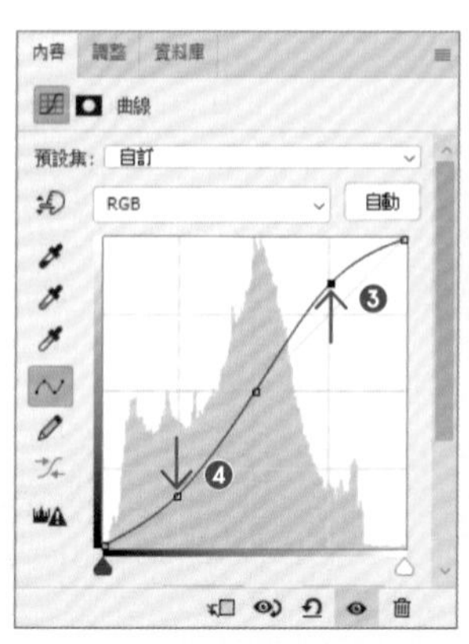

把調整明亮部分的控制點往上拉，並把調整陰暗部分的控制點往下拉。

變成保有中間調的高對比照片

重點提示

如何比較修正的效果

在比較多種修正方法的效果時，可藉由點按「指示圖層可見度」圖示（即眼睛圖示），以切換圖層顯示 / 隱藏的方式來比較。

CHAPTER 3 LESSON 6

曲線

為照片創造柔和感

練習檔 3-6.psd

本課程將解說如何使用「曲線」來調整對比，做出柔和的照片。

Before

After

皮膚與頭髮的顏色等，都變得十分柔和

這堂課要調整對比稍高的照片，以降低對比的方式來創造柔和感。使用調整圖層之一的「曲線」，藉由拉近照片暗部與亮部的資料量的方式，便可降低對比。

「曲線」是什麼？

「曲線」是調整影像的亮度及色調的功能之一。不同於前一堂課介紹的「色階」是使用滑桿來調整，「曲線」可藉由改變顯示於圖表中的線條形狀來進行調整。正因其操作形式就像是在描繪曲線一般，故稱為「曲線」。橫軸代表原始影像的明暗，縱軸代表調整後的明暗。除了 Photoshop 以外的影像編輯軟體很多也都配備有此功能。

「曲線」的操作方法

建立「曲線」後，在其圖表中便會顯示出一條直線狀的對角線。以橫軸的漸層為基準，在對角線上於想調整的亮度位置點按以建立控制點，然後拖曳該控制點。往上拖曳就能變得比原本更亮，往下拖曳則會變暗。例如，若是想把影像的明亮部分調得更亮，就在靠近亮部的位置點按以建立控制點後，將之往上拖曳。若是要把陰暗的部分調得更暗，則於靠近陰影的位置點按以建立控制點後，將之往下拖曳。

曲線與縱軸的關係

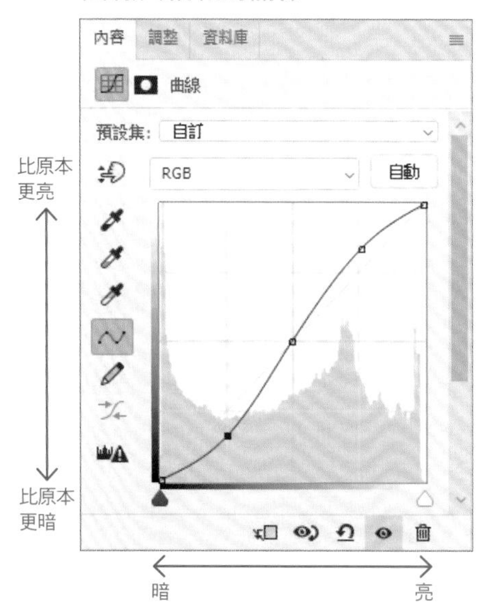

圖表後方會顯示出代表影像之資訊量分佈的色階分佈圖，以供參考。

就如下方漸層所示，該色階分佈圖呈現出以左邊為最暗，右邊為最亮時，此影像的明暗資訊量分佈。

● 「曲線」的調整範例

在對角線兩端的陰影與亮部控制點之間新增控制點。通常會新增 1 ～ 3 個控制點。新增太多時控制點會變得很複雜，請務必注意。

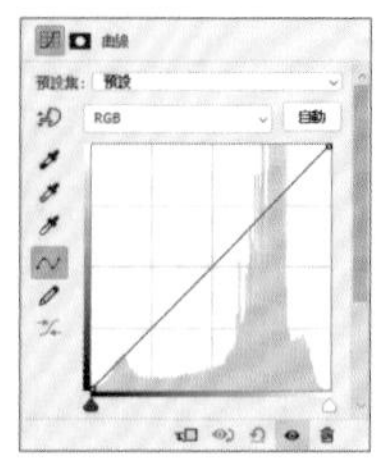

修正前的狀態

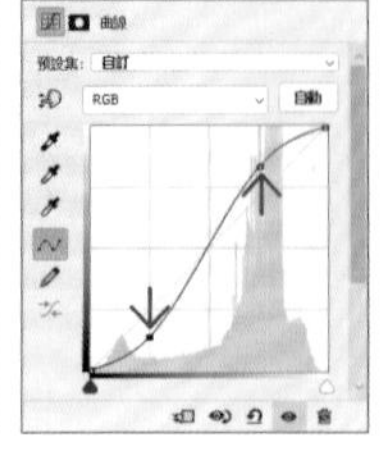

新增2個控制點，將靠近亮部的控制點調亮，並把靠近陰影的控制點調暗，藉由將曲線調整成如S型般來增強對比。

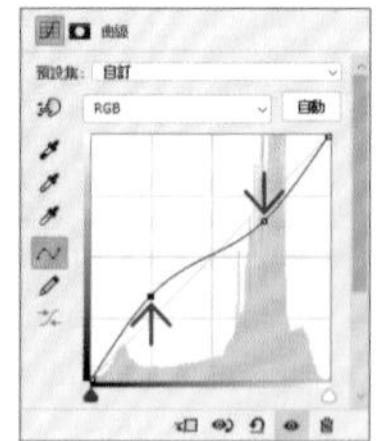

新增2個控制點，將靠近亮部的控制點調暗，並把靠近陰影的控制點調亮，藉由將曲線調整成如倒S型般來降低對比。

建立「曲線」調整圖層

接著就讓我們實際使用「曲線」來修正照片。首先要建立調整圖層。

1. 開啟練習檔「3-6.psd」。
   按面板下方的「建立新填色或調整圖層」鈕 ❶，選擇「曲線」❷。

2. 在「背景」圖層上就會建立出一個「曲線」調整圖層 ❸。

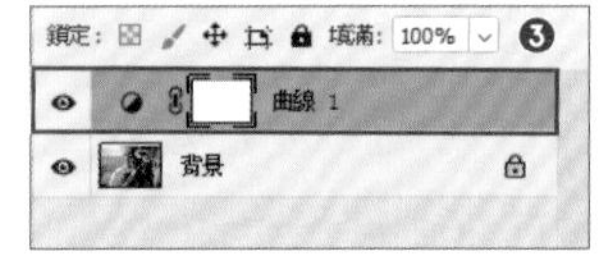

新增調整曲線用的控制點

現在要新增做為調整曲線之起點的控制點，先完成準備工作，在陰影與亮部之間新增 2 個控制點。

1. 在對角線上，從右邊開始，於明亮部分點一下，建立一個控制點 ❶，再於陰暗部分點一下，建立另一個控制點 ❷。

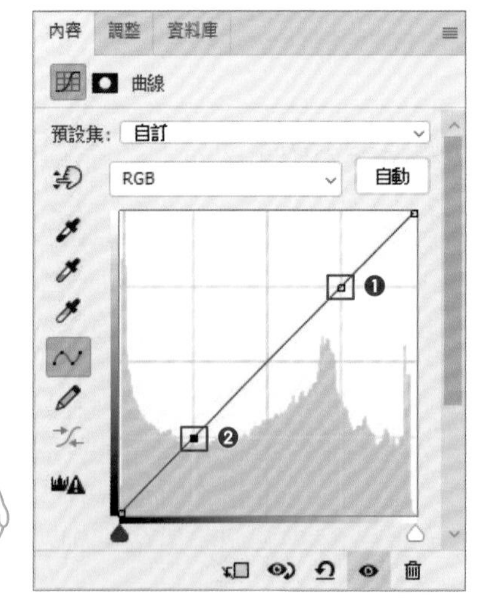

本例是建立2個控制點，實際上請依據你想調整的內容來決定控制點的數量及位置。

調整明亮部分

此照片的對比相當強烈，為了讓它變得柔和些，首先把過亮的部分（鼻梁及頭髮被光線照到的部分）稍微調暗，以減少明暗差距。將前面步驟中建立的調整明亮部分的控制點往下拖曳，即可使過亮的部分變暗。

明亮部分

1. 參考右圖，將從右邊數來的第 2 個控制點（調整明亮部分的控制點）往下拖曳 ❶。

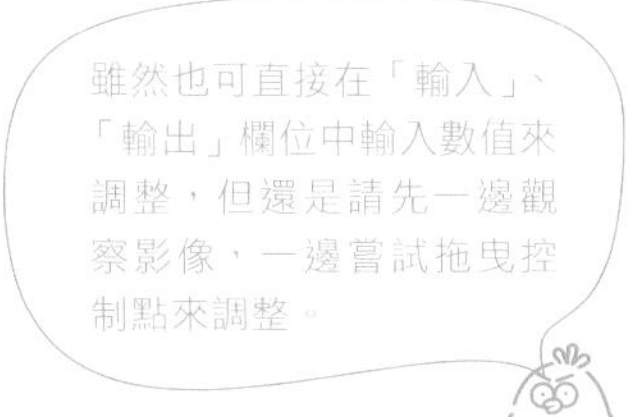

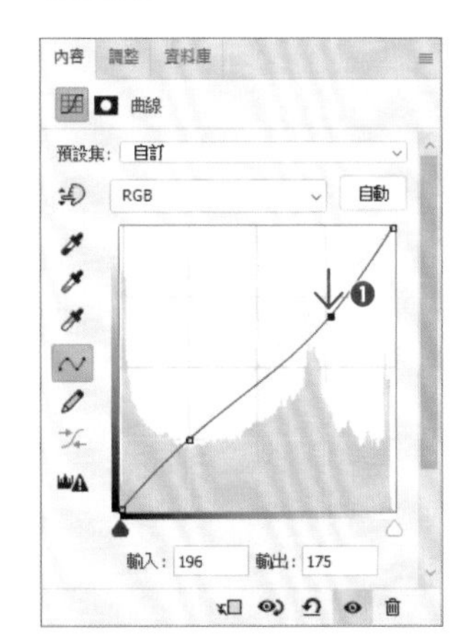

2. 照片的明亮部分稍稍變暗了。

可看出鼻梁及頭髮被光線照到的部分稍微變暗了。

調整陰暗部分

繼續要將陰暗部分（頭髮的較暗部分等）調亮，好進一步降低對比。透過將調整陰暗部分的控制點往上拉的方式，讓陰暗的部分變亮。

陰暗部分

1. 將從左邊數來的第 2 個控制點（調整陰暗部分的控制點）往上拖曳 ❶。

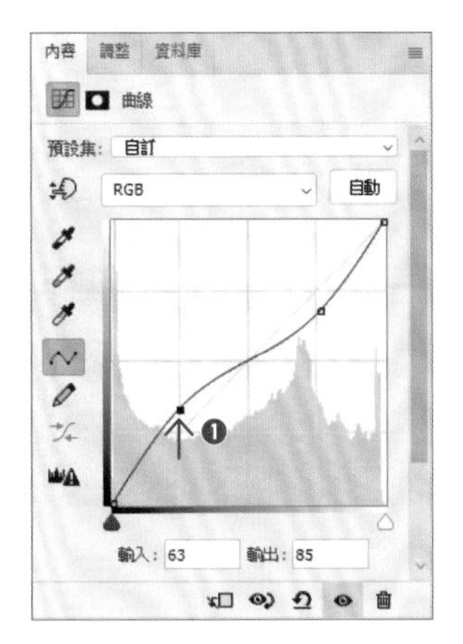

完成！ 原本的暗處稍微變亮，成為降低了對比的柔和影像。

進階知識！

● 運用「色階」讓照片變柔和

在此要介紹如何以「色階」調整圖層，和本課程一樣做出降低對比的照片。

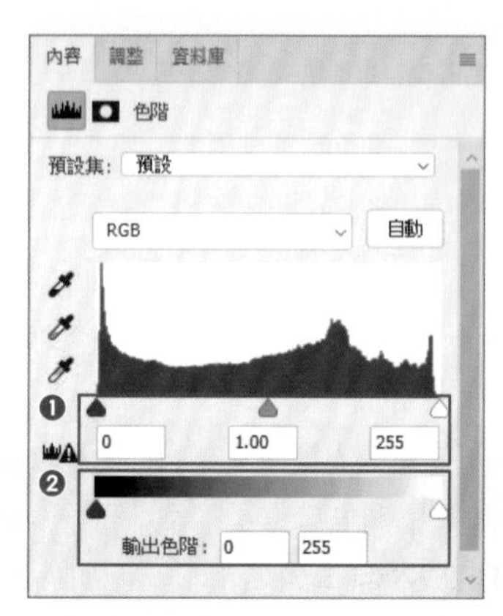

在「色階」中，3 個調整亮度用的滑桿叫「輸入色階」❶，而其下方以漸層表示的滑桿則稱為「輸出色階」❷。

把輸出色階的白色滑桿往黑色的方向拖曳，照片的明亮部分會變暗，而把黑色滑桿往白色的方向拖曳，照片的陰暗部分就會變亮。利用這樣的特性，便能和剛剛的課程一樣降低照片的對比。

1. 將輸出色階的白色滑桿往左拖曳 ❸，讓照片中最亮的部分稍稍變暗。本例設定為「230」。

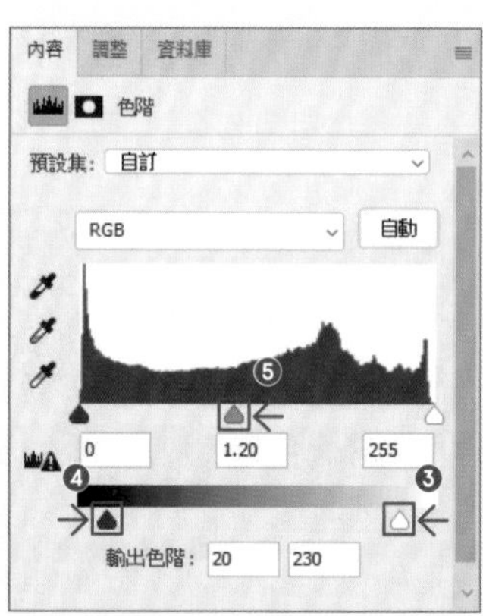

2. 將輸出色階的黑色滑桿往右拖曳 ❹，讓照片中最暗的部分稍稍變亮。本例設定為「20」。

3. 這時由於整體都變暗了，所以再將輸入色階的中間調滑桿往左拖曳 ❺，稍微調亮一些。本例設定為「1.20」。

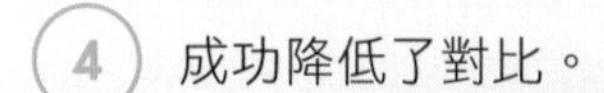

4. 成功降低了對比。

Before

After

雖說比起使用曲線的做法，使用色階調整時亮部稍微偏暗了些，但依舊能夠展現女性化的柔和氛圍。

自動調整

以自動功能修正照片的顏色

練習檔
3-7.psd

在此要說明如何運用自動調整功能來修正照片色調。

Before

After

攝影：安藤きをく（Instagram：@kiwokuand）

對於偏離實際色調或亮度的色偏影像，或是已經有特定色調的影像，只要使用自動調整功能，便能瞬間修正。本課程將示範以「自動色調」功能，將照片修正成具對比的鮮明影像。

複製圖層

在此我們不使用調整圖層，而是會直接修正影像。因此為了保留原始影像狀態，就必須先複製背景圖層後再進行作業。

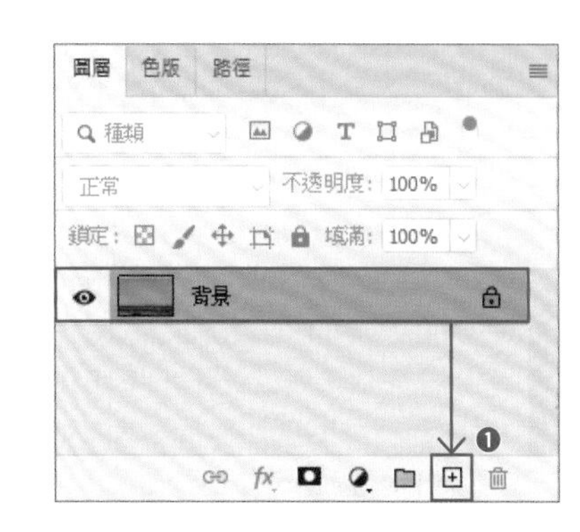

1. 開啟練習檔「3-7.psd」。
   將「背景」圖層拖曳至「建立新圖層」鈕上❶。

重點提示

快速複製圖層！

在已選取圖層的狀態下，按 Ctrl（⌘）+J 鍵即可複製該圖層。把快速鍵記起來，就能縮短操作時間。

2. 成功複製了圖層❷。

用「自動色調」來修正

RGB 的各個顏色資訊層被稱為 RGB 色版，而「自動色調」功能會自動強化每個 RGB 色版的對比。此功能適合用於需強化對比或是需要修正色偏的影像。

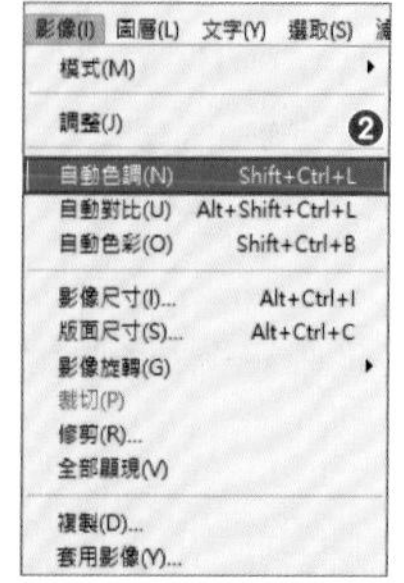

1. 點選複製出的圖層 ❶，然後選取「影像 > 自動色調」命令 ❷。

完成！ 自動修正色調，強化了對比，影像變得具強弱變化。

進階知識！

● 請多多利用各種自動調整功能

Photoshop 還有其他可自動修正影像的功能，各功能的修正效果都不太一樣。請多方嘗試各項功能，找出調整結果最符合你想像的做法。

用「自動色彩」來修正

此功能會找出影像顏色的明暗平均值，然後修正色彩。

使用時請點選複製出的圖層，再選取「影像 > 自動色彩」命令。

藍色減少，陰霾散去。

用「色階」中的「自動」鈕來修正

此功能會自動修正陰影、中間調和亮部。

使用時請建立「色階」調整圖層，然後按下「自動」鈕。

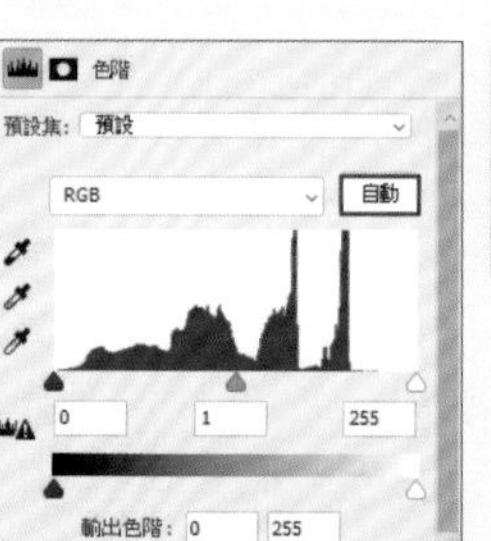

保留原始影像給人的印象，稍微增強對比。

用「曲線」中的「自動」鈕來修正

此功能會自動修正色調及對比。

使用時請建立「曲線」調整圖層，然後按下「自動」鈕。

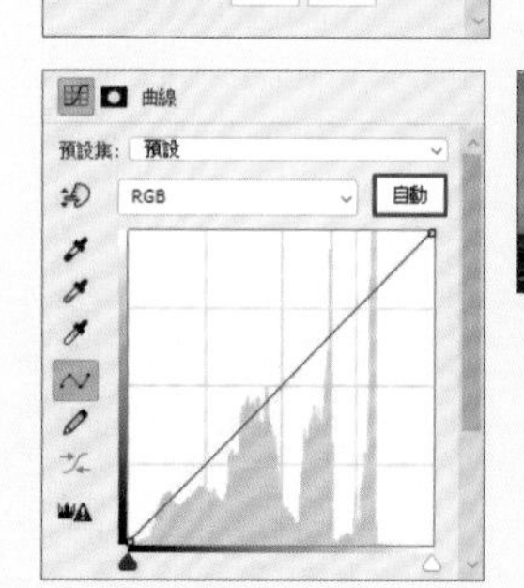

強化了鮮豔度與對比

影像解析度

認識解析度

練習檔
3-8.psd

認識解析度之後，你便能夠依用途調整影像的尺寸規格及檔案大小。

什麼是影像解析度？

使用數位相機等裝置所拍攝的影像，是由稱為「像素」的小點集合而成。在 1 英吋見方範圍內含有的這個像素數量，就叫做「解析度」，以每英吋像素數（ppi，pixels per inch）的單位來表示。這個數值越大，代表影像越精細清晰，越小則越粗糙。一般來說，網頁圖像所需的解析度為 72ppi，而印刷用圖像為 350ppi 左右。這就是為何將針對網頁用途製作的影像直接拿去印刷時，印出來的結果都很粗糙模糊的原因。

350ppi

適合印刷的解析度

72ppi

適合網頁的解析度。在螢幕上看起來很美，但不足以用於印刷。

所謂 72ppi，就是在 1 平方英吋的範圍裡排列了 72 個像素。

查看解析度

首先讓我們在 Photoshop 中查看影像的解析度是多少。

1. 開啟練習檔「3-8.psd」。
點選「影像 > 影像尺寸」命令 ❶。

2. 這時會彈出「影像尺寸」對話視窗 ❷。查看「解析度」項目可知此影像的解析度為「350ppi」❸。也可長按畫面左下角的狀態列 ❹ 查看解析度。

長按狀態列，便會顯示出解析度及色彩等相關資訊

CHAPTER 3 LESSON 9

針對網頁用途變更解析度與像素數

#影像解析度 #製作網頁圖像

練習檔
3-9.psd

讓我們嘗試將高解析度的影像調整為網頁用。而藉由降低解析度，也可望達成資料減量（縮小檔案）。

攝影：Tomomi Sugimura（Instagram：@tomoranger5）

在此我們要將解析度 350ppi，寬度 4625px× 高度 2969px 的影像變更為網頁用 72ppi，寬度 1500px× 高度 963px 的影像。

變更解析度

將解析度從 350ppi，變更為最適合網頁用的 72ppi。本例假設需要寬度 1500px 的影像，故將寬度設為 1500px。

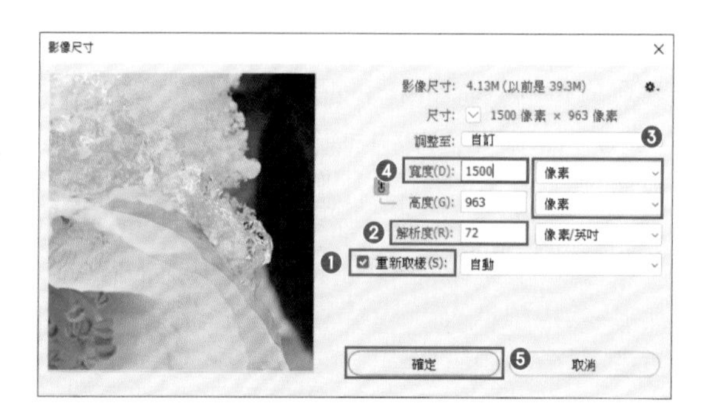

1. 開啟練習檔「3-9.psd」。點選「影像 > 影像尺寸」命令，開啟「影像尺寸」對話視窗。

要像本課程這樣變更像素數的時候，請務必勾選「重新取樣」項目。像素的數量會影響檔案大小。在未勾選該項目的狀態下，即使降低解析度，檔案大小也不會改變。

2. 勾選「重新取樣」項目❶，將「解析度」設定為「72」像素 / 英吋❷。

3. 接著變更尺寸。
將單位選為「像素」❸，於「寬度」輸入「1500」❹。由於寬高比例固定，所以一旦變更「寬度」，「高度」也會自動隨之改變。按「確定」鈕❺。

4. 變成解析度 72ppi，寬度 1500px× 高度 963px 的影像了。

也可於畫面左下角確認。

CHAPTER 3 LESSON 10

影像解析度 # 製作印刷用圖像

針對印刷用途變更解析度與影像尺寸

練習檔
3-10.psd

在此要針對印刷用途變更解析度。製作符合用途需求的資料，輸出時才有望獲得所想要的結果。

Before

After

攝影：Tomomi Sugimura（Instagram：@tomoranger5）

讓我們試著針對印刷用途來變更影像的解析度與尺寸。本例要將解析度 250ppi，寬度 152 公釐的影像，變更為印刷用的 350ppi，寬度 50 公釐。將尺寸縮小，解析度就會自動變高。

變更尺寸

首先把寬度改成 50 公釐。由於寬高比例固定，所以一旦變更寬度，高度也會隨之改變。

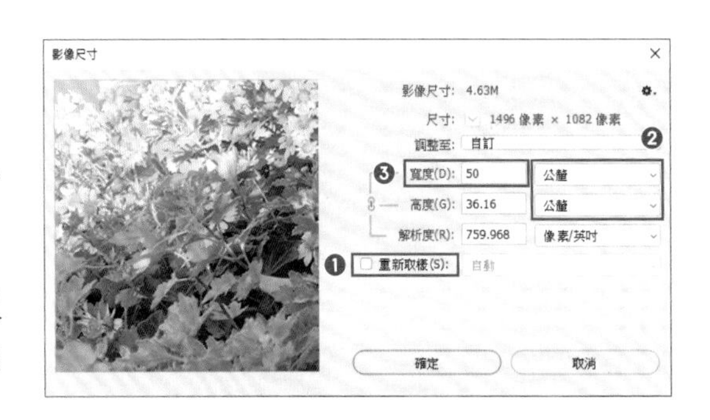

1. 開啟練習檔「3-10.psd」。開啟「影像尺寸」對話視窗，取消「重新取樣」項目❶。

2. 將單位選為「公釐」❷，於「寬度」輸入「50」❸。由於寬高比例固定，所以一旦變更「寬度」，「高度」也會自動隨之改變。

與「寬度」連動，「高度」也會變短。而將尺寸縮小，每平方英吋裡的像素數量就會增加，於是解析度就會變高。

重點提示

影像的「重新取樣」是指什麼？

變更影像的像素數就稱做「重新取樣」。在有勾選「重新取樣」項目的狀態下變更解析度與尺寸，像素的數量便會改變。

減少像素數稱為減少取樣（Down Sampling），增加像素稱為增加取樣（Up sampling）。以增加取樣來說，假設將解析度為 72ppi 的影像變更為 350dpi，Photoshop 就會自動替我們填補不足的像素。但必須注意的是，Photoshop 是透過分析周圍影像並合成的方式來創造出原本不存在的像素，以達成填補的效果，故會導致影像品質變差。

變更解析度

接著來變更解析度。原本的解析度為 250ppi，但由於我們縮小了尺寸，於是導致解析度高於所需（請參照前一頁步驟 ① 的畫面）。我們要把它降至適合印刷的 350ppi。

① 勾選「重新取樣」項目 ❶，然後把「解析度」設為「350」❷。按「確定」鈕 ❸。

完成！ 成功將影像的解析度變更為適合印刷的 350ppi，並將寬度改為 50 公釐。

進階知識！

● 瞭解「重新取樣」的內插補點方法

前面已說明過，變更影像的像素數就稱做「重新取樣」。而我們可以指定要用什麼樣的方式（哪種內插補點方法）來增加或刪除像素。此設定預設為「自動」。請依用途選擇適合的內插補點方法。

內插補點方法	說明
自動	自動選用並執行最合適的內插補點方法。除非有特定需求，否則都建議選用此「自動」選項。
保留細節	可於降低雜訊的同時進行內插補點，故影像不易模糊，可維持銳利外觀。
環迴增值法	此方法的色調漸層會比「最接近像素」及「縱橫增值法」更平滑。
最接近像素	此方法會複製影像內的像素。 邊緣部分可能會變成鋸齒狀，參差不齊。
縱橫增值法	採用周圍像素的平均色彩值來增補像素。 可獲得標準的中等影像品質。

#RGB #CMYK

瞭解色彩模式

色彩模式是使用 Photoshop 時必不可少的設定項目。現在就讓我們來瞭解一下 RGB 與 CMYK 這兩種色彩模式。

什麼是 RGB ？

RGB 是以紅（Red）、綠（Green）、藍（Blue）3 種顏色的光來呈現各種顏色的色彩模式，稱為「光的三原色」。顯示在電視及電腦畫面上的圖像，都是以 RGB 來呈現。RGB 的 3 個顏色的光混合在一起，就會變成白色。

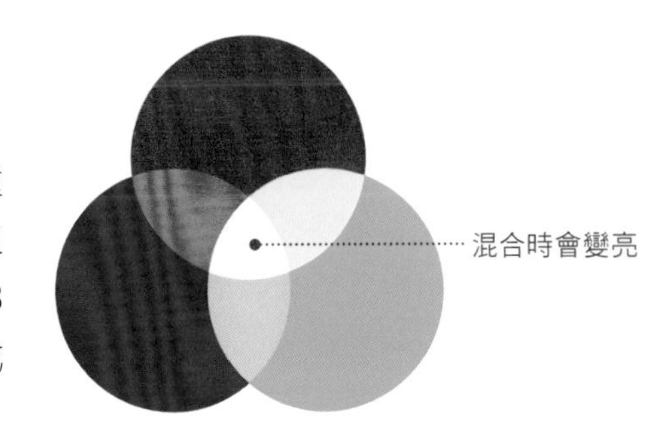

什麼是 CMYK ？

CMYK 是以青色（Cyan）、洋紅（Magenta）、黃色（Yellow）、黑色（Key plate）4 種顏色來呈現各種顏色的色彩模式。此模式所模擬的是印刷用的油墨，所以在製作印刷品時都會設定為 CMYK。此外 CMY 這 3 個顏色被稱做「色彩三原色」。而將 CMY 這 3 個顏色混合，就會變成黑色。

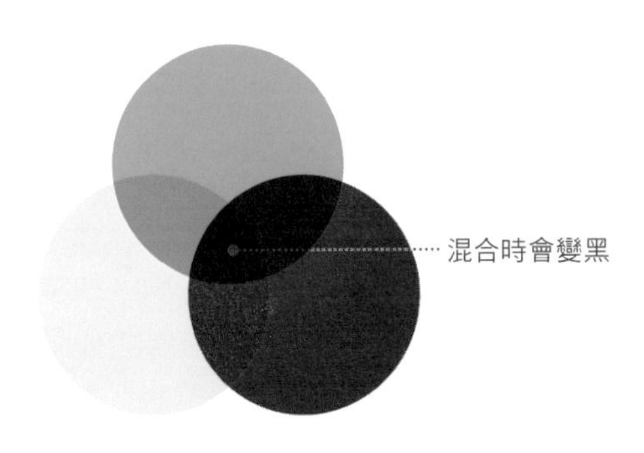

色彩模式的轉換方法

色彩模式可從「影像」選單的「模式」中設定。於此選擇色彩模式，便能將影像從原本的色彩模式轉換至所選取的色彩模式。

影像(I) 圖層(L) 文字(Y) 選取(S) 濾鏡(T) 3D(D) 檢視(V
模式(M) ▸ 點陣圖(B) / 灰階(G) / 雙色調(D) / 索引色(I)... / ✔ RGB 色彩(R) / CMYK 色彩(C) / Lab 色彩(L) / 多重色版(M) / ✔ 8 位元/色版(A) / 16 位元/色版(N) / 32 位元/色版(H)
調整(J) ▸
自動色調(N) Shift+Ctrl+L
自動對比(U) Alt+Shift+Ctrl+L
自動色彩(O) Shift+Ctrl+B
影像尺寸(I)... Alt+Ctrl+I
版面尺寸(S)... Alt+Ctrl+C
影像旋轉(G) ▸
裁切(P)
修剪(R)...

進階知識！

● 瞭解點陣圖與灰階的差異！

除了 RGB 與 CMYK 之外，Photoshop 還有其他各式各樣的色彩模式可用。其中「灰階」與「點陣圖」也是很常用的模式，在此就讓我們來瞭解一下兩者的差異何在。「灰階」是去除了顏色資訊，以從黑到白的不同深淺（濃淡）來呈現的模式。而「點陣圖」模式則只用黑色與白色 2 個顏色來呈現影像。你可將影像從灰階模式轉換成此模式，且在轉換時，可設定要將灰色的部分轉換成黑色還是白色。「點陣圖」模式通常用於需要清楚呈現黑色文字之類的情況。

COLUMN

Photoshop 的新功能，超級解析度（Super Resolution）

隨著數位相機及智慧型手機等裝置的進化，影像也不斷朝著高解析度的方向前進。解析度越高，影像所含有的資訊量就越多，影像就越精細清晰，甚至足以讓人誤以為是真實景色。隨著以智慧型裝置檢視照片及影像作品的機會日益增加，能夠達到多高的解析度這點，可說是產品差異化的元素之一。

在這樣的背景環境下，Photoshop 於 2021 年更新版本時便新增了「超級解析度」的功能。這是一種將水平與垂直解析度變成 2 倍的功能。一般來說若是將照片放大到 2 倍，影像就會隨之變得粗糙，但此功能卻可在維持影像精細美觀的同時放大顯示。過去的 Photoshop 也具有於提高解析度時自動增補像素的重新取樣功能，但這個超級解析度則是透過 AI 技術，以更自然的形式來達成提高解析度之目的。

只要利用此功能，即使素材的影像品質一開始就很差，也能以相對較高的品質實現高畫質的結果。此外亦可應用於剪裁遠景照中的的部分影像後放大使用等情況。

說明至此，你可能會以為這是個能讓粗糙影像變漂亮的夢幻功能。但其能力還是有一定的限制。依據影像內容不同，有時結果可能反而很不自然，或是無法獲得預期的效果。儘管如此，Photoshop 的技術仍隨著每次的版本更新而不斷進化。很期待今後其準確度能夠不斷提升。

超級解析度的使用範例

套用前

套用後

徹底活用選取範圍與遮色片

在 Photoshop 中，我們可以只針對影像內的
特定部分改變其顏色，或是替它去背。而要進行這類作業時，
「選取範圍」和「遮色片」功能必不可少。
徹底活用這些功能，
便能夠一舉擴大 Photoshop 的應用範圍。

選取範圍 # 遮色片

選取範圍與遮色片的基礎知識

本課程將針對進行影像的編修處理時，必不可少的選取範圍與遮色片功能做解說。

什麼是選取範圍？

所謂的選取範圍，就是為了要進一步編修處理而指定的範圍。所選取的部分會被虛線包圍，這個被包圍的部分就叫做「選取範圍」。

選取了貓咪的眼睛

選取了蘋果

什麼是遮色片？

遮色片的「遮」代表了「覆蓋、遮住」之意，透過遮罩影像（替影像加上遮色片）的方式，就能遮蓋、隱藏整體影像或特定部分。刷油漆時我們會用遮蔽膠帶把不想刷到油漆的部分貼起來，遮色片的作用就類似於這種遮蔽膠帶。在 Photoshop 中，我們可藉由以筆刷塗抹，或是填滿選取範圍的方式來建立遮色片。遮色片是以灰階形式表示，黑色代表完全遮蔽的狀態，灰色代表透過遮色片看得見影像的狀態，白色則是沒有遮色偏遮蔽的狀態。

圖層狀態

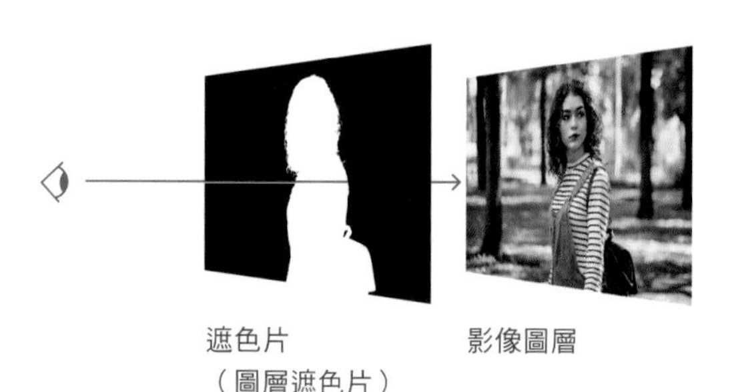

遮色片
（圖層遮色片）

影像圖層

文件看起來的樣子

看起來像是照片主體以外的部分被裁掉（去背）了，但實際上是用遮色片把主體以外的部分遮蔽（隱藏）起來。

結合選取範圍與遮色片所能做的事情

選取範圍與遮色片之間存在著密切關係。要建立遮蓋特定部分的遮色片時，可先建立選取範圍，然後再利用選取範圍來建立遮色片。

如下面的例子所示，藉由從選取範圍建立出遮色片的方式，就能做出有如依照片主體形狀剪裁（去背）般的外觀，或是只對遮色片覆蓋範圍以外的部分進行色彩校正等。

● 隱藏部分影像

只選取船

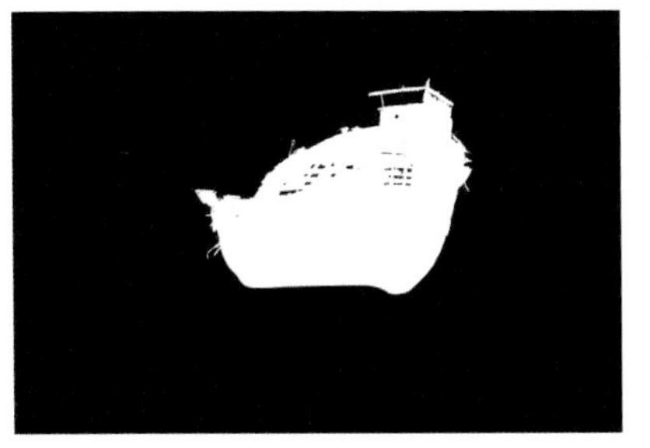

將選取範圍以外的部分遮罩起來

被遮罩的部分會隱藏，於是就只有船顯示出來

遮色片要做得漂亮，訣竅就在於選取範圍要選得好。

重點提示

請記住遮色片是「用黑色隱藏，以白色顯示」

遮色片就如上圖所示，是以黑色填滿選取範圍，或以黑色筆刷塗抹的方式建立。反之，不想隱藏的部分則以白色填滿即可。

● 只改變影像特定部分的顏色或亮度

只選取貓咪的眼睛

將眼睛以外的部分遮罩起來，再對整體套用色彩校正

被遮罩的部分顏色不變，只有沒被遮罩的眼睛部分改變了顏色

這兩個例子都是以選取範圍的形狀來建立遮色片。

瞭解遮色片的種類

Photoshop 共有 3 種遮色片。

讓我們瞭解各個種類的特色，以便配合不同的應用情境來分別運用。

● 圖層遮色片

針對圖層套用的遮色片就叫圖層遮色片，它是運用從白到黑的灰階色彩來隱藏影像中的任意部分。這樣以白色和黑色製作成的遮色片，其黑色部分會隱藏，白色部分會顯示。用選取範圍建立成的遮色片，主要都屬於這種圖層遮色片。

圖層遮色片的使用方法 ➡ 第 81 頁

第 77 頁中「結合選取範圍與遮色片所能做的事情」介紹的 2 個例子，也都是使用這種圖層遮色片。

原始影像

圖層遮色片

圖層遮色片的黑色部分會隱藏，白色部分會顯示

● 向量圖遮色片

所謂的向量圖遮色片，是以一種叫「路徑」的線條圍起的範圍建立成的遮色片。路徑可自由繪製出直線與曲線，適合用於遮罩工業產品等物體。

向量圖遮色片的使用方法 ➡ 第 98 頁

原始影像

路徑

路徑所圍起的部分會顯示出來

● 剪裁遮色片

這是一種利用了圖層透明部分的遮色片，它是利用下層圖層的透明部分來遮罩上層圖層。由於能夠指定遮色片的尺寸，因此也很適合用於對像素數有嚴格要求的網頁等應用情境。

剪裁遮色片的使用方法 ➡ 第 114 頁

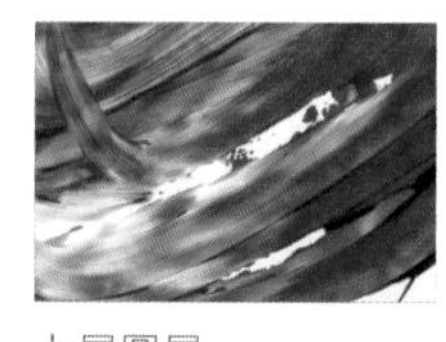

上層圖層

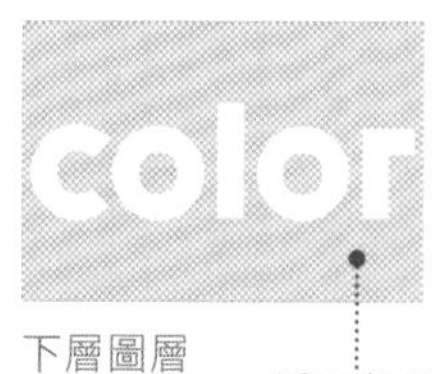

下層圖層

透明部分

下層圖層的透明部分被遮罩起來

矩形選取畫面工具 # 建立圖層遮色片

建立長方形的選取範圍

練習檔
4-2.psd

本課程要說明如何以「矩形選取畫面工具」來建立選取範圍。只要以拖曳的方式框住想選取的範圍，便能輕鬆選取矩形範圍。

建立包圍左上角的2個畫框的矩形選取範圍　　選取範圍以外部分被遮罩起來的狀態

在此，我們要用「矩形選取畫面工具」來建立四角形的選取範圍。讓我們試著選取照片裡的2個畫框。之後在「進階知識！」會介紹如何將選取範圍以外的部分遮罩以隱藏起來。

用「矩形選取畫面工具」建立選取範圍

我們要使用「矩形選取畫面工具」，沿著左上角的畫框周圍建立選取範圍。

1. 開啟練習檔「4-2.psd」。點選「工具列」中的「矩形選取畫面工具」❶。

2. 從想選取的畫框的左上角開始，沿著對角線往右下角拖曳❷。

3. 這樣就能建立出圍繞著左上畫框周圍的選取範圍。

放大檢視影像，選取起來會比較容易。你可將滑鼠指標移至想放大檢視處，然後按住 Alt（option）鍵不放轉動滑鼠滾輪，即可放大、縮小顯示。

增加選取範圍

選取範圍可建立不止一個。接著就讓我們把旁邊的畫框也選取，以加入至目前的選取範圍。

1. 確定左方的畫框已被選取，再使用「矩形選取畫面工具」，按住 Shift 鍵不放拖曳出選取範圍 ❶。

完成！ 建立出了圍繞 2 個畫框周圍的選取範圍。

重點提示

重疊選取範圍以變更選取範圍

步驟 1 是在遠離既有選取範圍的位置增加選取範圍，不過我們也可用「矩形選取畫面工具」，在既有的選取範圍上重疊拖曳出選取範圍，以此方式來擴大或縮減選取範圍。

增加

按住 shift 鍵不放拖曳，便可增加選取範圍。若是選取時如右圖那樣與既有的選取範圍重疊，便可接合選取範圍。

增加

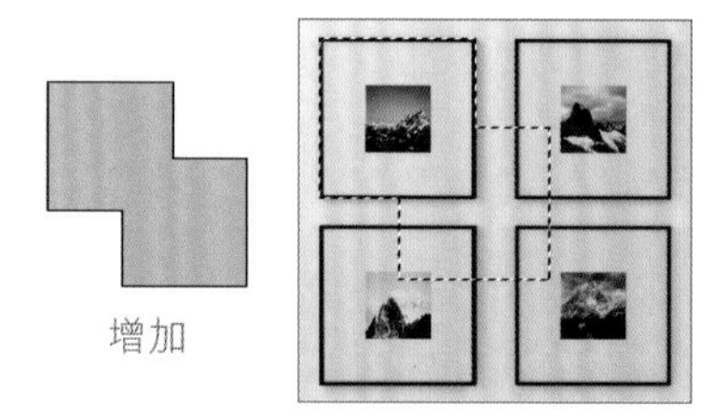

減去

按住 Alt（option）鍵不放拖曳，便可減去選取範圍的重疊部分。

減去

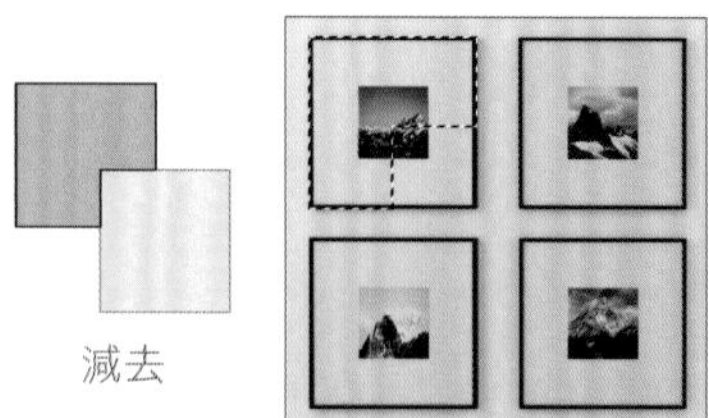

相交

同時按住 Shift 鍵與 Alt（option）鍵不放拖曳，則可以只將相交（重疊）的部分建立為選取範圍。

相交

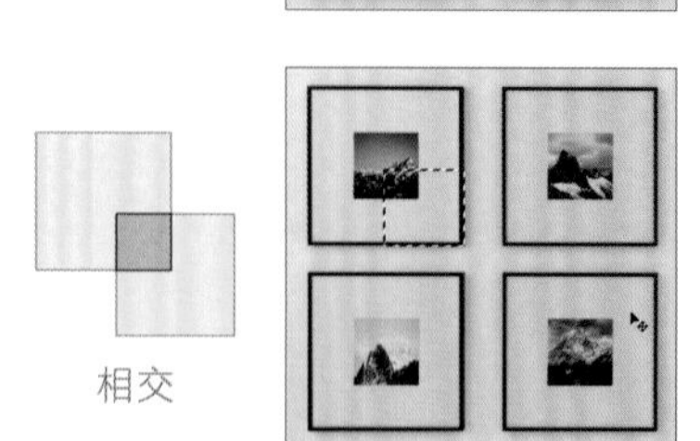

進階知識！

● 用「矩形選取畫面工具」遮罩選取範圍以外的部分

在此，讓我們使用本課程所製作的選取範圍來建立遮色片。
藉由建立成遮色片，便可看出當初選取畫框時的精準程度如何。

1 以「矩形選取畫面工具」選取 2 個畫框後 ❶，按一下「圖層」面板下方的「增加圖層遮色片」鈕 ❷。

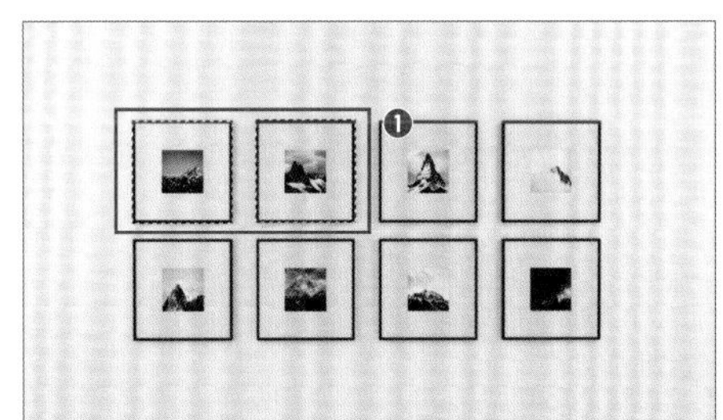

2 這樣就會在選取範圍以外的部分建立遮色片，使這些部分隱藏（呈透明狀態）。請放大顯示，檢查所遮罩的位置是否確實符合預期。

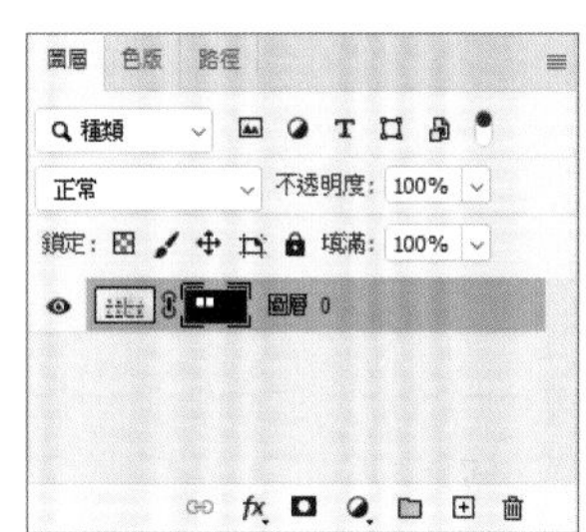

3 若所遮罩的位置如右圖那樣沒對準 ❸，請在已選取圖層遮色片縮圖的狀態下 ❹，將多餘的偏離部分選取起來 ❺，然後使用「筆刷工具」之類的工具，以黑色塗抹該範圍來修正遮色片。

遮色片偏離預期的位置

「圖層遮色片縮圖」就位於「圖層縮圖」的右側，它代表了有圖層遮色片套用在此圖層上。你必須先點選對應的圖層遮色片縮圖，才能編輯該圖層遮色片。

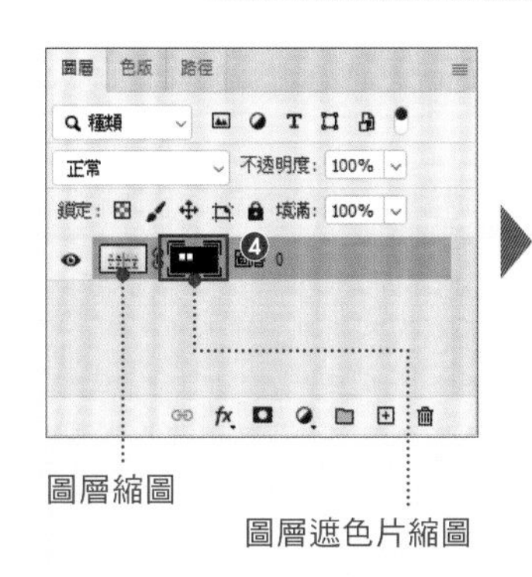

圖層縮圖

圖層遮色片縮圖

遮色片修正完成

CHAPTER 4

LESSON 3

快速選取工具

利用邊界建立選取範圍

練習檔
4-3.psd

使用「快速選取工具」，便能夠針對所拖曳經過的部分，自動判別出邊界，並建立選取範圍。

針對裝了牛奶的杯子建立其選取範圍

杯子以外部分被遮罩起來的狀態

本課程要使用「快速選取工具」來建立選取範圍。使用「快速選取工具」在想要選取的物體上拖曳，Photoshop 就會自動判別邊界並擴大選取範圍。以此影像為例，只要在裝了牛奶的白色杯子上拖曳，Photoshop 就會判別出與周圍咖啡豆的邊界，自動建立出只包含白色杯子部分的選取範圍。

用「快速選取工具」建立選取範圍

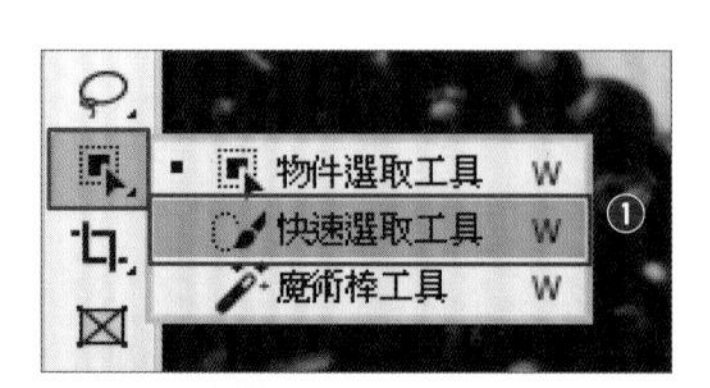

1. 開啟練習檔「4-3.psd」。

   選取「工具列」中的「快速選取工具」❶。

2. 試著在裝了牛奶的杯子的把手處拖曳❷。

筆刷尺寸：30 像素

選取「快速選取工具」後，滑鼠指標的形狀就會變成（⊕）。這代表它切換成了筆刷，而筆刷可以變更尺寸，請將其尺寸設定成小於要選取的物件。從下一頁「進階知識！」中的❸就能變更筆刷尺寸。

3. 建立了把手的選取範圍❸。

(4) 繼續在杯子的圓形部分拖曳 ❹。

重點提示

要修正選取範圍時該怎麼做？

若目前的選取範圍超出了你想要選取的部分（多選了不必要的部分），請按住 Alt （option）鍵於該多餘部分拖曳 ❶，即可取消該部分的選取。

完成！ 這時選取範圍便會擴大，將整個杯子都選取起來。

請參考第 81 頁的做法，也建立遮色片來檢查選取範圍是否精準正確。

請注意，影像中的邊界若是不夠清晰，「快速選取工具」就無法有效發揮作用。例如，若是針對右上方裝了咖啡的杯子使用「快速選取工具」，則由於背景的白色與該杯子的白色之間的分界不明顯，故無法沿著杯子建立選取範圍。

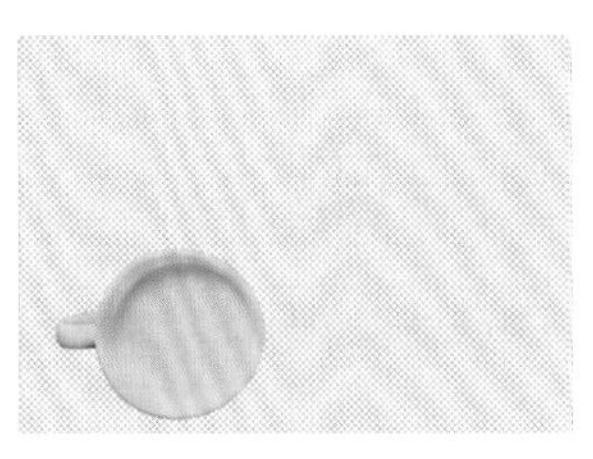

杯子以外部分被遮罩起來的狀態

進階知識！

● 徹底活用「快速選取工具」的選項列

使用「快速選取工具」時，請配合要建立選取範圍的影像的狀況，妥善設定其選項列。

❶ **增加至選取範圍**……… 啟用此選項時，滑鼠指標的筆刷圓圈中間會顯示「+」號，每次於影像上拖曳都能增加選取範圍。預設為啟用。

❷ **從選取範圍中減去**…… 點按此選項，滑鼠指標的筆刷圓圈中間便會顯示「-」號，在影像上拖曳時，可從目前的選取範圍去除掉拖曳的部分。和在已選取（啟用）「增加至選取範圍」的狀態下按住 Alt 鍵不放拖曳的效果相同。

❸ **設定筆刷選項**………… 按此可設定筆刷的種類、硬度、尺寸等。

❹ **取樣全部圖層**………… 勾選此項，便會依據所有圖層的內容來建立選取範圍。

❺ **選取主體**………………… 點按此鈕，Photoshop 就會自動判別影像中的被攝主體並建立其選取範圍。

詳細說明 ➡ 第 99 頁

❻ **選取並遮住**…………… 點按此鈕，就會切換至「選取並遮住」的工作區。

詳細說明 ➡ 第 101 頁

魔術棒工具

從相近的顏色建立選取範圍

練習檔
4-4.psd

使用「魔術棒工具」，便能夠依據所點按處的顏色，自動將顏色相近的部分建立成選取範圍。

建立天空的選取範圍

花朵以外部分被遮罩起來的狀態

本課程要使用「魔術棒工具」來建立選取範圍。「魔術棒工具」能夠依據所點按處的顏色，自動從其近似色（類似的顏色）建立出選取範圍。在此我們要將花朵的背景部分，也就是將天空部分建立為選取範圍，然後反轉該選取範圍，藉此做出花朵的選取範圍。

「魔術棒工具」適合用於替如本課程範例這種具單色背景的影像建立選取範圍。

用「魔術棒工具」建立選取範圍

1. 開啟練習檔「4-4.psd」。
選取「工具列」中的「魔術棒工具」❶。

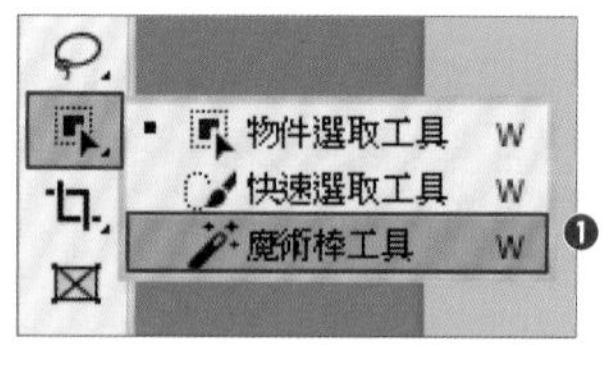

2. 將選項列上的「容許度」設為「100」❷，並勾選「消除鋸齒」項目❸，取消「連續的」項目❹。

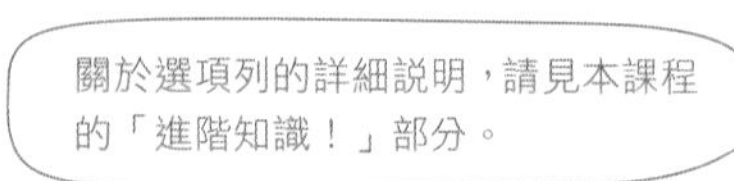

3. 點按藍天部分❺。

④ 藍天部分就被選取了。

天空乍看之下都是藍色，但若仔細觀察便會發現，其中摻雜了深淺不一的各種藍色調。透過近似色的設定，就能將與點按部分的藍色色調近似的藍色也都一起選取起來。

天空被虛線包圍了

反轉選取範圍

接著反轉天空的選取範圍，以建立出花朵部分的選取範圍。

① 點選「選取 > 反轉」命令 ❶。

選取(S) 濾鏡(T) 3D(D) 檢視(V)
全部(A) Ctrl+A
取消選取(D) Ctrl+D
重新選取(E) Shift+Ctrl+D ❶
反轉(I) Shift+Ctrl+I
全部圖層(L) Alt+Ctrl+A

重點提示

反轉是什麼意思？

利用「反轉」功能，就能將已選取的部分和未選取的部分交換過來。

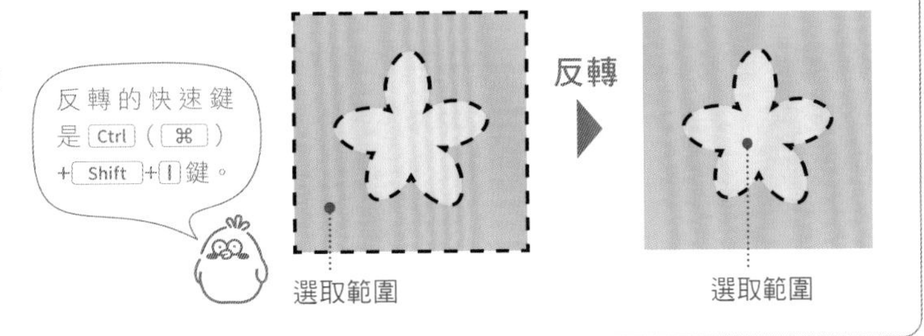

完成！ 建立出了花朵部分的選取範圍。
請參考第 81 頁的做法，也建立遮色片來檢查選取範圍是否精準正確。

天空被遮罩的狀態

進階知識！

●瞭解「魔術棒工具」的選項列

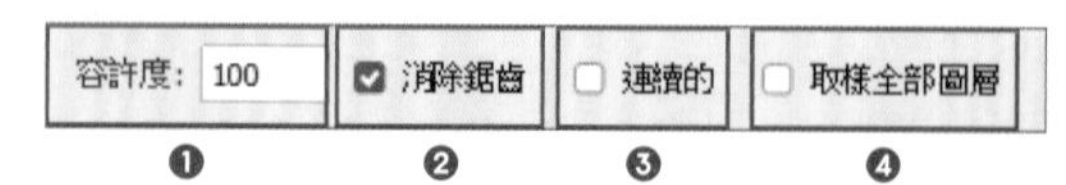

❶容許度

此數值越小，就會選取色調越近似所點按像素的部分，此數值越大，則所選取的色調範圍也越大。

如右圖，當要選取色調有差異的背景時，將容許度設為「20」的話，由於所選取的色調範圍較窄，故只能選取部分背景。若是要把整個背景都選取起來，以這張影像來說，必須將容許度拉高到「150」才行。

容許度：20
點按稍微深一點的藍色部分，就選不到亮藍色的部分

容許度：150
即使點按稍微深一點的藍色部分，也能將包含亮藍色部分的整個背景全部選取起來

❷消除鋸齒

勾選此項，就能使選取範圍的邊緣平滑化。建立成遮色片便可清楚看出其效果。

有勾選時邊緣平滑

沒勾選時邊緣呈鋸齒狀

❸連續的

勾選此項，就只會選取與所點按像素相鄰接的部分。以本課程的範例影像來說，由於我們想把從花瓣間隙處透出的天空部分，以及與所點按處完全不相連的同色調部分也都選取起來，所以要取消此項目。

勾選此項，就不會選取與所點按位置不相連的部分。

取消此項，就會把與所點按位置不相連的部分也選取起來。

❹取樣全部圖層

勾選此項，便會以所有圖層為對象建立相近色的選取範圍。若是只想選取目前所選圖層的內容，就取消此項目。

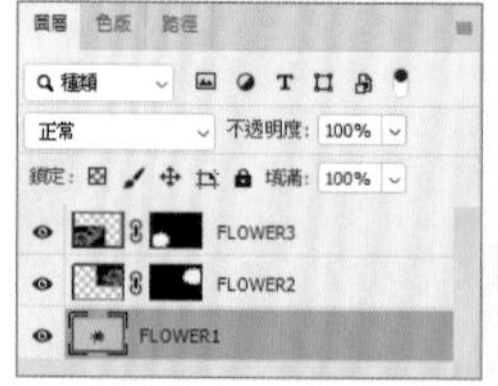

選取天空，排除了所有圖層的花朵部分。

勾選此項時，即使目前選取了特定圖層，也能以所有圖層為對象建立選取範圍。

選取天空，只排除了所選圖層的花朵部分。

一旦取消此項，就只會以目前選取的圖層為對象來建立選取範圍。

CHAPTER 4 LESSON 5

快速遮色片 # 調整色相 / 飽和度

運用快速遮色片模式 迅速建立選取範圍

練習檔
4-5.psd

只要利用快速遮色片模式，就能迅速建立出選取範圍。

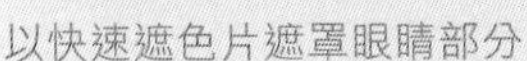

以快速遮色片遮罩眼睛部分

利用遮色片建立選取範圍

改變選取範圍內的顏色（進階知識！）

本課程將要選取貓咪的眼睛部分。利用快速遮色片模式，就能把筆刷拖曳塗抹過的範圍遮罩起來。再搭配反轉選取範圍的功能，即可迅速選取你想選取的部分。在第 90 頁的「進階知識！」中，我們還要利用此選取範圍，將貓咪的藍眼睛變成黃色。

什麼是快速遮色片模式？

所謂的快速遮色片模式，就是一種能用筆刷等工具迅速建立出遮色片的功能。只要切換至快速遮色片模式，然後用筆刷拖曳塗抹，所塗抹的部分便會被遮罩 ❶。接著切換回標準模式，則除該部分以外的範圍就會被選取 ❷。除了從頭開始建立選取範圍外，此模式也可用於編輯、修改已建立的選取範圍。

在快速遮色片模式中塗抹的部分會呈現半透明的紅色，代表被遮罩。

回到標準模式，除塗抹過的部分（前景處的花朵）之外的其他部分就會被選取起來。

切換至快速遮色片模式

首先讓我們切換至快速遮色片模式。

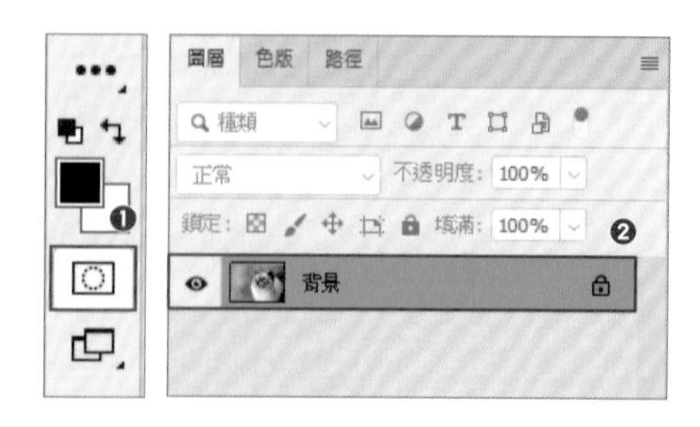

① 開啟練習檔「4-5.psd」。

點按「工具列」中的「以快速遮色片模式編輯」鈕 ❶。這時「圖層」面板的背景圖層會顯示為紅色 ❷，代表已切換模式。

設定筆刷並建立遮色片

接著要使用筆刷塗抹貓咪的眼睛部分以建立遮色片。而為了方便塗抹，請先於選項列設定筆刷的尺寸與硬度等。

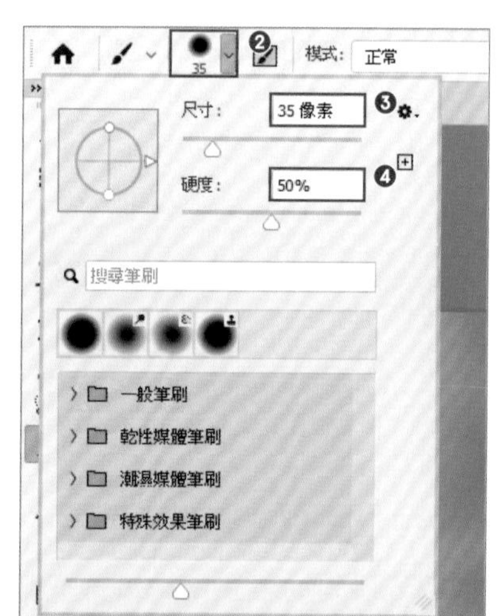

① 選取「工具列」中的「筆刷工具」❶。

② 點按選項列上的 ❷，會彈出筆刷的設定畫面，請將筆刷設成可輕鬆選取貓咪眼頭等細節部分的大小。在此將「尺寸」設為「35 像素」❸。「硬度」則設為易與周圍融合的「50%」❹。

重點提示

筆刷的「硬度」是指什麼？

筆刷的硬度代表了筆刷邊緣的模糊程度。此數值越低，筆刷的邊緣就越柔和，由於可使邊界模糊，故能得到較自然的選取範圍。

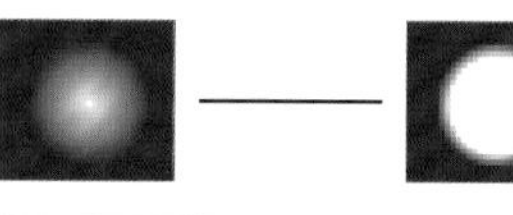

硬度：0%　　硬度：100%

③ 將「前景色」設為黑色 ❺，然後拖曳塗抹貓咪的眼睛部分 ❻。

重點提示

用黑色塗抹，以白色取消！

塗錯時，請點按「切換前景和背景色」鈕 ❶，將「前景色」切換成白色 ❷，然後拖曳塗錯的部分，即可將之消除 ❸。

切換前景和背景色的快速鍵為 X 鍵。

另外，若前景色並未設定成黑色或白色，請點按「預設的前景和背景色」鈕 ❹。

④ 拖曳塗抹貓咪的左眼與右眼。

⑤ 點按「以標準模式編輯」鈕 ❼。即建立出選取範圍。

選取了除貓眼以外的部分

反轉選取範圍

沒被快速遮色片模式遮罩的其他部分才會成為選取範圍。因此藉由反轉選取範圍，便可選取貓眼部分。

① 點選「選取 > 反轉」命令 ❶。

選取(S) 濾鏡(T) 3D(D) 檢視(V)
全部(A) Ctrl+A
取消選取(D) Ctrl+D
重新選取(E) Shift+Ctrl+D ❶
反轉(I) Shift+Ctrl+I
全部圖層(L) Alt+Ctrl+A

＼完成！／ 選取了貓眼部分。

重點提示

徹底活用「選取 > 反轉」命令！

以快速遮色片模式建立遮色片後切換回標準模式時，除遮罩範圍之外的其他部分會成為選取範圍。像本例這樣想選取影像中的一小部分時，若是塗抹除該部分之外的其他大片區域以遮罩，肯定會很花時間。而利用反轉選取範圍的方式，就能輕鬆有效率地完成作業。

如果不反轉選取範圍，就必須遮罩除選取範圍以外的所有其他部分。

若是懂得反轉選取範圍，則只需針對要選取的部分建立遮色片即可。

進階知識！

● 利用選取範圍來校正色彩

讓我們使用本課程所建立的選取範圍，來改變貓咪的眼睛顏色。在已建立選取範圍的狀態下新增調整圖層，該調整圖層便會附加遮色片。我們要建立附有遮色片的「色相 / 飽和度」調整圖層，將貓咪的眼睛從藍色改成黃色。

1. 在選取貓眼的狀態下❶，點按「圖層」面板下方的「建立新填色或調整圖層」鈕❷，選擇「色相 / 飽和度」❸。

2. 建立出了「色相 / 飽和度」調整圖層❹。

3. 現在要把貓眼調成黃色。在「內容」面板把「色相」設為「-160」❺，「飽和度」設為「-20」❻。

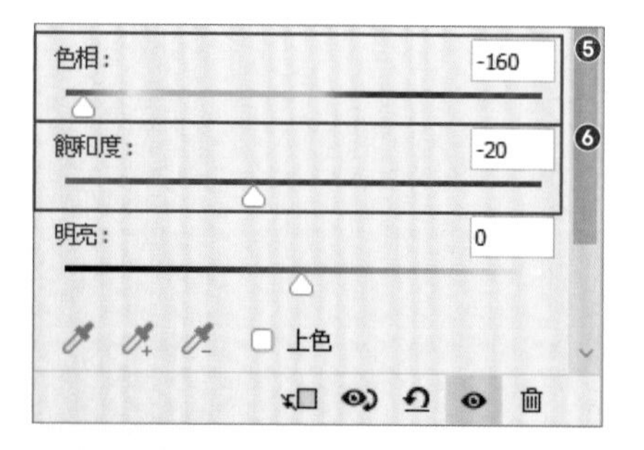

4. 貓咪的眼睛變成黃色的了。

「色相 / 飽和度」的變更不會影響白、黑及灰等不具顏色的部分。因此貓咪眼睛的瞳孔部分不會產生色彩變化。

顏色範圍 # 調整色相 / 飽和度

選取特定顏色並改變顏色

練習檔
4-6.psd

本課程將介紹可自動選取特定色彩的「顏色範圍」功能。

Before

After

使用「顏色範圍」功能，就能以指定的顏色為基準來選取。由於此功能能夠在整個影像中自動判別各部分是否符合所指定的顏色，故即使是邊界模糊不清的物體，或是反射的顏色等，也都能乾淨利落地選取起來。而且可進行比魔術棒工具更細緻的設定調整。在此我們要選取影像中的橘色部分，並使之變色。對於「顏色範圍」功能沒能選到的部分，可調整遮色片，好將遺漏的部分都選起來。

用「顏色範圍」功能建立選取範圍

利用「顏色範圍」功能選取影像中的橘色部分。

1. 開啟練習檔「4-6.psd」。點選「選取 > 顏色範圍」命令 ❶。

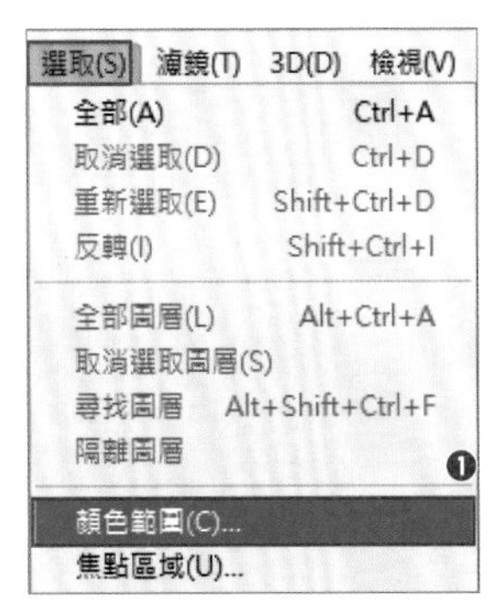

2. 這時會彈出「顏色範圍」對話視窗。將「選取」選為「樣本顏色」❷，並確認已取消「當地化顏色叢集」項目 ❸。

3. 參考右圖，點按影像中的橘色部分 ❹。在預視區域中，被選取的部分會以白色表示 ❺。

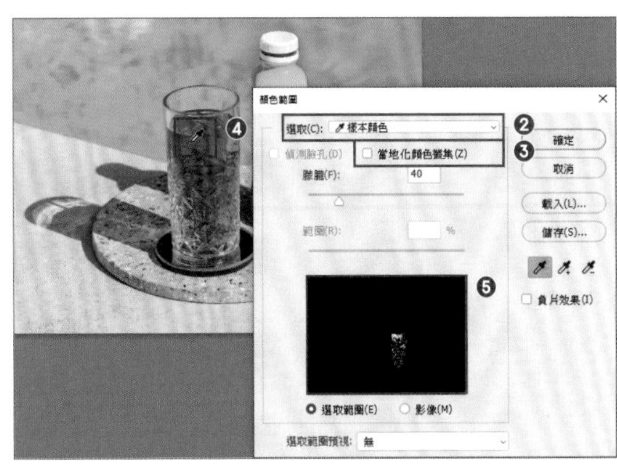

4 為了將陰影部分及玻璃杯緣上的反射色彩也都選起來，請拖曳調整「朦朧」滑桿 ❻。本例將之設為「140」❼。調整好後，就按「確定」鈕 ❽。

連在陰影及反射於玻璃杯緣上橘色部分都被選取了

重點提示

「朦朧」是什麼？

藉由變更「朦朧」的值，便可調整將納入至選取範圍的顏色範圍。此數值越大，所選取的顏色範圍就越廣。

5 選取了橘色部分。

重點提示

增加、減去樣本顏色以調整範圍

當調整「朦朧」滑桿也無法選取想要的顏色時，你可以點選「增加至樣本」鈕 ❶，然後在影像中你想選取的部分點按 ❷。這樣就能增加所點按部分的顏色，擴大選取範圍。

反之，如果選到了不需要的部分，則可點選「從樣本中減去」鈕 ❸，然後點按影像中你希望排除的部分 ❹。若點一次無法完全排除，就多點幾次。

如此一來所點選的顏色就會被減掉，選取範圍便縮小。

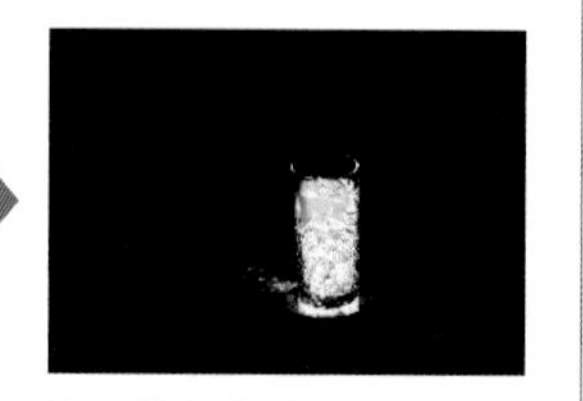

選取的顏色比左圖更多，選取範圍變大。

選取的顏色變得比左圖少，選取範圍變小。

改變選取部分的顏色

接著使用「色相／飽和度」調整圖層來改變選取範圍內的顏色。

1. 建立「色相／飽和度」調整圖層 ❶。本例將「色相」設為「-80」，將「飽和度」設為「+15」❷。

建立調整圖層 ➡ 第 90 頁

2. 橘色部分變成粉紅色了。

雖然整個調整圖層的顏色都變了，但被遮色片遮住的部分不會呈現出變化。

調整遮色片

仔細觀察影像會發現，有些部分仍殘留著少許橘色。這些是使用「顏色範圍」功能沒能選到的漏網之魚。我們要使用筆刷以塗抹的方式擴大選取範圍，讓殘留的橘色部分全都變成粉紅色。

顏色殘留

1. 點選「圖層」面板中的圖層遮色片縮圖 ❶。

2. 選取「工具列」中的「筆刷工具」 ，將前景色設為白色 ❷。用筆刷塗抹影像中殘留的橘色的部分 ❸。

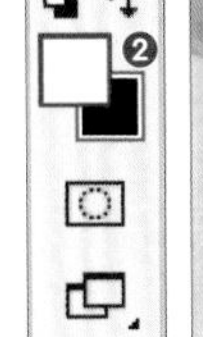

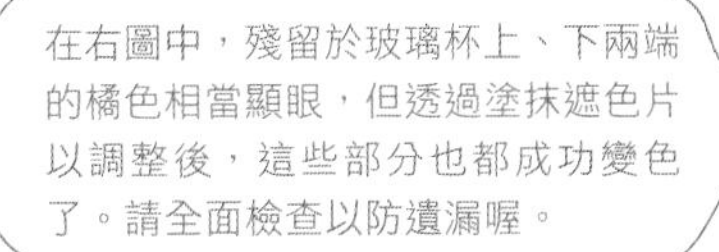

在右圖中，殘留於玻璃杯上、下兩端的橘色相當顯眼，但透過塗抹遮色片以調整後，這些部分也都成功變色了。請全面檢查以防遺漏喔。

完成！ 原本殘留的橘色部分也都變成粉紅色了。

筆型工具 # 向量圖遮色片

從路徑建立選取範圍

練習檔
4-7.psd

本課程將解說如何用「筆型工具」繪製路徑，再從該路徑建立出選取範圍。

建立錶面的選取範圍

將錶面以外的部分遮罩起來

Photoshop 具備從路徑建立選取範圍的功能。首先我們要練習用「筆型工具」繪製路徑。學會「筆型工具」的用法後，再於手錶影像建立錶面的選取範圍。亦即沿著錶面繪製路徑，然後從該路徑載入選取範圍。

「筆型工具」擅長繪製直線與工整的曲線。要選取工業產品或邊緣銳利清晰的物體時，很建議採用這種方法。

什麼是路徑？

以「筆型工具」繪製的線條或用「矩形工具」等建立的圖形輪廓線，就叫做「路徑」。路徑是由錨點（點）與線段（線）、方向線、方向點所構成。

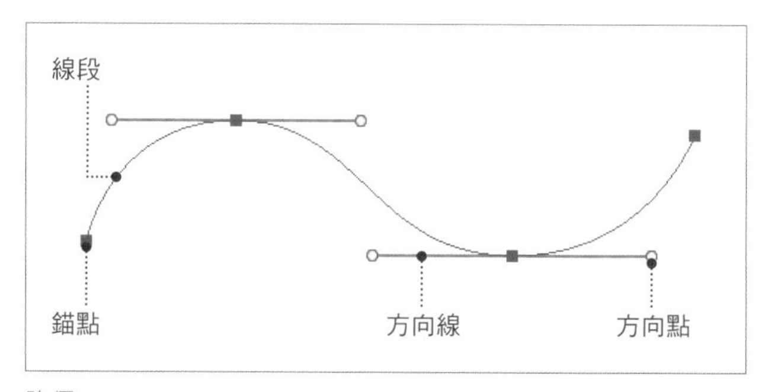

路徑

錨點與方向線的關係

就像在拔河一樣，錨點相當於支點，而方向線是代表了施力方向的線。拉長方向線，就像是沿著該方向施力，於是線段就被拉動變形。

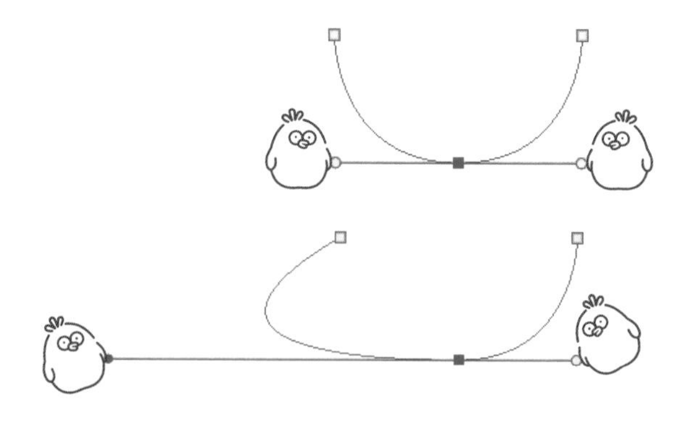

用「筆型工具」繪製三角形

首先讓我們使用「筆型工具」，嘗試繪製只由直線構成的三角形路徑。以直線構成的圖形，只要建立圖形的頂點即可繪製出來。

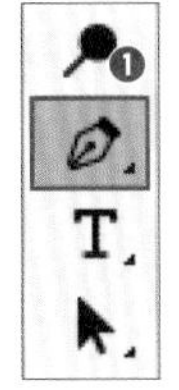

1. 點選「檔案 > 開新檔案」命令以建立新文件。

建立新文件 ➡ 第 23 頁

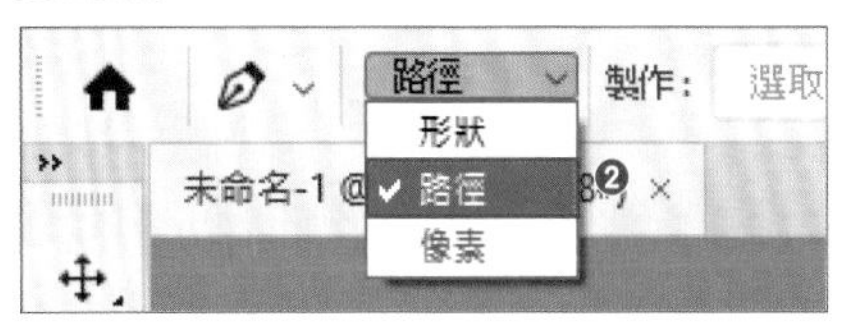

2. 選取「工具列」中的「筆型工具」❶。然後在選項列上選擇「路徑」❷。

3. 在文件上的任意位置點按 ❸，接著再移到另一處點按 ❹，則所點按的兩個點便會自動以直線連接起來。

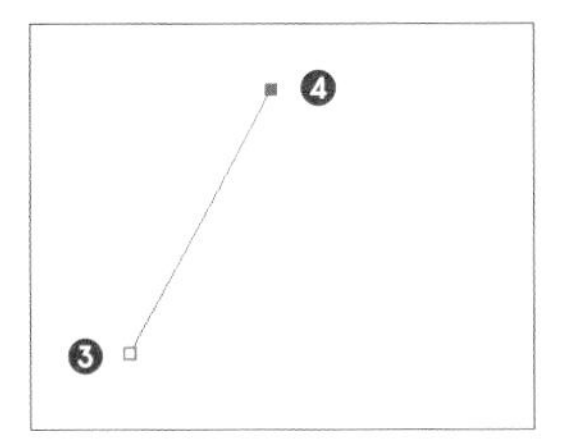

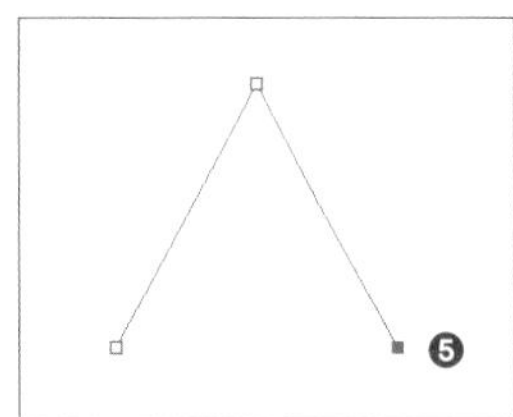

4. 繼續點按第 3 個點 ❺，就形成了三角形的 2 個邊。

5. 將滑鼠指標移到第一個點按的點附近時，指標會變成 ✎。的樣子，請在該處點按 ❻。這樣就建立出了由 3 個錨點與 3 條線段構成的三角形。

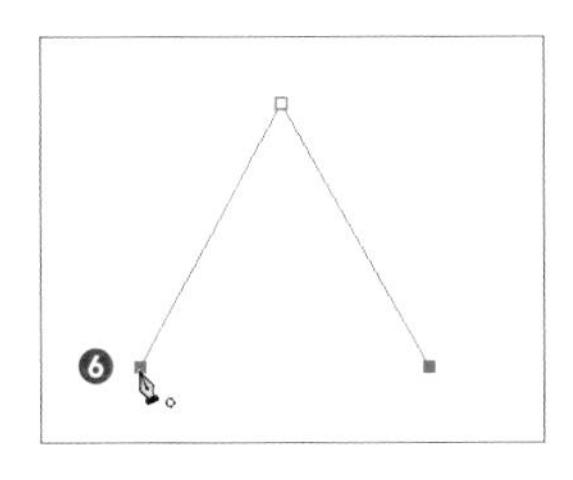

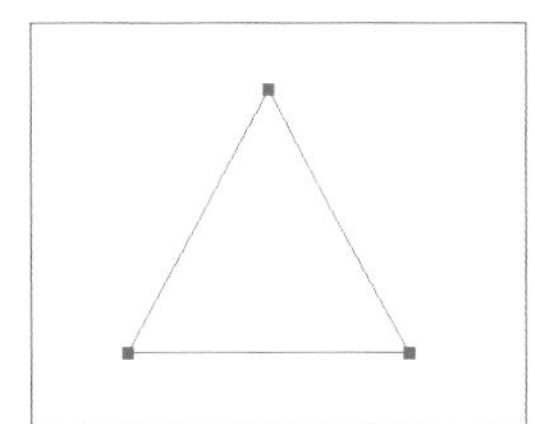

用「筆型工具」繪製圓形

接下來要運用曲線繪製圓形。圓形可用 4 個錨點繪製出來。繪製時需要一邊操作方向線，一邊以順時針方向逐一繪製 4 個錨點。

1. 在起點處按下滑鼠左鍵不放，朝上方拖曳 ❶。這樣就會建立出錨點，並朝上下兩側延伸出方向線。

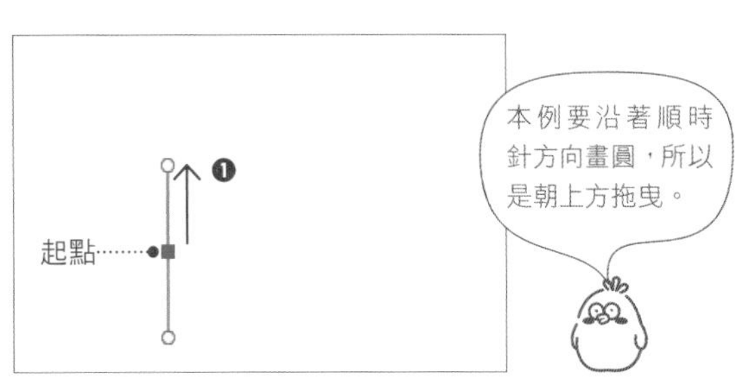

> 重點提示
>
> **限制方向線的方向（角度）**
>
> 按住 Shift 鍵拖曳，便可限制所延伸出的方向線只能以 45 度為單位改變。藉由將其方向限制為 45 度的倍數，便可輕鬆畫出平衡的圓形。

2. 接著在第 2 個點的位置按下滑鼠左鍵不放，朝右邊拖曳 ❷。這樣就建立出了第 2 個錨點。

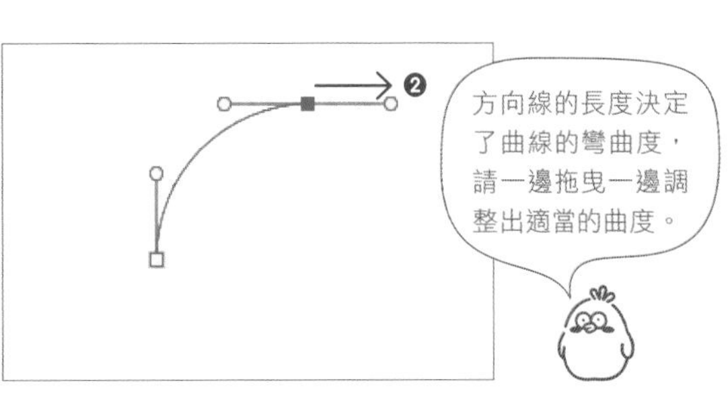

3. 以同樣方式建立第 3 和第 4 個錨點。

4. 點按起點處的第 1 個錨點 ❸，路徑便會封閉起來，形成圓形。

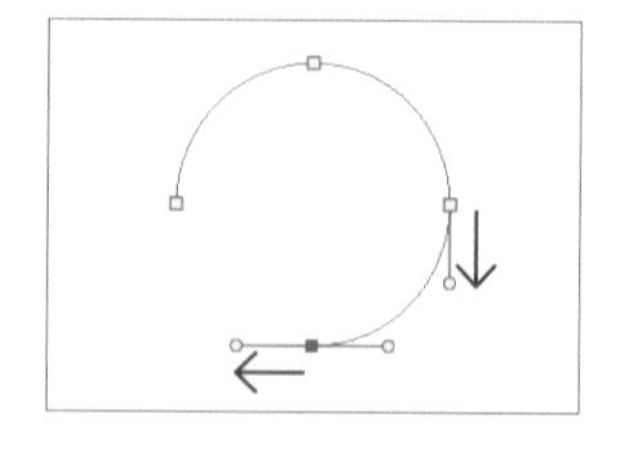

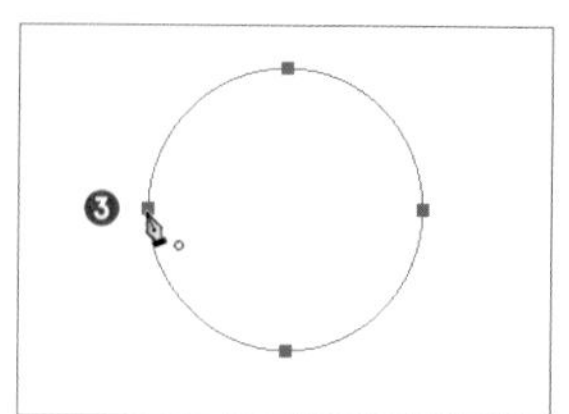

編輯路徑

現在要説明如何編輯路徑以改變形狀。讓我們編輯剛剛繪製好的圓形，試著改變其形狀。

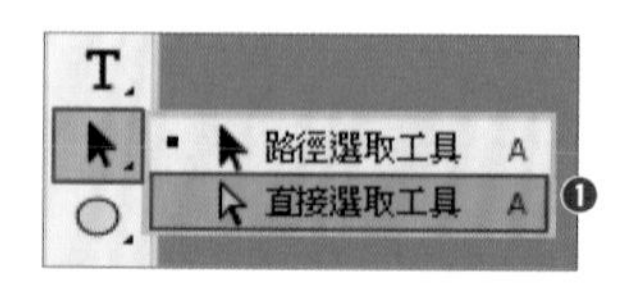

1. 選取「工具列」中的「直接選取工具」❶。

2. 點按以選取最上方的錨點 ❷。將選取的錨點往上方拖曳 ❸，圓形就變成了蛋形。

3. 此外，若拖曳方向點 ❹，改變方向線的長度及角度 ❺，在該方向上的曲線就會變形。

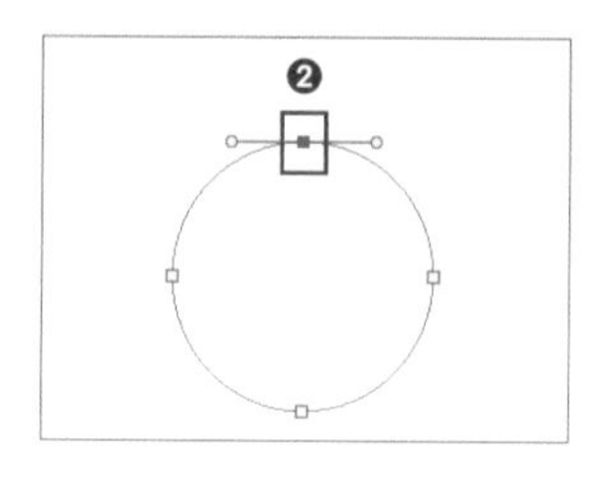

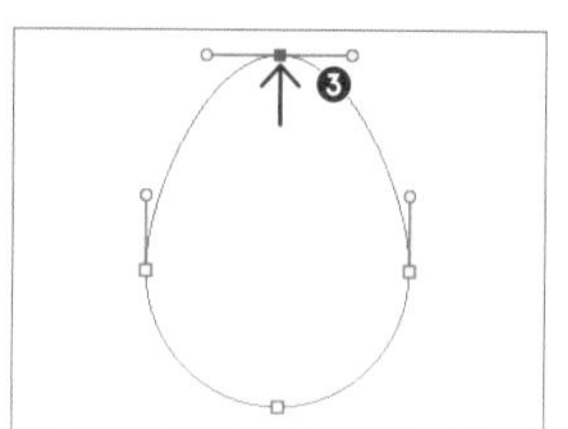

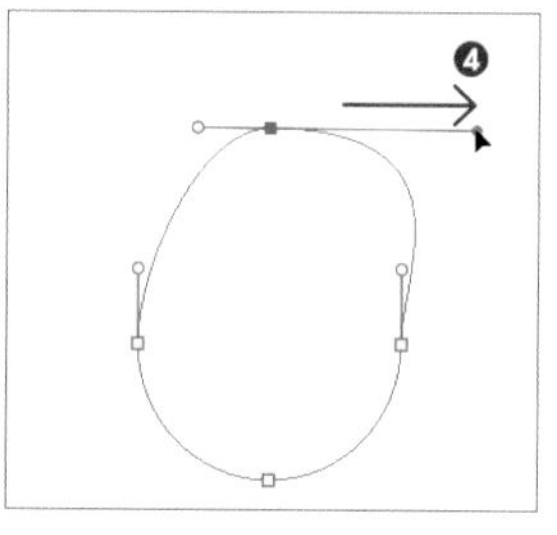

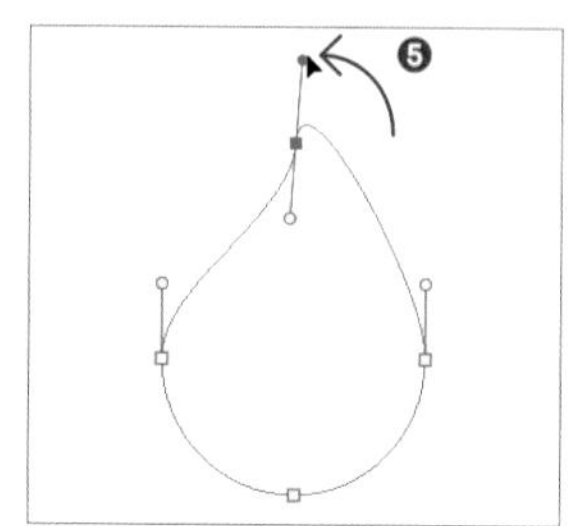

重點提示

熟悉錨點的增加、刪除與轉換

我們也可藉由增、刪錨點的方式來編輯路徑。

選取「筆型工具」後，將滑鼠指標移到線段上，當指標旁顯示出「+」號時點按一下 ❶，便可於點按處增加錨點 ❷。而將滑鼠指標移至想刪除的錨點上，在指標旁顯示出「-」號時點按一下 ❸，即可刪除該錨點 ❹。

此外，想將直線轉換成曲線時，請選取「轉換錨點工具」❺，然後按住構成直線的錨點 ❻，直接拖曳出方向線 ❼，即可轉換成曲線。反之，若是要將曲線轉換成直線，則是直接點按一下有延伸出方向線的錨點即可 ❽。

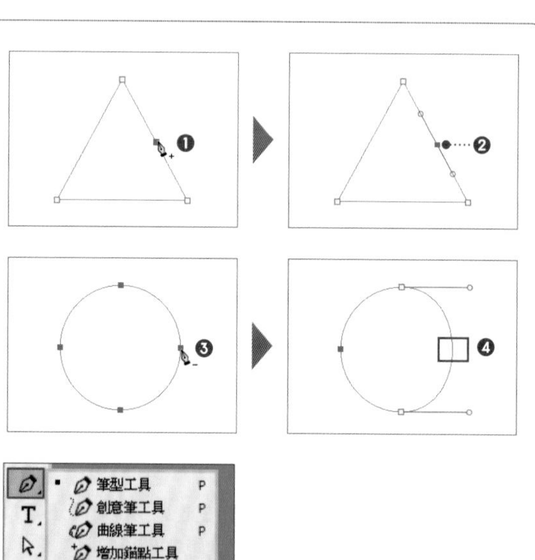

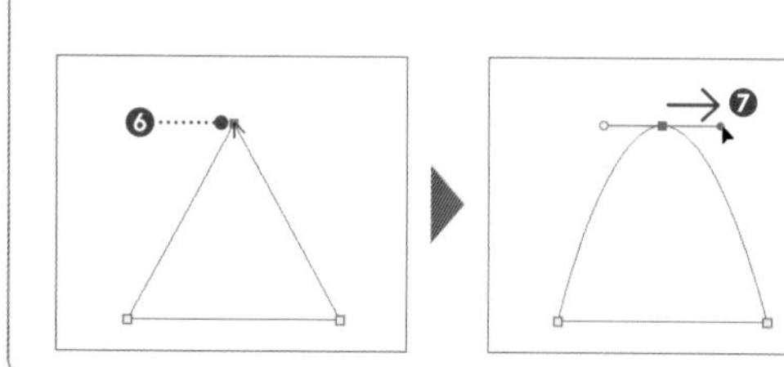

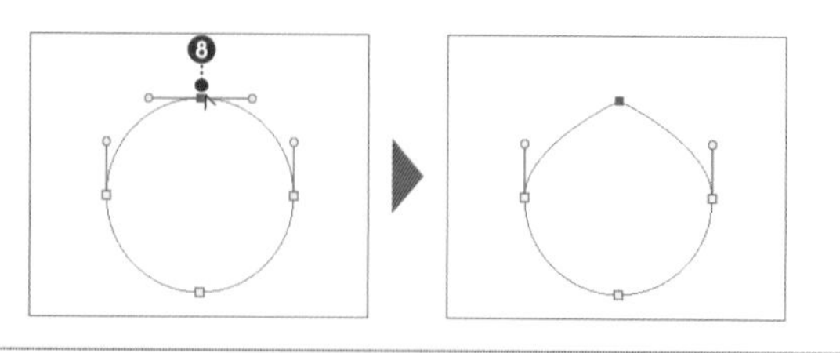

用「筆型工具」繪製圓形路徑

在此要使用「筆型工具」，沿著右側手錶的錶面邊緣繪製出圓形的路徑。
請參考前一頁介紹的圓形繪製方法，沿順時針方向建立出路徑。

1. 開啟練習檔「4-7.psd」。
用「筆型工具」，在起點處按下滑鼠左鍵，並按住 Shift 鍵不放往右上方拖曳 ❶。待方向線延伸至如圖的狀態後，鬆開滑鼠鍵。

請放大檢視影像，以方便作業。

2. 以同樣方式，在圓的 4 等分位置建立下一個錨點 ❷。

3. 繼續以同樣的方式建立第 3 個 ❸ 和第 4 個 ❹ 錨點。最後點按起點處的錨點 ❺，以封閉路徑。

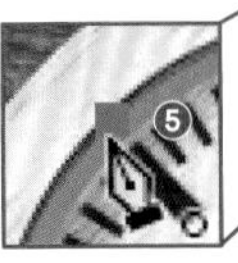

4. 這時線段便會連接起來，形成圓形路徑。

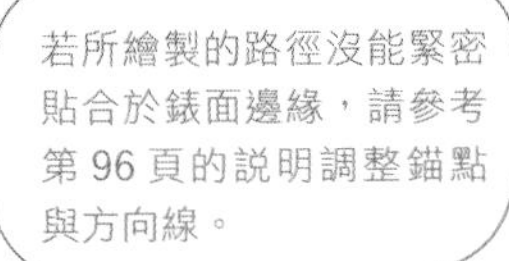

從路徑建立選取範圍

接下來就要從「路徑」面板，依據路徑的形狀來建立選取範圍。

1. 點選以切換至「路徑」面板 ❶。
點選「工作路徑」❷，然後點按面板下方的「載入路徑作為選取範圍」❸。

完成！ 路徑的形狀被載入為選取範圍，這樣就建立出了錶面部分的選取範圍。
請參考第 81 頁的做法，也建立遮色片試試。

還可利用選取範圍，以「色相 / 飽和度」調整圖層來改變顏色。這做法很適合用於製作電商網站等的商品各色版本示意圖。

進階知識！

● 建立向量圖遮色片

本課程是從路徑建立出選取範圍，不過從路徑也可以建立出向量圖遮色片。所謂的向量圖遮色片，是以「筆型工具」或「矩形工具」等所繪製的路徑形狀來遮罩影像。以下便接續第 97 頁的路徑建立步驟，說明建立向量圖遮色片的方法。

1. 路徑建立好後，在仍選取「筆型工具」的狀態下 ❶，點按選項列上的「遮色片」鈕 ❷。

2. 這時就會建立出向量圖遮色片 ❸，將路徑以外的部分遮罩起來。

選取主體

快速選取人物

練習檔
4-8.psd

本課程要來試試可自動檢測影像主體並自動建立其選取範圍的「主體」功能。

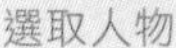
選取人物

選取範圍以外部分被遮罩起來的狀態

「主體」是一種可檢測影像並判定其中的主要被攝物後，自動將其建立為選取範圍的功能。主要用於選取人物。

自 Photoshop 2021 版起，此功能便已達到相當高的精準度。即使是複雜的髮型也能瞬間選取。

用「主體」功能選取人物

讓我們利用「主體」功能，沿著照片中央的人物周圍建立選取範圍。

選取(S) 濾鏡(T) 3D(D) 檢視(V)
全部(A) Ctrl+A
取消選取(D) Ctrl+D
重新選取(E) Shift+Ctrl+D
焦點區域(U)... ❶
主體
天空

① 開啟練習檔「4-8.psd」。
點選「選取 > 主體」命令 ❶。

完成！ 成功建立出人物部分的選取範圍。
請參考第 81 頁的做法，也建立遮色片試試。

若是沒能確實選取到細節部分等，而需要調整選取範圍的話，請利用第 101 頁介紹的「選取並遮住」鈕。

重點提示

也可從「快速選取工具」或「魔術棒工具」的選項列來選取主體！

本課程是從「選取 > 主體」命令來啟動「主體」功能，但你也可於使用「快速選取工具」或「魔術棒工具」時，點按選項列上的「選取主體」鈕來達到同樣目的。

選取並遮住

遮罩毛茸茸的物體

練習檔
4-9.psd

本課程要說明如何選取毛茸茸的動物毛皮並將其遮罩起來。

Before

After

遇到毛茸茸的動物或衣服等與背景的分界不明確的物體時，可直覺地以「快速選取工具」先沿著影像建立選取範圍後，再調整邊界。毛髮等細節部分的選取不需手動處理，而是可切換至「選取並遮住」工作區，利用 Photoshop 的自動處理功能來搞定。

大略選取想要剪裁的區域

用「快速選取工具」沿著狗狗的輪廓拖曳，此工具能夠自動判別物體邊界並加以選取。

1. 開啟練習檔「4-9.psd」。選取「工具列」中的「快速選取工具」❶。

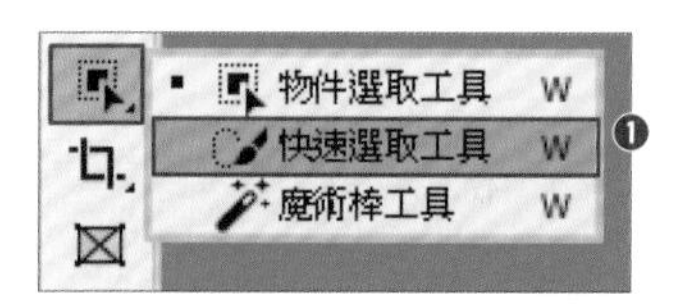

2. 為了能輕鬆選取尖尖的耳朵，將筆刷尺寸設為「50 像素」❷。

3. 從狗狗的右耳尖端開始，沿著輪廓拖曳❸。

使用「快速選取工具」時，即使拖曳到一半鬆開滑鼠鍵，也還是能繼續建立選取範圍。

④ 就這樣一直沿著狗狗的輪廓圍繞拖曳，直到選取範圍擴展至狗狗的整個身體。

重點提示

調整選取範圍

若選取範圍往外超出輪廓太多，則可按住 Alt 鍵不放於超出的部分拖曳，即可取消選取該部分。

在此階段，只要建立粗略的選取範圍即可。

切換至「選取並遮住」

接著要使用「選取並遮住」功能來調整粗略的選取範圍。在此功能中，我們可利用 Photoshop 的自動調整功能來建立選取範圍。這樣的做法很適合用於動物的皮毛等很難以手動方式選取的物體。我們要先切換至「選取並遮住」工作區，然後選擇最合適的選取範圍檢視模式。

① 在仍選取「快速選取工具」的狀態下，點按選項列上的「選取並遮住」鈕 ❶。

或是點選「選取 > 選取並遮住」命令，也可切換至「選取並遮住」工作區。

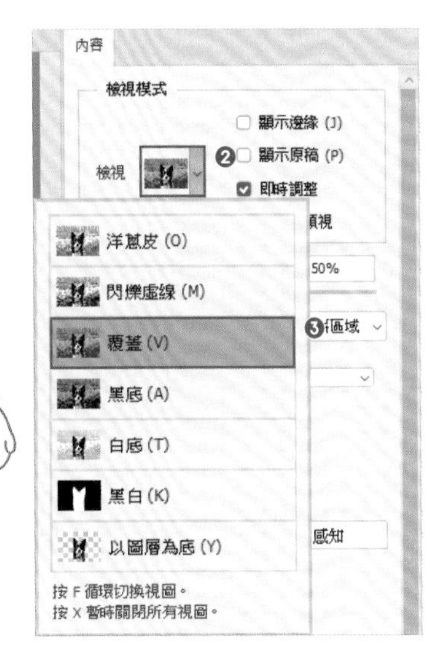

② 依據影像內容，將選取範圍的預視畫面切換至合適的檢視模式。點按「內容」面板中的「檢視」選單 ❷，以本例來說我們選擇「覆蓋」❸。

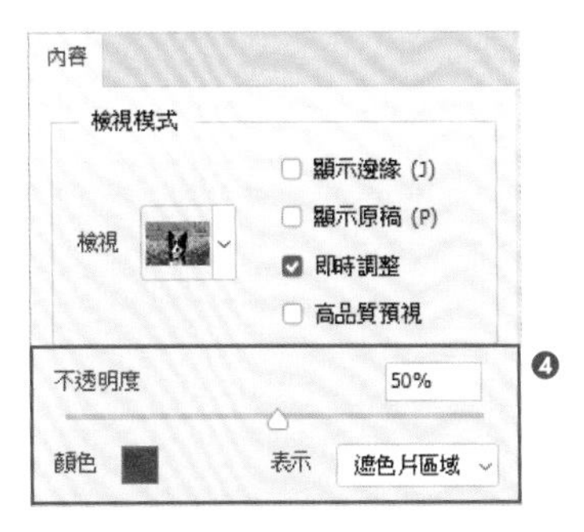

重點提示

「覆蓋」是什麼樣的檢視模式？

此種檢視模式會以特定顏色遮罩選取範圍或選取範圍以外的部分。由於可變更遮罩部分的不透明度，故在調整選取範圍的邊界時相當方便好用。

③ 將覆蓋設定為如下 ❹。

不透明度：50%

顏色：紅色

表示：遮色片區域

設定不透明度與顏色時，請設定成可適度看見影像的程度。而「表示」有「選取的區域」或「遮色片區域」（選取範圍以外部分）兩種可選。

調整選取範圍

接下來就要調整選取範圍，以選取狗毛的細節部分。先選擇「調整模式」後，再一邊觀察影像，一邊變更可自動檢測物體輪廓線的「邊緣偵測」，以及能讓選取範圍更顯自然的「整體調整」數值。

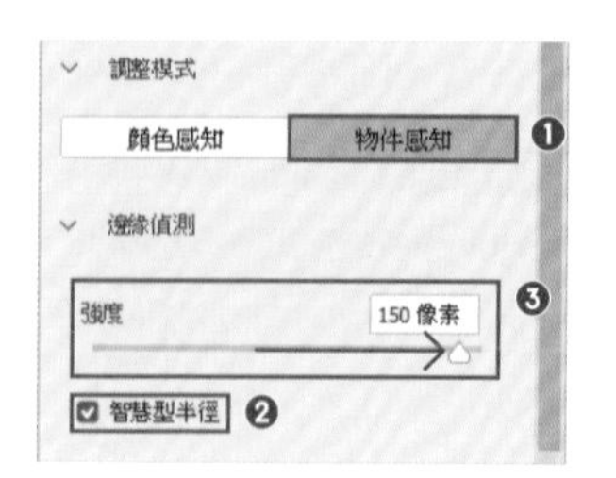

勾選「智慧型半徑」項目，便可依據影像內容，在「強度」所設定的寬度範圍內自動進行調整。

1. 在「內容」面板，將「調整模式」選為最適合用於選取動物毛皮等的「物件感知」❶。

2. 勾選「智慧型半徑」項目❷，然後一邊觀察影像中的選取範圍，一邊拖曳「邊緣偵測」的「強度」滑桿來設定其數值❸。本例將「強度」設為「150 像素」。如此便能建立出選取了狗毛細節的選取範圍。

重點提示

如何確認「強度」的數值是否恰當？

「強度」所設定的是選取範圍的邊緣偵測寬度。要選取邊緣毛茸茸的物體時，必須將此項目設定為能包含毛茸茸部分的程度。而只要勾選「檢視模式」中的「顯示邊緣」項目，就能看到目前所設定的邊緣偵測寬度。請確認你想選取的部分有在該範圍內。

邊緣
強度：150像素
由於已勾選「智慧型半徑」項目，故邊緣寬度會在150像素的範圍內變動

邊緣

可看出狗毛末端都有完全包含在邊緣寬度內。

3. 為了進一步微調選取範圍，繼續再設定「整體調整」的數值。本例設為如下❹。

   平滑：6
   羽化：2.5 像素

   變更「整體調整」的數值後，選取範圍就變得更柔和了。

調整前

調整後

輸出選取範圍

一旦建立出自然的選取範圍後，就要設定輸出此選取範圍的方式。在此讓我們將它顯示於新圖層。此外，藉由勾選「淨化顏色」項目，輸出時便可去除毛與毛之間殘留的背景色。

1. 勾選「淨化顏色」項目 ❶，「數量」設為「50%」❷。

即將完成！

2. 將「輸出至」選為「新增使用圖層遮色片的圖層」❸，然後按「確定」鈕 ❹。

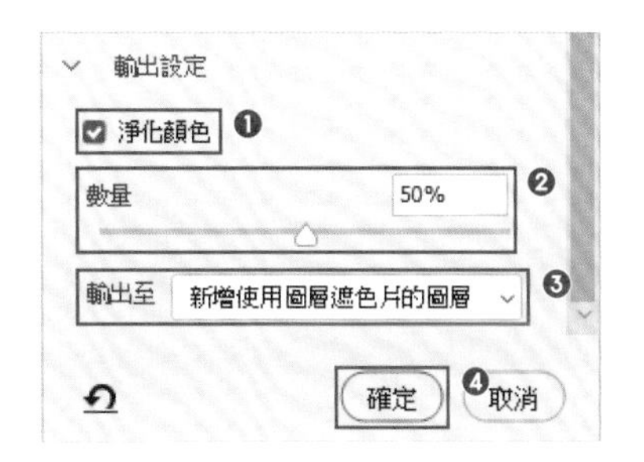

重點提示

如何保存設定？

需要剪裁多張類似的影像時，請先勾選「記住設定」項目後，再按「確定」鈕。這樣下次開啟「選取並遮住」工作區時，便會留下先前的設定值。

完成！ 毛茸茸的部分也都漂亮地遮罩起來了。

輸出成帶有圖層遮色片的新圖層

進階知識！

● 如何更進一步微調選取範圍

使用「調整邊緣筆刷工具」，就能更進一步微調選取範圍。這個「調整邊緣筆刷工具」，是用來檢測背景與主體之間的邊界。只要在「選取並遮住」工作區中，點選「調整邊緣筆刷工具」❶，然後於邊緣檢測得不夠準確的部分拖曳塗抹即可 ❷。

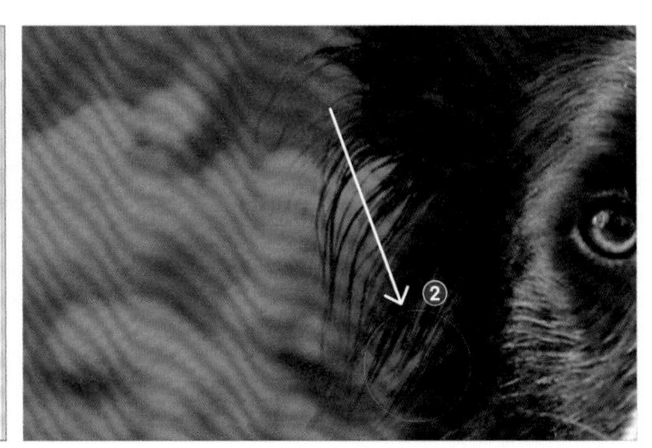

變更選取範圍

編輯選取範圍並替影像加上白框

練習檔
4-10.psd

利用縮減選取範圍的功能，替影像加上白色邊框，模擬出類比照片般的風格。

攝影yuuui（Twitter：@uyjpn）

本課程要在選取整張照片後，用「修改」類的功能將選取範圍縮小一圈。然後在縮小的選取範圍之外建立遮色片，好為照片加上白框。

將已建立的選取範圍縮小

這裡介紹的「修改」類功能，是用來修改選取範圍的功能。在無法一次就完美地選取所需範圍等時候，往往也能派上用場。

1. 開啟練習檔「4-10.psd」。
按 Ctrl（⌘）+A 鍵選取整張影像。

2. 點選「選取 > 修改 > 縮減」命令❶。

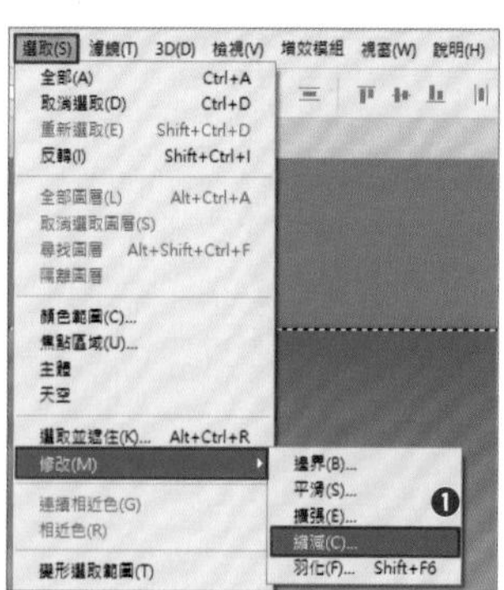

③ 這時會彈出「縮減選取範圍」對話視窗，請輸入縮減量。本例設為「25」像素❷。

勾選「在版面界限中套用效果」項目後❸，按「確定」鈕❹。

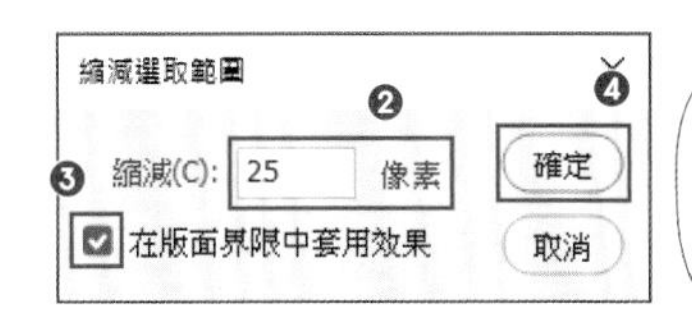

這個縮減量將成為白框的寬度。請依你的喜好自行設定。

要對依版面邊界建立出的選取範圍套用效果時，請勾選「在版面界限中套用效果」項目。由於本課程是要將版面邊界的選取範圍縮小，故需勾選此項目。

④ 選取範圍依照所指定的數值縮小了。

重點提示

用各種方式變更選取範圍

除了「縮減」外，還有其他多種「修改」類功能可使用。現在就讓我們來看看還有哪些功能。為了方便理解，以下都統一將選取範圍以外的部分遮罩起來。

邊界

以指定的寬度將邊界本身建立為選取範圍

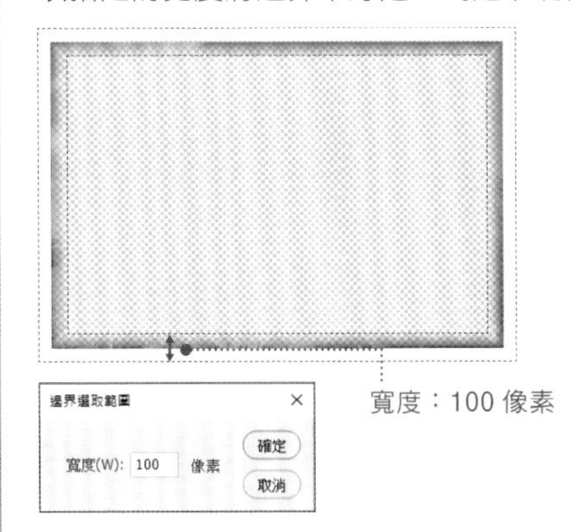

寬度：100 像素

羽化

依據所指定的數值來模糊化選取範圍的邊界

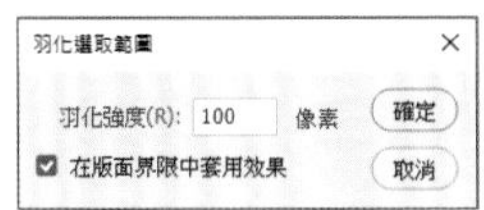

平滑

使選取範圍的尖角和鋸齒邊緣變得平滑

※以此例來說就是尖角變成了圓角

擴張

依據所指定的擴張量來加大選取範圍

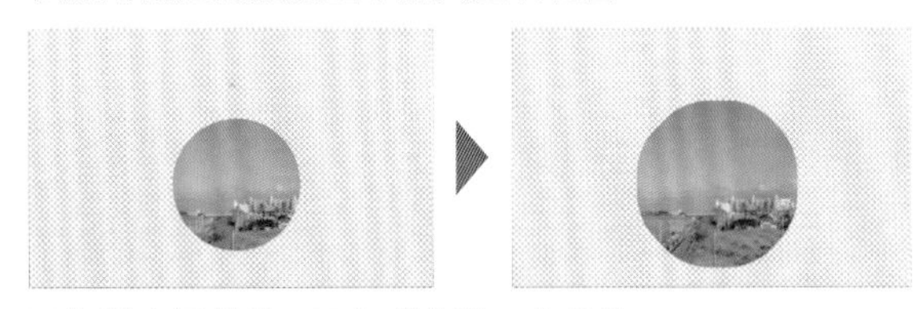

※為了方便理解，只有「擴張」的例子使用圓形的選取範圍

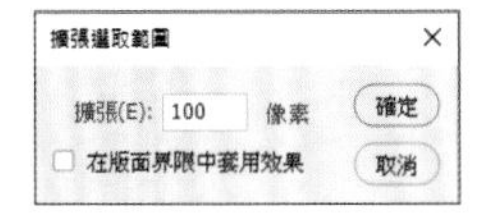

以遮色片和填色製作白色邊框

將選取範圍以外的部分遮罩起來，呈現為剪裁狀態。然後在該圖層下方配置填滿白色的圖層，即可做出白框。

① 點按「圖層」面板底端的「增加圖層遮色片」鈕，新增圖層遮色片。

這樣就能夠遮罩選取範圍以外的部分。

增加圖層遮色片 ➡ 第 81 頁

② 點按「圖層」面板底端的「建立新圖層」鈕 ❶，新增一圖層，然後把新增出的圖層拖曳至最下層 ❷。

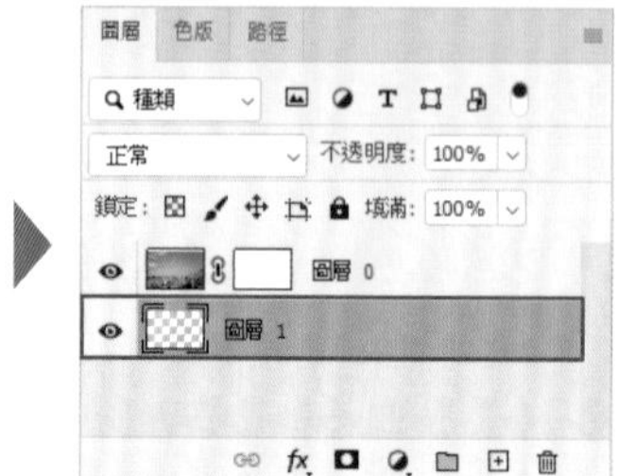

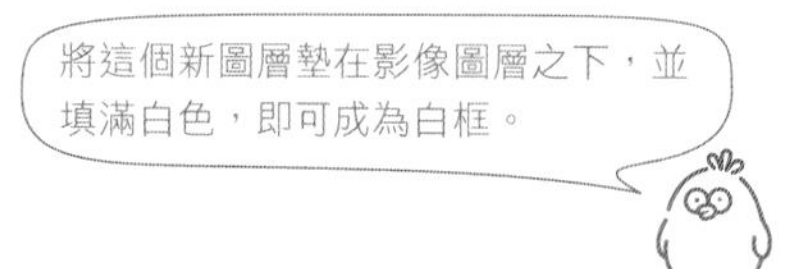

③ 點選「編輯 > 填滿」命令 ❸。

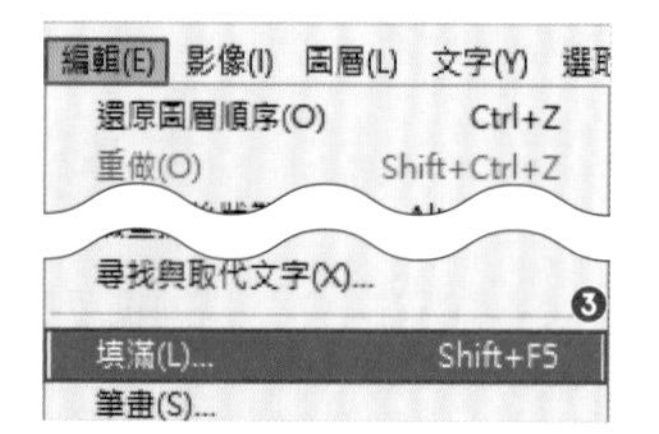

④ 在彈出的「填滿」對話視窗中，將「內容」選為「白色」❹，然後按「確定」鈕 ❺。

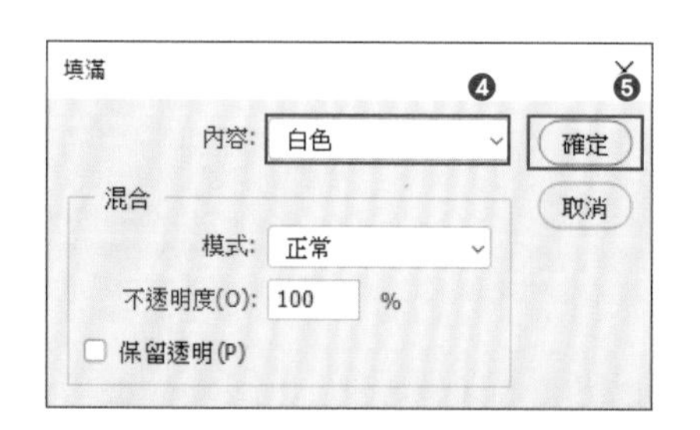

記住填滿的快速鍵可加快作業速度。確認背景色為白色後，按 Ctrl + Back space（Mac 為 ⌘ + delete）鍵即可。

\ 完成！/ 做出白色邊框了。

由於影像周圍被遮罩起來，故會透出下層圖層的白色。

色版

理解色版

讓我們理解色版的運作原理，以便建立更複雜的選取範圍及遮色片。

什麼是色版？

所謂的「色版」，就是以灰階來代表影像的色彩或選取範圍等資訊的功能。

請在 Photoshop 中開啟影像檔，然後查看「色版」面板的內容。以色彩模式為 RGB 的影像來說，就如右圖，其「紅」、「綠」、「藍」各個顏色的資訊都分別以灰階來表示。色彩資訊越多的顯得越白，越少的顯得越黑。例如紅蘋果的紅色資訊較多，故其「紅」色版的白色部分就比較多。

由這 3 個顏色合成的色版叫複合色版，顯示於最上層。而一開始就顯示在「色版」面板中的這些代表顏色資訊的色版，通稱為「色彩色版」。

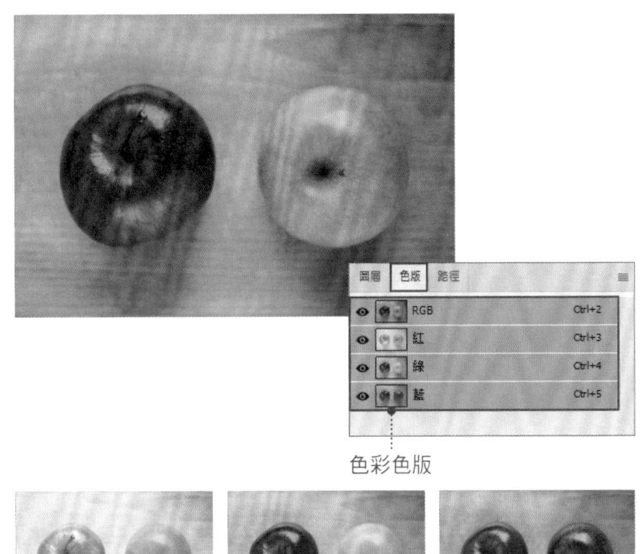

色彩色版

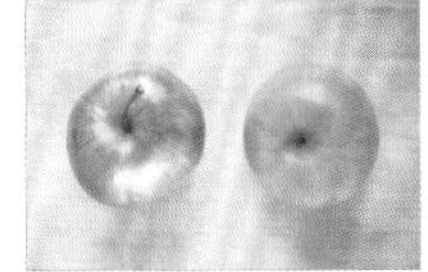

「紅」色版

「綠」色版

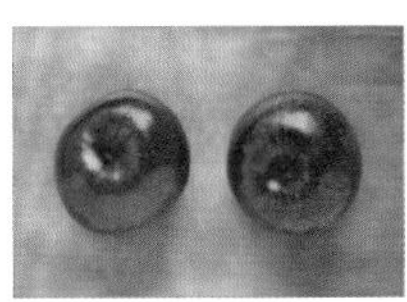

「藍」色版

什麼是 Alpha 色版？

具有選取範圍及不透明度等除顏色以外之資訊的色版，稱為「Alpha 色版」。相對於色彩色版代表的是影像的顏色資訊，Alpha 色版則是以灰階來表示影像的不透明度。

和遮色片一樣，不透明度越低（＝越接近透明）的顯得越白，越高（越不透明）的顯得越黑。若為選取範圍，則是沒選取的部分為黑，選取的部分為白。

要編輯 Alpha 色版時，可用筆刷等工具以黑色或白色塗抹。

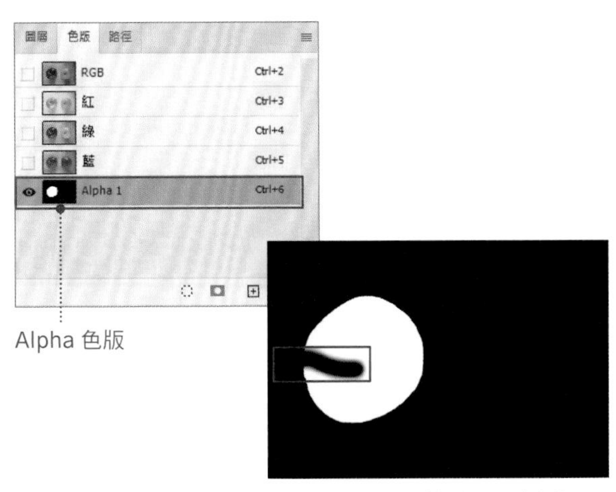

Alpha 色版

Alpha色版可用筆刷工具來編輯

Alpha 色版的建立與儲存

選取範圍和遮色片都能儲存成 Alpha 色版。

● 建立新色版

點按「色版」面板下方的「建立新色版」鈕 ❶，即可建立出不透明度 100% 的黑色 Alpha 色版 ❷。

● 儲存選取範圍

在已建立選取範圍的狀態下，點選「選取 > 儲存選取範圍」命令 ❸。在「儲存選取範圍」對話視窗中輸入名稱 ❹，再按「確定」鈕 ❺。則該選取範圍便會被儲存為 Alpha 色版 ❻。

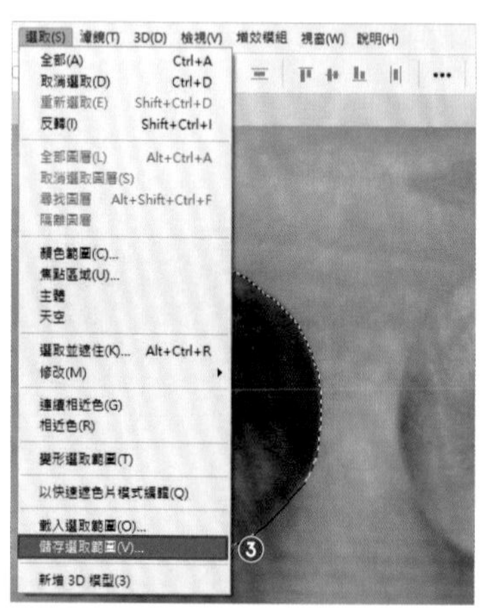

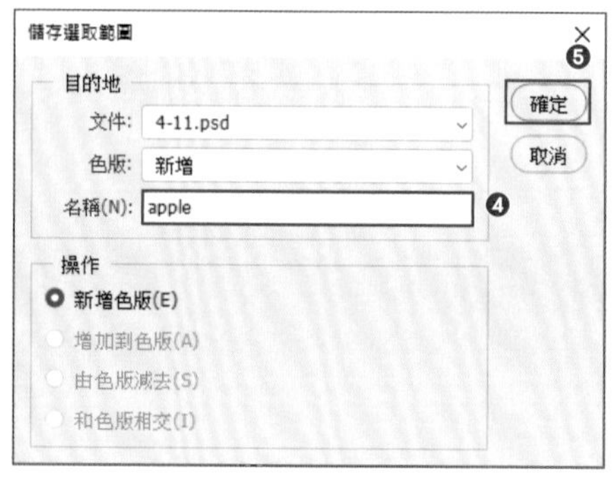

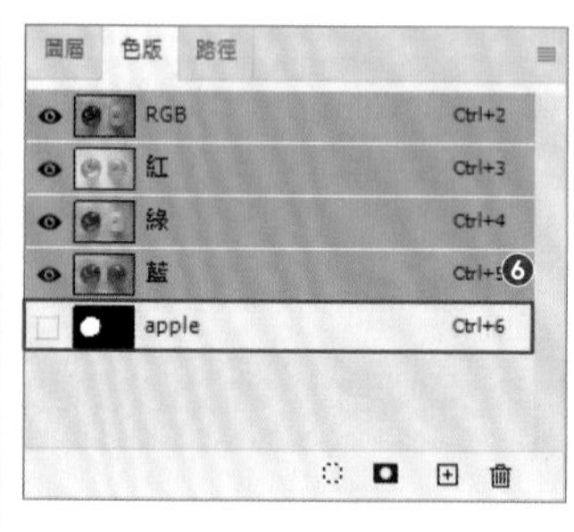

● 儲存遮色片

在「圖層」面板增加圖層遮色片或建立調整圖層時 ❼，也會自動將遮色片儲存為 Alpha 色版 ❽。

● 複製色彩色版

色彩色版可複製後作為 Alpha 色版使用。只要把色彩色版拖曳至「建立新色版」鈕上 ❾，即可複製 ❿。

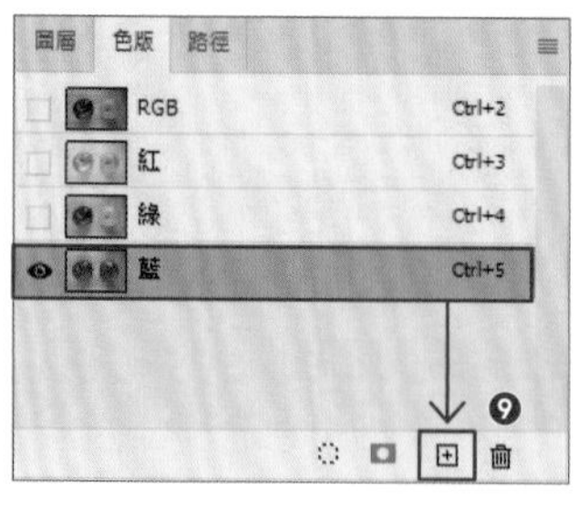

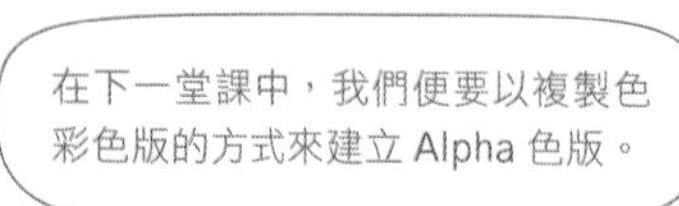

CHAPTER 4 LESSON 12

#Alpha 色版 # 色階

用 Alpha 色版製作形狀複雜的遮色片

練習檔
4-12.psd

透過編輯 Alpha 色版的方式，就能建立出更複雜細緻的選取範圍。

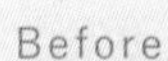

Before

After

遮罩選取範圍以外的部分

要選取如上面影像中的複雜主體或輪廓細緻的物體時，建議利用 Alpha 色版來處理。本例先以填色或筆刷塗抹的方式編輯 Alpha 色版，然後以該 Alpha 色版為基礎建立選取範圍，最後再用遮色片剪裁。

雖然近來自動功能的進步程度令人瞠目結舌，但還沒有完美到能應付所有的編修情境。因此在這堂課裡，我們就要來學習可精準應付所有情況的選取範圍與遮色片製作方法。

從路徑建立選取範圍

首先要大略選取被攝主體。在此我們將已建立好的路徑載入為選取範圍。

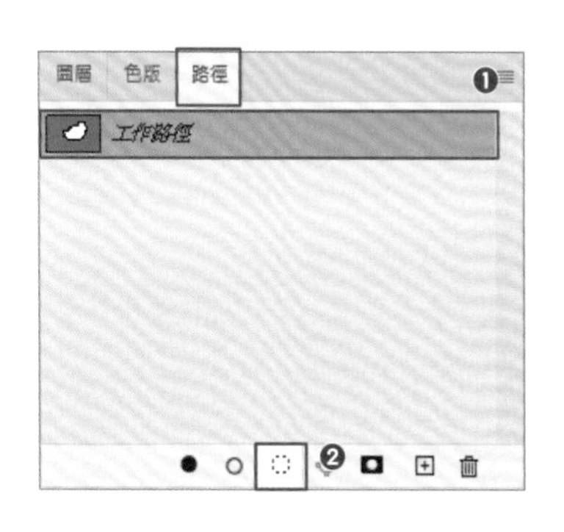

1. 開啟練習檔「4-12.psd」。在「路徑」面板中點選「工作路徑」❶，然後點按面板下方的「載入路徑作為選取範圍」❷。

2. 這樣就能將路徑載入為選取範圍。

練習檔中的這個路徑，是筆者事先建立好並存成 Alpha 色版以方便大家練習用的。

建立對比強烈的 Alpha 色版

我們要複製色彩色版中的「藍」色版，做成 Alpha 色版。而這個 Alpha 色版最後將用於製作圖層遮色片以替船隻去背。由於哪些部分要剪裁掉、哪些部分要留下，都必須清清楚楚，所以要用色階功能強化其黑白對比。

本例選擇複製對比最強烈的「藍」色版。

① 在「色版」面板中，把「藍」色版往下拖曳至「建立新色版」鈕上 ❶。

這樣就能建立出「藍 拷貝」Alpha 色版 ❷。

② 點選「影像 > 調整 > 色階」命令 ❸。

③ 在彈出的「色階」對話視窗中，將黑白對比調整成清晰分明的狀態。

本例設為如下 ❹。

陰影：70
中間調：0.3
亮部：200

決定好設定值後，按「確定」鈕 ❺。

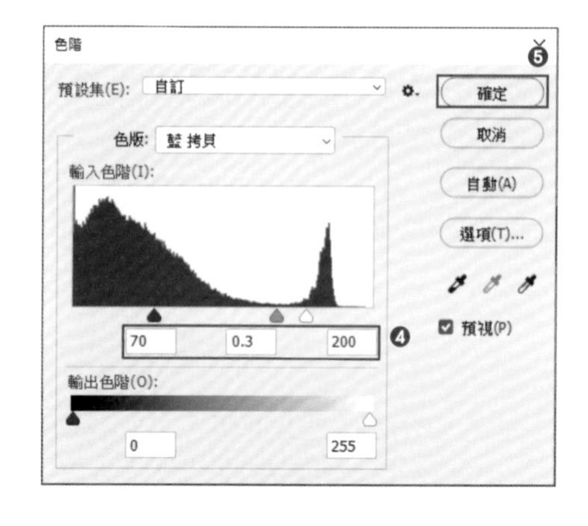

④ 做出了黑白對比強烈的「藍 拷貝」Alpha 色版。

重點提示

「色階」的調整原則為何？

陰影值設得過大，輪廓會呈現鋸齒狀，甚至導致本來希望是白色的部分也變黑。因此調整時要一邊觀察輪廓複雜處，於維持輪廓平滑的同時，找出可增強對比的值。

陰影：198
中間調：0.3
亮部：200

陰影值設得過大，導致輪廓被破壞

陰影：70
中間調：0.3
亮部：200

於維持輪廓平滑的同時，增強了對比

分別以黑色和白色為 Alpha 色版塗抹填色

選取(S) 濾鏡(T) 3D(D) 檢視(V)
全部(A) Ctrl+A
取消選取(D) Ctrl+D
重新選取(E) Shift+Ctrl+D ❶
反轉(I) Shift+Ctrl+I

我們已用「色階」功能強化了對比。接著為了做成更精準細緻的遮色片，必須進行一些手工作業。我們要把被攝主體的船隻處理得更黑，讓背景變得更白。在此先填入背景色，直接讓不需要的部分全都變白後，再用筆刷微調。

1. 點選「選取 > 反轉」命令 ❶。
選取範圍就會反轉過來。

2. 將背景色設為白色 ❷，然後用背景色填滿選取範圍，快速鍵為 Ctrl + Back space（ ⌘ + delete ）鍵。

前景色與背景色的詳細說明 ➡ 第 137 頁

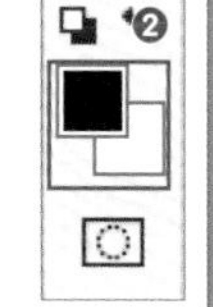

3. 這樣船隻以外的部分就都填滿了白色。
確認填色完成後，按 Ctrl + D 鍵取消選取。

4. 接著在「工具列」中點選「筆刷工具」，於選項列設定「模式：正常」、「不透明：100%」、「流量：100%」❸。

「流量」就是指顏料的量。

5. 用黑色在船隻內部尚未徹底變黑的部分塗抹 ❹。

請依據所塗抹的部分，適度變更、調整筆刷尺寸。

將船底等灰色部分都塗黑

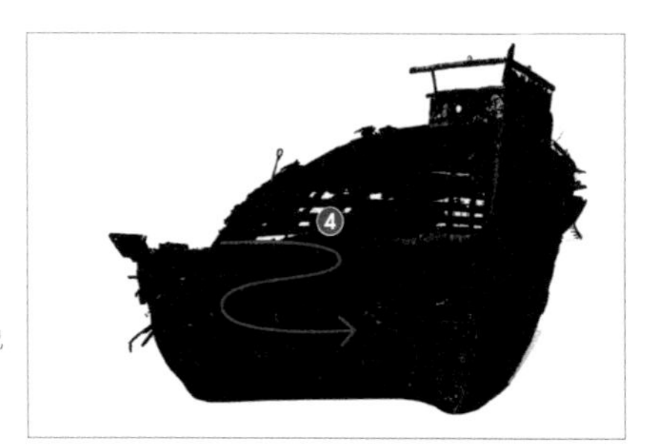

6. 要進行更細緻的調整時，需使用「模式：柔光」的筆刷。故把前景色設為白色後 ❺，至選項列將「模式」從「正常」改為「柔光」❻。

7. 放大檢視影像，用筆刷塗抹殘留在輪廓附近的灰色部分 ❼。

選擇「柔光」模式時，可依據所重疊的顏色，使亮的部分變得更亮，暗的部分變得更暗。如此一來在黑色部分重疊塗上白色就不會產生任何變化，故可於保護黑色部分的同時，只將灰色部分塗白。

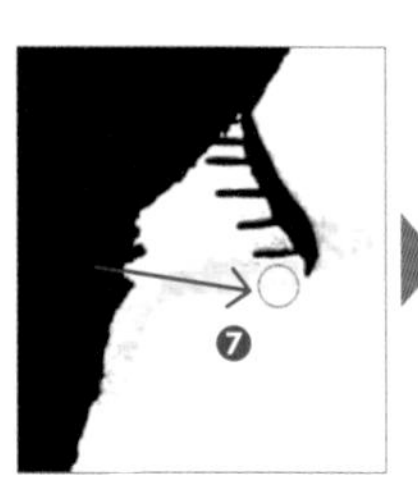

8 船隻黑，背景白，完成了黑白分色處理。

請放大檢視各個部分，確定沒有任何沒塗到、遺漏的部分。

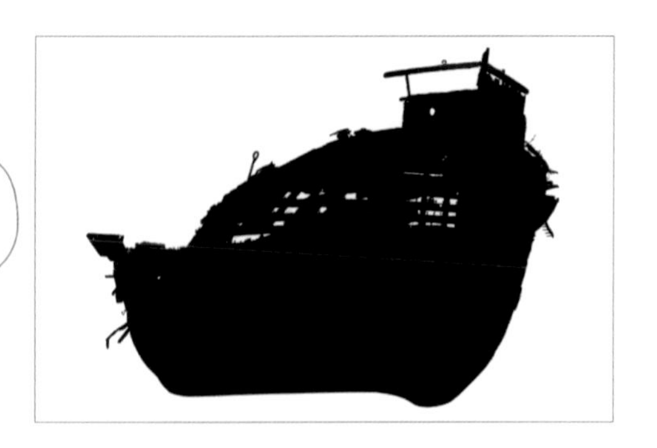

從 Alpha 色版建立選取範圍

現在要利用製作好的 Alpha 色版來建立選取範圍。

1 按住 Ctrl（⌘）鍵不放，用滑鼠點一下 Alpha 色版 ❶。這樣就能選取白色背景部分。

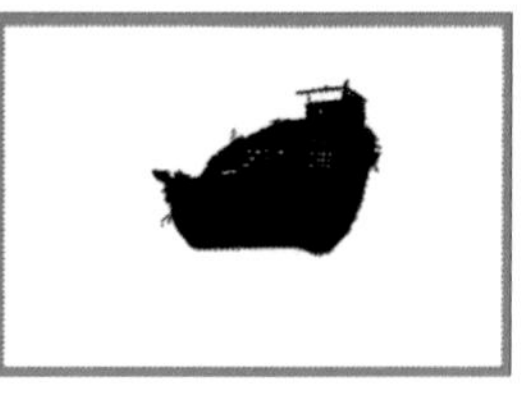

按住 Ctrl 鍵不放，用滑鼠點一下 Alpha 色版或遮色片縮圖，則縮圖的白色部分就會被選取。

即將完成！

2 反轉選取範圍。

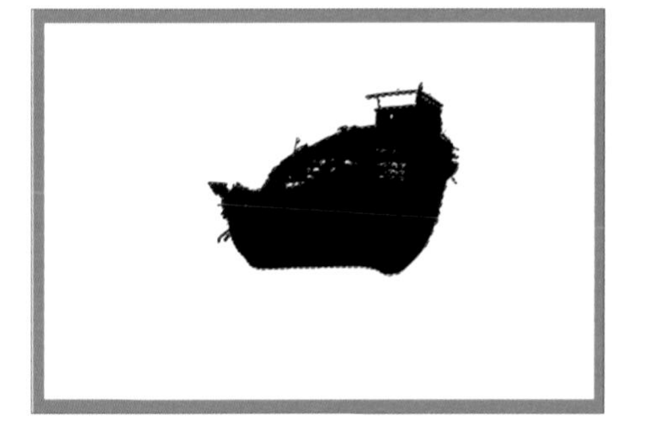

重點提示

反轉選取範圍的快速鍵

按 Ctrl（⌘）+ Shift + I 鍵即可迅速反轉選取範圍。

3 在「圖層」面板點按下方的「增加圖層遮色片」鈕 ❷。

完成！ 成功地遮罩了複雜的形狀。

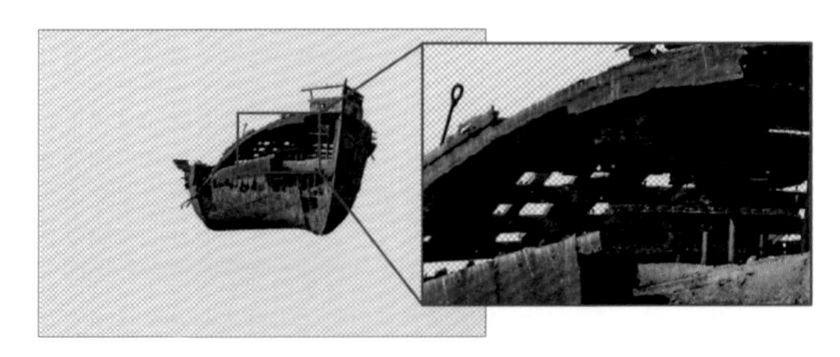

CHAPTER 4 LESSON 13

剪裁遮色片 # 水平文字工具 # 增加字體

使用剪裁遮色片

練習檔
4-13.psd

本課程要運用剪裁遮色片來遮罩影像圖層，讓文字的形狀浮現。

上層圖層

下層圖層

透明部分

透明就是指不存在任何圖像的部分。而在 Photoshop 中剪裁影像，或是如第 112 頁那樣用遮色片遮罩時，那些被剪裁掉或被遮罩的部分也會變成透明的。

「剪裁遮色片」是一種用下層圖層的透明部分來遮罩上層圖層的功能。在此我們便要學習如何運用剪裁遮色片，做出將圖像遮罩成文字形狀的效果。

建立文字圖層

首先要輸入文字，建立出文字圖層。

Dystopian | Black | 550 pt ❷

① 開啟練習檔「4-13.psd」。
參考第 36 頁的説明，用「水平文字工具」 T 輸入「color」❶。本例將此文字設定為如下❷。

字體種類：Dystopian/Black
字體大小：550pt

你可自由選用想用的字體。若是想使用和本例一樣的字體，請參考本課程「進階知識！」部分的説明，新增 Adobe Fonts 提供的字體。

② 選取「工具列」中的「移動工具」 ，將文字移動到影像正中央❸。

將背景圖層轉換成一般圖層並移動位置

剪裁遮色片是用下層圖層來遮罩上層圖層，因此我們必須把文字圖層移到影像圖層下方，但目前影像圖層被鎖定為背景圖層，無法移動。所以要先把背景圖層轉換成一般圖層，才能夠移動圖層的位置。

1. 點按「背景」圖層上的鎖頭 🔒 圖示 ❶。

   這樣就能解除鎖定，使其轉換成名為「圖層 0」的一般圖層 ❷。

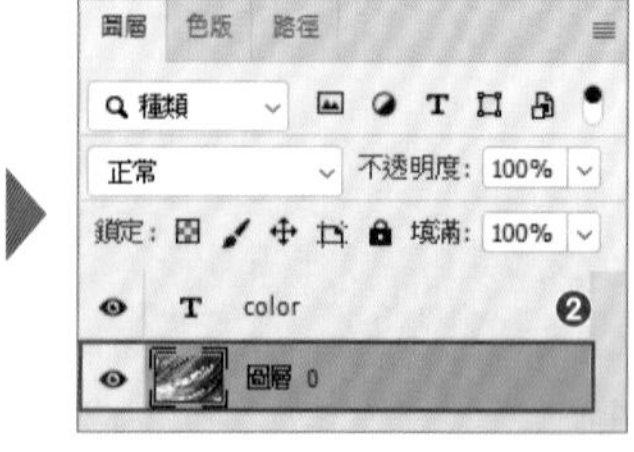

2. 將文字圖層拖曳到影像圖層下方 ❸。這時由於重疊順序改變，所以看不到文字「color」。

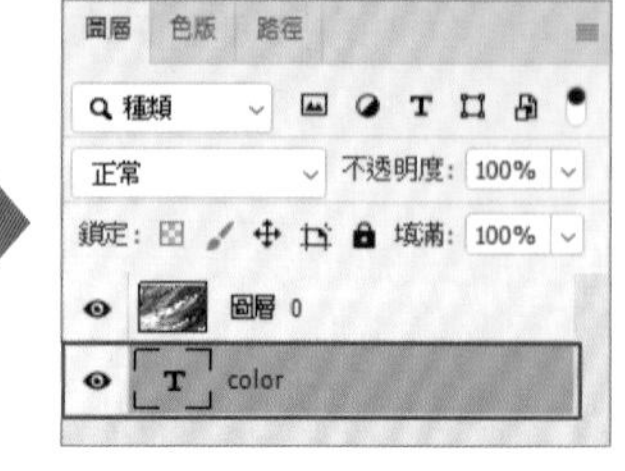

製作剪裁遮色片

1. 將滑鼠指標移到上下圖層的交界處，按住 Alt 鍵不放，當滑鼠指標變成 ↲□ 時，按一下滑鼠左鍵 ❶。

2. 建立了剪裁遮色片。

建立剪裁遮色片後，被剪裁（遮罩）的圖層左側便會顯示出箭頭圖示

3. 點選影像圖層 ❷。然後選取「移動工具」 ✥，將影像圖層的內容移動到你覺得滿意的位置 ❸。

本例的字母「c」於剪裁後因下端顏色太淺而看不清楚，故移動影像內容，好讓字母都能清楚辨識。

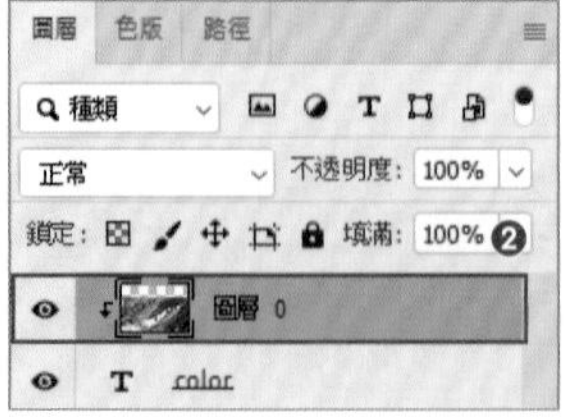

完成！成功以文字剪裁影像。

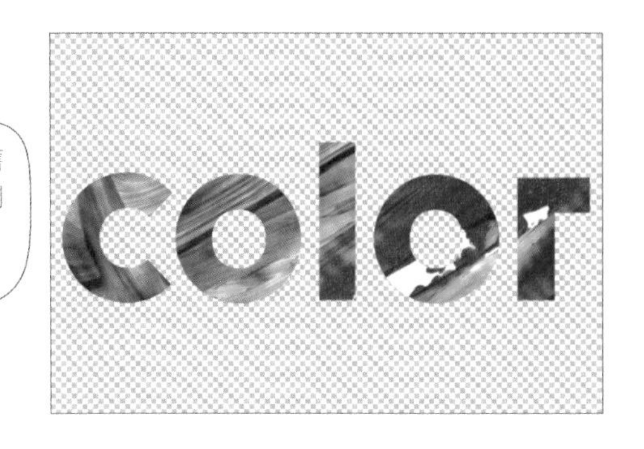

文字在建立成剪裁遮色片之後，依舊可以編輯。你可將「color」改成別的文字，或是換用不同種類的字體，嘗試各種變化。

進階知識！

● 新增 Adobe Fonts 提供的字體

如果在 Photoshop 中找不到想用的字體，那就來新增一些字體吧！以下便介紹從 Adobe Fonts 新增字體的做法。只要訂閱了 Adobe Creative Cloud，便能免費使用 Adobe Fonts。

1. 於「水平文字工具」的選項列點按所選字體右側的 ⌄ 鈕 ❶，再點按「更多來自 Adobe Fonts 的字體」右側的雲圖示 ❷。

2. 這時便會連上 Adobe Fonts 的網站。若知道想新增之字體的名稱，可直接在搜尋欄位輸入字體名稱以搜尋 ❸。

3. 若有找到該字體，就按下「檢視系列」鈕 ❹。

4. 在系列字體中，針對想增加的字體，將其「啟用字體」項目切換為 ON ❺。

5. 回到 Photoshop 查看字體種類清單，便會看到新增加的字體已出現 ❻。

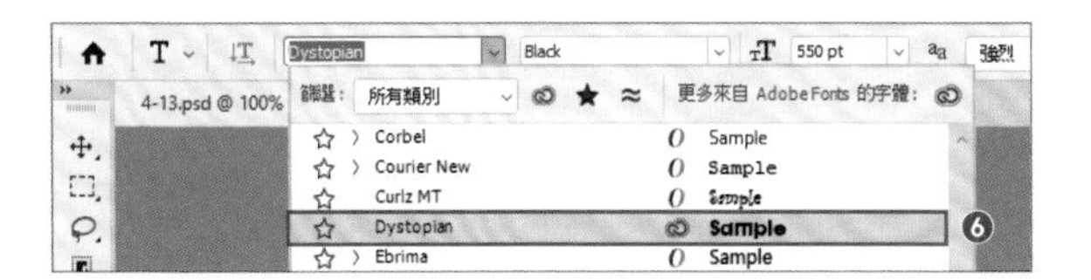

COLUMN

學習有利於重複編修的影像檔製作方式

Photoshop 可保留原始影像，利用層疊圖層及加上遮色片等方式來編輯。但當然，Photoshop 也可以直接選取原始影像並直接編輯。

例如藉由裁切等方式將原始影像的某些部分去除，或是以各種校正色彩功能直接改變影像中的顏色。少了製作遮色片的步驟，感覺似乎更快更方便。的確，在已決定好用途的情況下，這麼做或許更快速。

只不過，用途是誰決定的呢？

即使是自己的創作，昨天還覺得是最佳傑作，搞不好今天早上起床一看就覺得糟糕透頂也說不定。如果目的及用途是由客戶決定，那麼做到一半客戶改變要求的情況可說是家常便飯。

這種時候，若是有用遮色片，就能夠隨時應付突如其來的修改要求。反之，若是沒用遮色片，可能就必須一切從頭來過。直接編輯原始影像，就當下的作業而言確實是方便快速。然而若預期將來需要修改時就必須從頭來過（而且這種事經常發生）的話，那麼在可回復到原始影像的狀態下進行編輯，應該就能以較低的成本完成工作。

從這個角度思考，便能理解「最終的成品固然重要，但直到完成為止的過程也很重要」這個道理。本書的設計，是要讓大家能學到有利於重複編修的影像檔製作方式。雖然這會讓步驟與說明都變多，但不論在興趣還是在實務工作上，這些都絕對是很有用的做法。

掌握基本的影像編修技巧

在本章中，我們將學習 Photoshop 進階的
照片編修技巧。包括如何去除刮痕及髒污的方法，
以及填補影像缺失部分等技巧。

編修照片的目的 # 顏色的三個屬性

進階的照片編修處理

在第 3 章中，我們已學過最基礎的編修校正。而從第 5 章起，便要繼續學習更進階的照片編修知識與技巧。

進階的照片編修處理是指什麼？

第 3 章已介紹過簡單的照片校正方法，接下來將介紹更進階的技巧，善用這些技巧就能讓照片變的更出色，甚至能 底改變原本的印象。

讓被攝主體更突出的編修處理

使用修補類工具消除照片中拍到的刮痕及凹陷、髒污等，讓照片更精緻洗鍊。而這也經常做為一種透過去除多餘資訊來凸顯主體的方法來運用。

● 消除刮痕與髒污

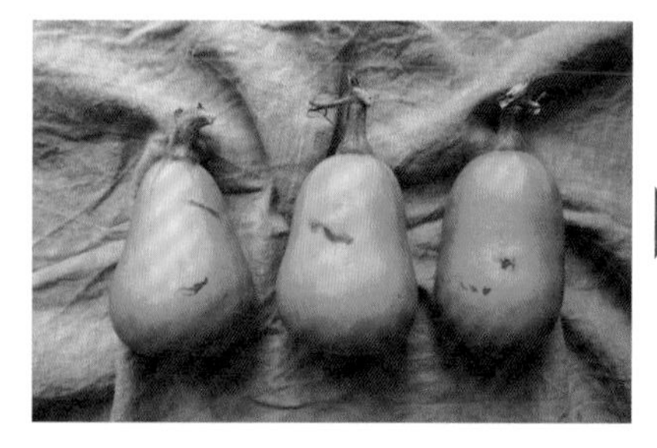

修掉了刮痕與凹陷，照片看起來更精緻。

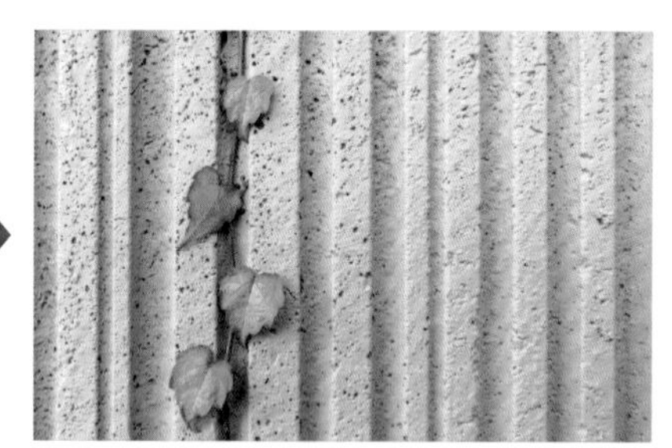

除去背景牆面上的凹洞等，經過修整處理後，被攝主體就顯得更突出。

● 將背景模糊化

藉由將背景模糊化，便能讓視線聚焦於照片主體。

（請參照第 7 章的 Lesson2）

拍攝後的構圖修正

運用修補類工具或濾鏡等功能，便可於事後（拍攝完成之後）再修正構圖。通常照片拍好後，即使構圖不理想或照片寬度不足，也不見得能再重拍一次。這時若具備利用 Photoshop 修正的知識與技術，就能更有效率地獲得想要的照片。

● 改變物體的位置與大小

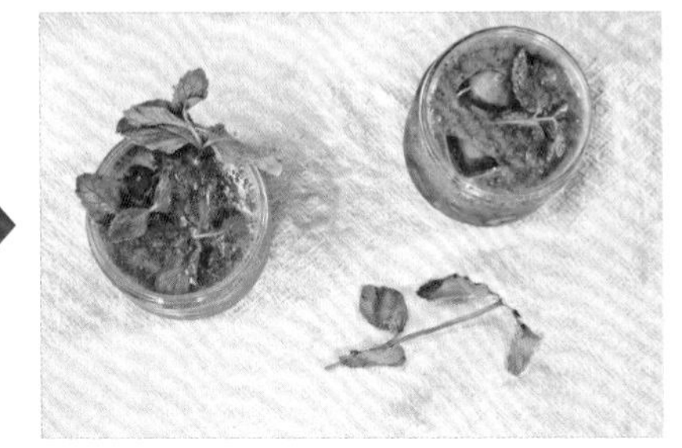

本例變更了右下角的薄荷枝的位置。除了可移動至偏好的位置外，也能改變大小。Photoshop 會自動修補因移動而產生的影像錯位。

● 填補照片的缺損部分

維持主體的大小不變，僅增加影像寬度。

改變視覺印象的色彩校正處理

在第 3 章中，我們曾把陰暗的照片調亮、修正有色偏的照片等，亦即已學過所謂彌補缺陷的色彩校正處理。於第 7 章起，我們將進一步學習為了改變視覺印象而做的色彩校正。也就是依據想傳達給觀賞者的印象，來進行校正處理。而要校正色彩，就必須理解「顏色的三個屬性」。所謂顏色的三個屬性，就是指色相、飽和度與亮度。

什麼是色相？

色相是指紅、藍、綠、黃等顏色的差異。而所謂的色相環（也叫色環、色輪），就是以一個圓來呈現連續的色相變化。在色相環中，如紅色、橘色、黃色等接近的顏色會鄰接在一起形成漸層，並環繞成一圈。這時，彼此相鄰的顏色稱為「相鄰色相」❶，而在色相環上彼此位於對面位置的顏色，則稱為「互補色」❷。彼此為互補色關係的顏色，具有可相互凸顯的特性。

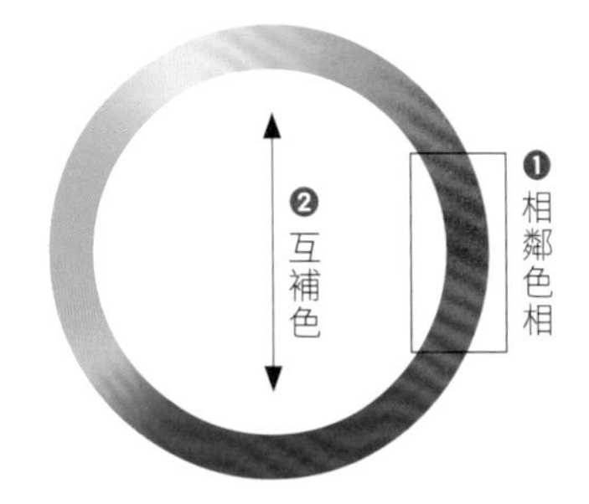

互補色……可彼此互補、凸顯的顏色組合。透過這樣的色彩搭配，各個顏色便會被凸顯，可創造出令人印象深刻的照片。

相鄰色相……由於是相似的顏色，因此一旦搭配在一起，便能給人一致、沉穩的印象。但過於單調時，就必須費點心思，例如在亮度上增添變化等。

● 運用了互補色的校正處理

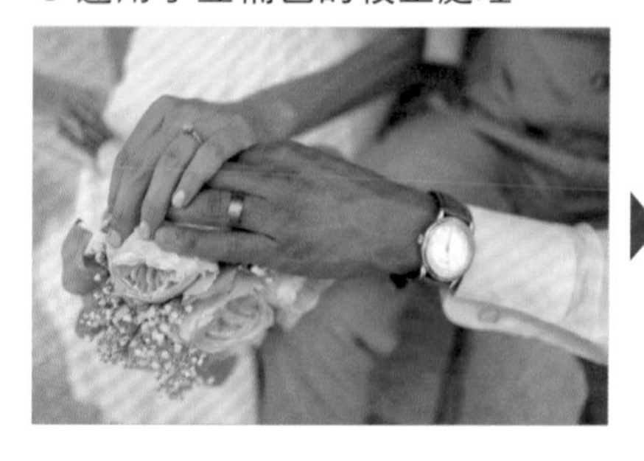

加入青色，藉由與皮膚的橘色所形成的互補色關係來改變整體印象

（請參照第 8 章的 Lesson2）

什麼是亮度？

明亮的程度就叫做亮度。在照片中，明亮的光線呈現白色，深色的陰影呈現黑色。明亮的部分亮度高，陰暗的部分亮度低。一張影像裡的亮度差距若是又急又大，那麼這就會是一張對比強烈的「高對比」照片。而若亮度差距緩而小，則會是一張對比偏弱的「低對比」照片。

照片中的明暗

照片中的明暗，是以黑色和白色的資訊量來表示。黑色越多就越暗，白色越多就越亮。

暗　亮

明暗與立體的關係

透過亮面與暗面的差距，我們便能夠認知到立體感。請比較右邊的兩張圖。兩者輪廓相同，但透過陰影的投射，看起來就會顯得立體。可見即使沒有真的被光線照到，藉由黑白差距，也能認知到立體感。

無明暗差異的狀態
（看起來像平面）

有明暗差異的狀態
（看起來是立體的）

明暗與對比

透過調整亮面（亮部）與暗面（陰影）的差距，即可增減對比的強弱程度。亮面與暗面分別得很清楚明確叫做高對比，而反之，兩者差距很小時則稱為低對比。

高對比
（明暗差異很大，
感覺硬實）

低對比
（明暗差異較小，
感覺柔和）

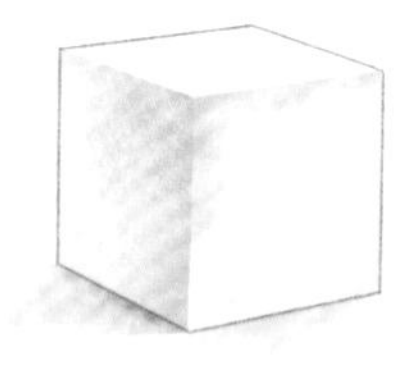

● 調整對比

將陰影與亮部差距和緩的低對比照片調整成高對比，就能給人具強弱變化的印象。

（請參照第 8 章的 Lesson1）

什麼是飽和度？

所謂的飽和度，就是顏色的強度。舉例來說，暗淡的顏色飽和度低，鮮豔的顏色飽和度高。飽和度越高，顏色就越強烈，越能吸引目光。反之飽和度低則會給人冷靜沉著的印象。由白到黑的灰階不具飽和度，而不具飽和度的顏色稱為無彩色。

黑色的比例越多就越暗，飽和度也越低

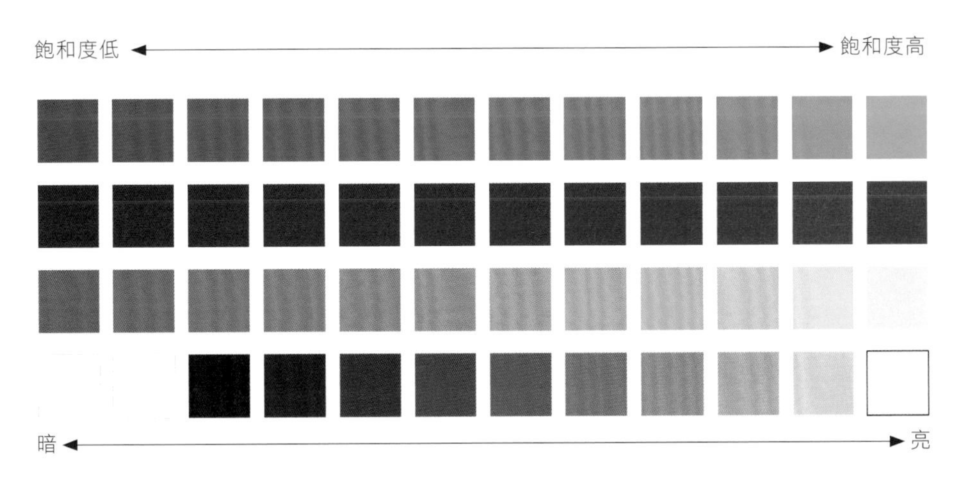

● 將飽和度調高，再將亮度也調高

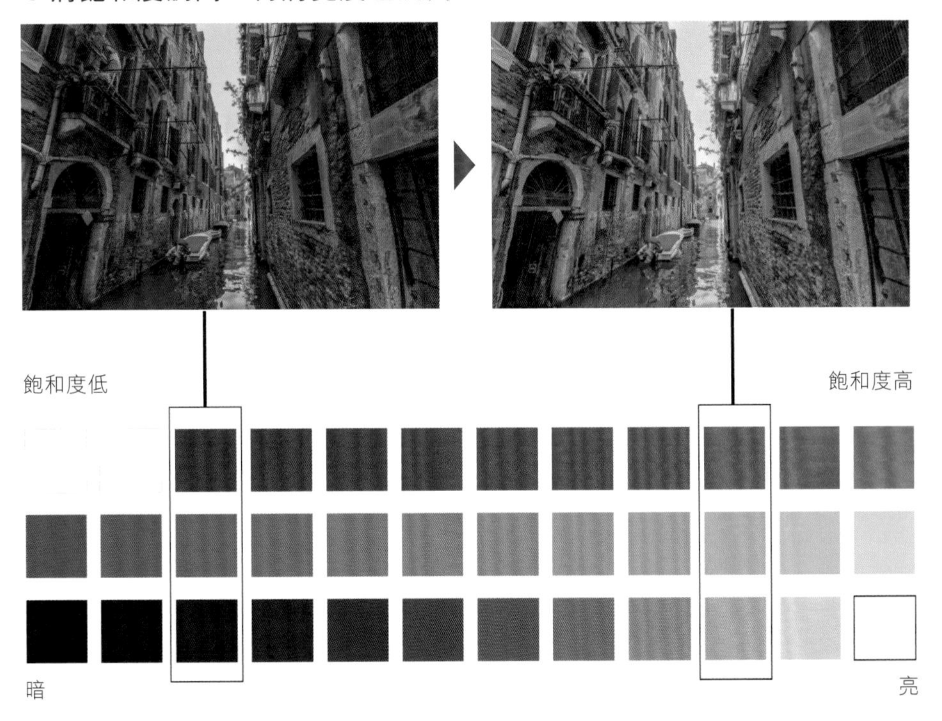

藉由調高飽和度與亮度，創造出搶眼的華麗印象。

汚點修復筆刷工具 # 修復筆刷工具 # 仿製印章工具

去除不需要的部分 並與周圍的背景融合

練習檔
5-2.psd

只要使用「汚點修復筆刷工具」，就能以筆刷塗抹消除影像中不需要的部分。

Before

After

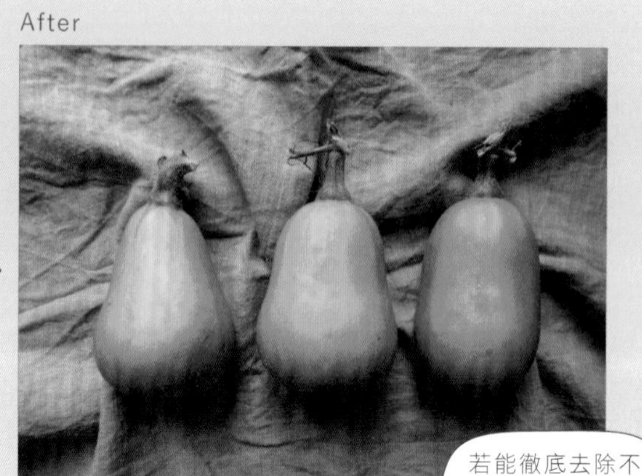

若能徹底去除不需要的部分，就能讓照片更接近理想狀態。

「汚點修復筆刷工具」會自動取樣（取得）你想消除之物體周圍的影像資訊（顏色及亮度等），然後依據這些資訊來填入內容，藉此除去（蓋掉）那些你不需要的部分。此工具很適合用於消除小範圍的髒污、刮痕、人皮膚上的斑點等不必要的小東西。本課程便要使用「汚點修復筆刷工具」來消除南瓜表面的碰傷、刮痕。

用「汚點修復筆刷工具」塗抹以自動消除刮痕

讓我們使用「汚點修復筆刷工具」來去除南瓜表面的刮傷。

1. 開啟練習檔「5-2.psd」。
   建立新圖層後，將之更名為「修補」❶。
   建立新圖層 ➡ 第 30 頁

2. 選取「工具列」中的「汚點修復筆刷工具」❷。

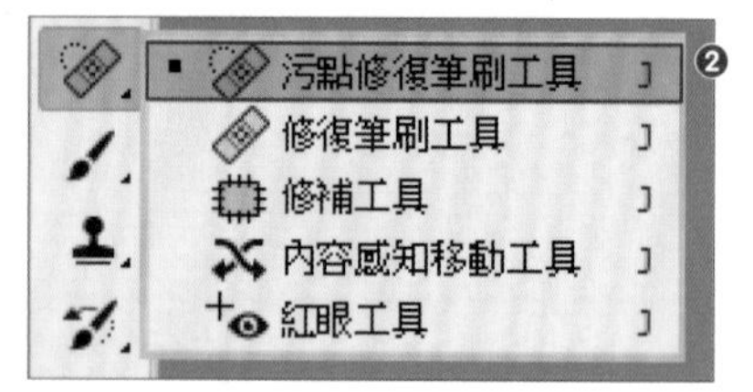

3. 在選項列將「類型」選為「內容感知」❸，並勾選「取樣全部圖層」❹。

4 把筆刷的尺寸設為能遮住刮傷的程度。本例將「尺寸」設為「200 像素」❺，「硬度」設為「80%」❻。

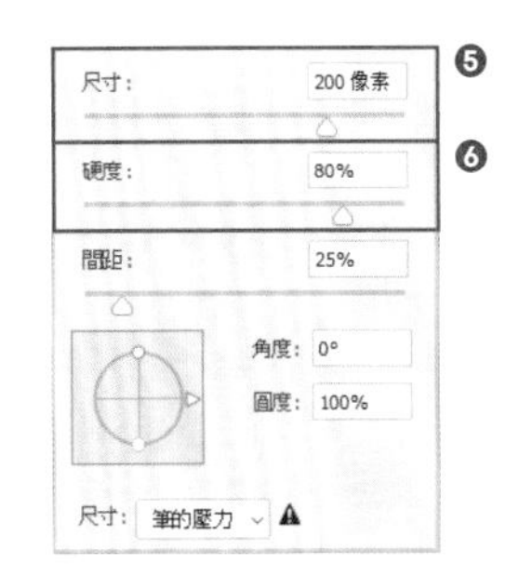

5 點選「修補」圖層後，在影像中南瓜表面的刮傷處拖曳塗抹 ❼。先試著把中間那顆南瓜的刮痕消除。

拖曳塗抹時，看起來像是塗上了黑色，但其實該黑色只是用來預視塗抹位置而已，並非真的塗上黑色，請放心操作。

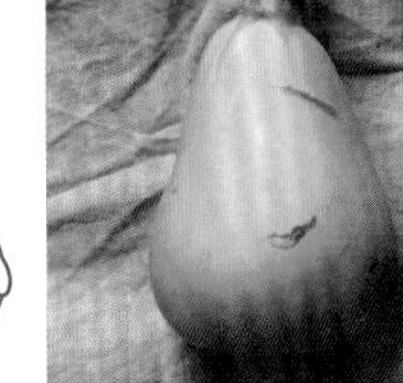

6 一鬆開滑鼠鍵，刮痕便消失了。請繼續以同樣方式消除其他的刮痕與髒污。

完成！將南瓜表面的刮痕都徹底消除了。

重點提示

試試看用「仿製印章工具」來消除！

你也可用「仿製印章工具」來消除刮痕。參考第 31 頁的說明，選取「仿製印章工具」，並如下圖設定選項列 ❶。在刮痕下方按住 Alt 鍵不放用滑鼠點一下 ❷ 以指定複製來源，再於想消除的部分點按或拖曳塗抹 ❸。

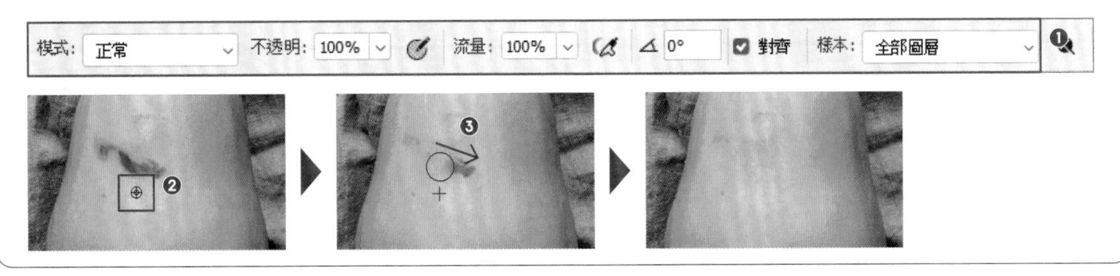

進階知識！

● 試試看用「修復筆刷工具」來消除

還有其他工具也能消除影像中小型的多餘物體。在此我們要用「修復筆刷工具」，把在夕陽餘暉漸層天空中的飛鳥去掉。相對於「污點修復筆刷工具」會自動取樣，「修復筆刷工具」則需要手動指定取樣的位置。而「修復筆刷工具」具有在貼上（塗上）複製來的樣本時，自動融入周圍的功能，這點也和「仿製印章工具」不太一樣。

1. 建立新圖層後，選取「工具列」中的「修復筆刷工具」❶。

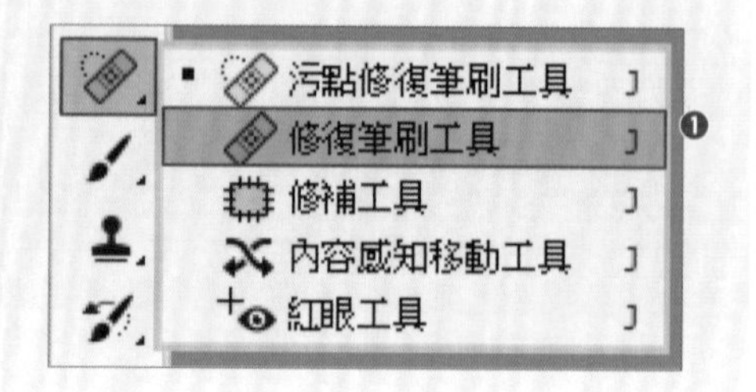

2. 如下圖設定選項列 ❷。用來消除多餘物體的複製「來源」有「取樣」和事先登錄好的「圖樣」兩種，本例選擇「取樣」。

「樣本」，亦即所取樣的圖層也可選為「全部圖層」。只不過「全部圖層」也包含上面的圖層，故在由多個圖層組合起來的影像中，通常選擇「目前及底下的圖層」會比較合用。

3. 此工具的使用方式和「仿製印章工具」一樣。先按住 Alt 鍵不放用滑鼠點一下要設為取樣位置之處 ❸。

   本例點選在飛鳥左下方的位置。

4. 接著就可用點按或拖曳塗抹的方式來消除飛鳥 ❹。

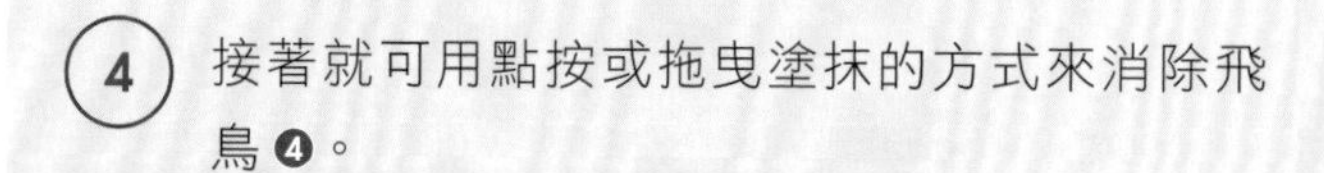

你會看到在貼上（塗上）複製來的樣本時，Photoshop 會自動使之融入周圍。故此工具很適合用於替這種背景呈現漸層的影像消除多餘物體。

5. 複製來的樣本充分融入背景，把飛鳥清除得一乾二淨。

修補工具

選取以消除多餘物體

練習檔
5-3.psd

本課程要說明如何將所選部分替換成照片中的其他部分，藉此消除特定物體。讓我們嘗試一舉清除較大範圍！

Before

After

我們要使用「修補工具」，讓照片中的人物消失。所謂的「修補工具」，是一種能將所選範圍替換成影像的其他部分以消除特定物體的功能。像這張照片，就是拿人物右側的背景部分來替換了人物的部分。想移除人物等相對較大的物體時，此工具便能派上用場。

選取多餘物體

現在就讓我們用「修補工具」來去除影像中的多餘部分。本例要去除的是人物，所以要建立圍繞人物的選取範圍。

1. 開啟練習檔「5-3.psd」。
建立新圖層後，將之更名為「修補」❶。

2. 選取「工具列」中的「修補工具」❷。在選項列中做如下的設定❸。

修補：內容感知
結構：6
顏色：8
勾選「取樣全部圖層」項目

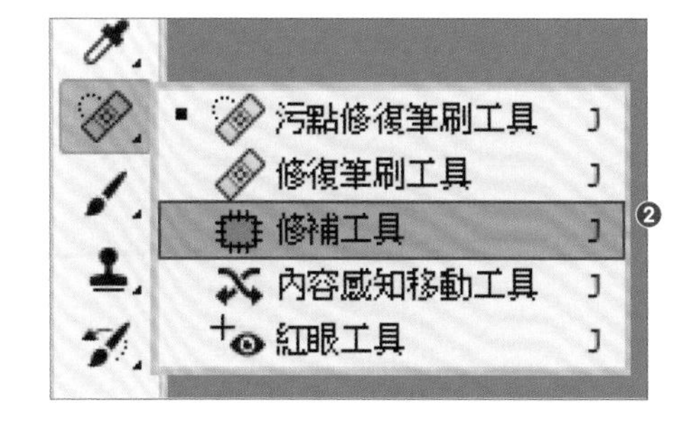

③ 沿著想要消除的部分拖曳❹，建立出選取範圍。

拖曳時請盡量貼近要消除的物體，將其包圍以選取。

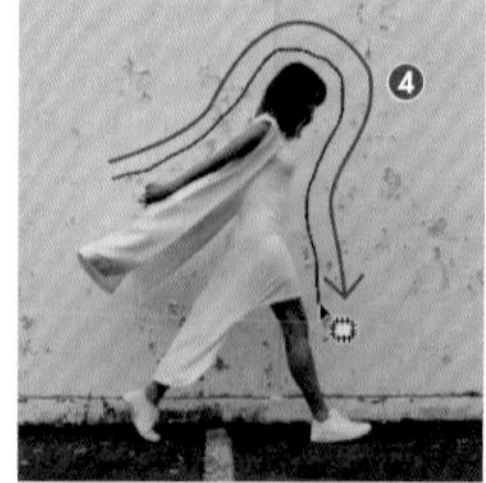

移動選取的部分

將所選取的部分拖曳移動到要用來替換的部分（樣本來源）。在此我們利用牆壁上重複的矩形方塊，將之替換為沒有人物在的方塊部分。

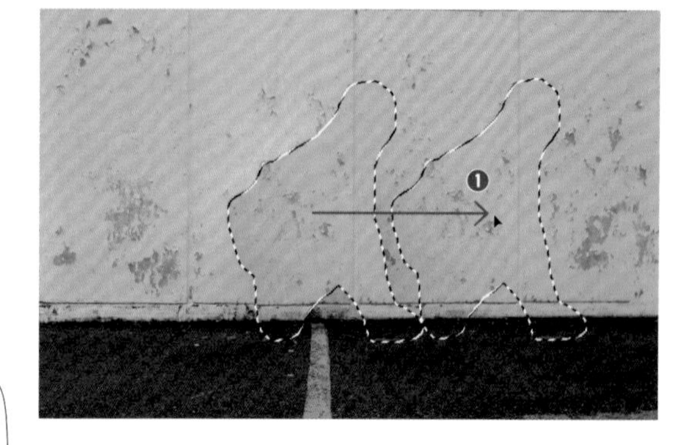

① 將滑鼠指標移到選取範圍上，然後按住滑鼠左鍵拖曳❶。

在拖曳的同時，選取範圍就會即時替換為所拖曳到的部分。故請一邊拖曳移動，一邊尋找融合得最自然的位置。以此影像來說，替換時若能對齊牆壁上的垂直線與地面的水平線，就會顯得自然。

② 人物所在處的影像被替換掉了。按 Ctrl（⌘）＋ D 鍵取消選取。

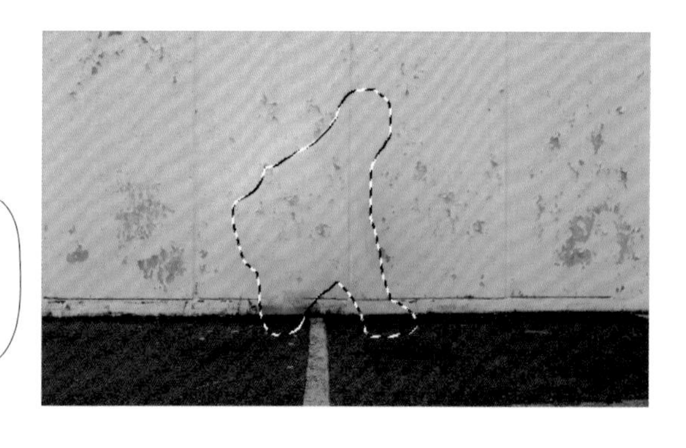

若使用預設的「結構」與「顏色」值，消除結果會很不自然，本例是設定為「結構：6」、「顏色：8」。請自行嘗試不同的值，以找出最佳設定。

＼完成！／ 成功讓人物消失了。

依據各照片的內容不同，有時很難處理到完全不留痕跡。若是想做到完美，建議可嘗試搭配「修復筆刷工具」等不同的工具與做法來處理。

內容感知的填滿 # 快速遮色片

一舉消除多個多餘物體

練習檔
5-4.psd

當照片裡有多處髒污或許多多餘物體時，以內容感知的方式進行填滿處理，便能一口氣把它們統統消除。

Before

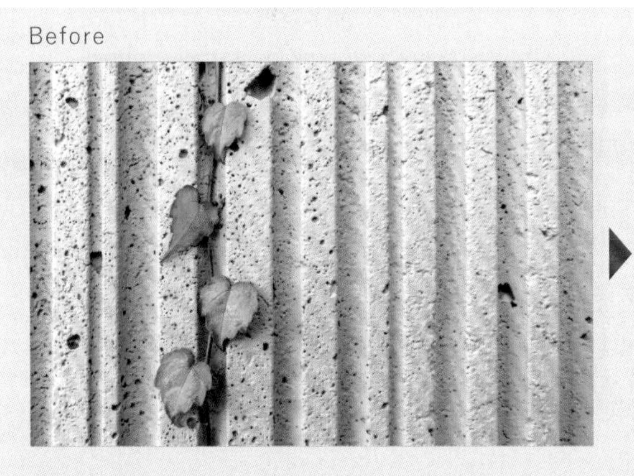

After

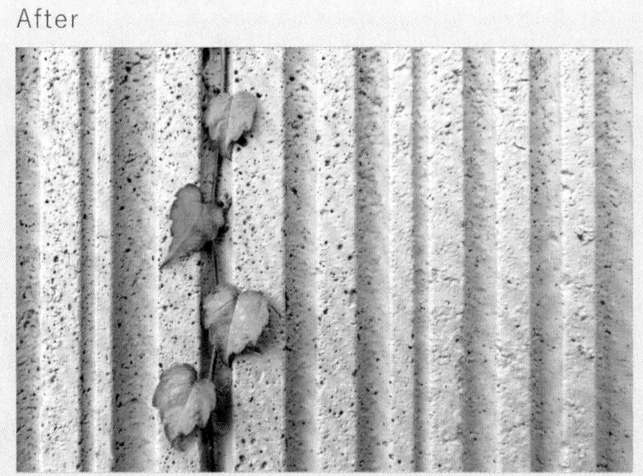

本課程要說明如何運用為填滿功能之一的「內容感知」，來消除多餘物體。這項功能會利用所選取部分周圍的影像來自動填滿，故很適合用於如本例影像這樣要一舉消除多處的髒污瑕疵並與周圍融合的情況。

在專業的工作實務上，經常需要對影像的細節部分進行調整。即使不是專業人士，只要多瞭解各種功能，就有更多做法可選，作業起來就會更有效率。

選取多餘物體

首先將欲消除的部分選取起來。在此我們要切換至快速遮色片模式，以筆刷塗抹的方式選取。

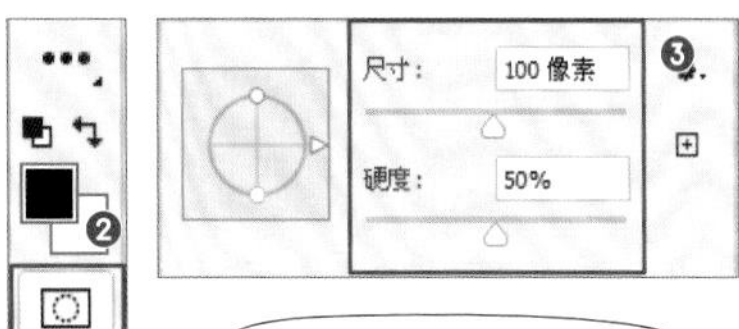

1. 開啟練習檔「5-4.psd」。
   複製背景圖層 ❶。
   點按「以快速遮色片模式編輯」鈕 ❷，切換至快速遮色片模式。選取「筆刷工具」，並適當設定筆刷的尺寸，以方便塗抹欲消除的坑洞。本例將「硬度」設為「50%」❸。

   快速遮色片模式的使用方法 ➡ 第 88 頁

將硬度設為 50% 左右，較容易與周圍融合。

2. 用筆刷在欲消除的各個坑洞處塗抹 ❹。

塗抹的範圍要比想消除的部分略大一輪。消除越多坑洞，影像整體就越顯清爽，長春藤的存在就越令人印象深刻。請參考右圖，仔細塗抹。

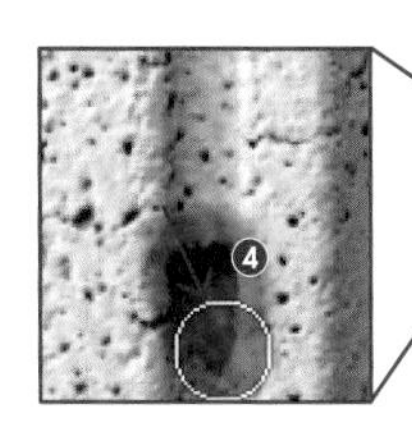

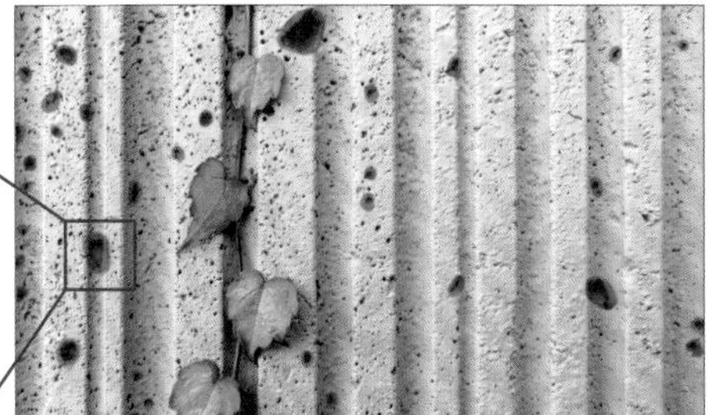

3. 點按「工具列」下方「以標準模式編輯」◘ 鈕，即可從快速遮色片模式切換回標準模式。這時所塗抹遮罩以外的部分就會被選取起來。

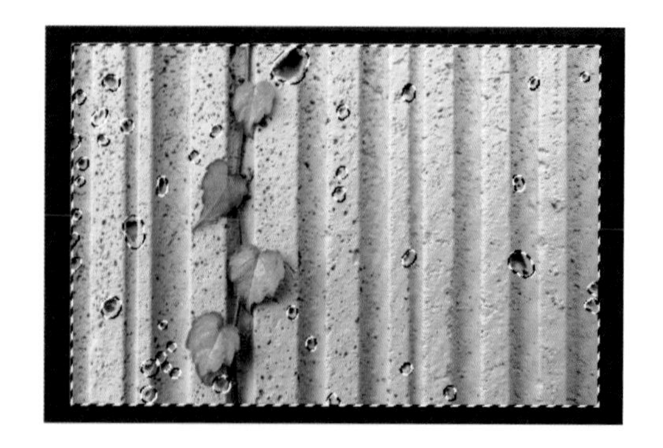

4. Ctrl（⌘）+Shift+I 鍵，反轉選取範圍。

反轉選取範圍 ➡ 第 85 頁

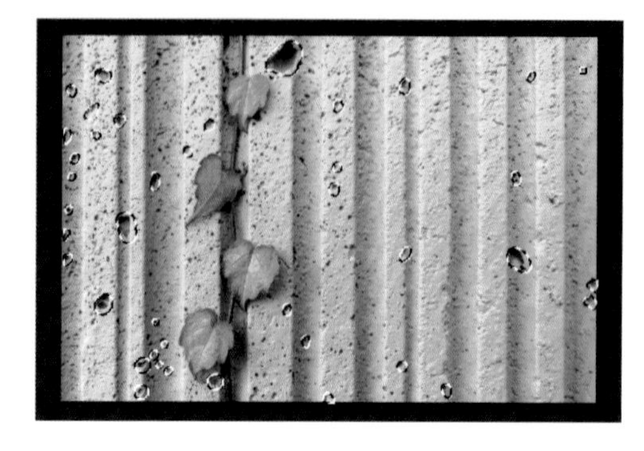

填滿選取範圍

接著要以「內容感知」的方式來填滿選取範圍。

1. 點選「編輯 > 填滿」命令 ❶。

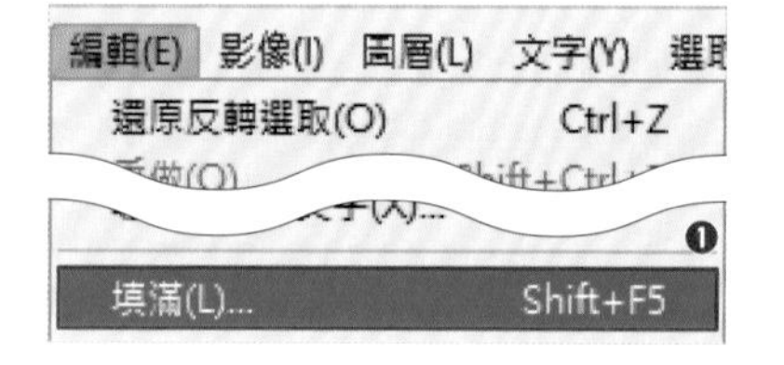

2. 這時會彈出「填滿」對話視窗。將「內容」選為「內容感知」❷。然後勾選「顏色適應」項目，「模式」選為「正常」，「不透明度」設為「100%」❸，再按「確定」鈕 ❹。

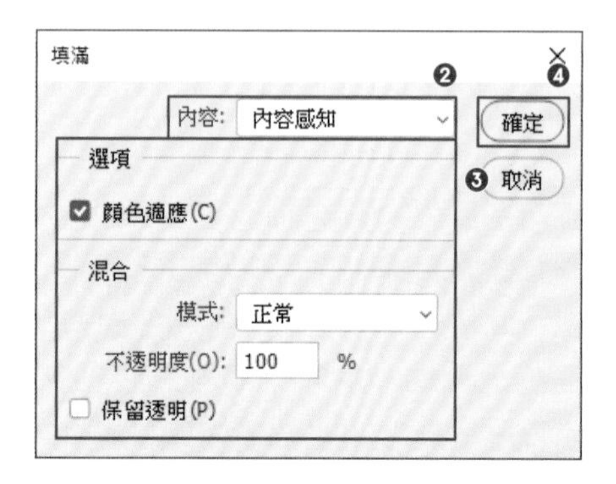

完成！一口氣把明顯的坑洞全都填掉了。最後按 Ctrl（⌘）+D 鍵取消選取，即大功告成。

內容感知移動工具

移動物體
使其與周圍融合

練習檔
5-5.psd

於照片拍好後才又想調整被攝物體的位置或角度這種事時而有之。此時運用「內容感知移動工具」，就能毫不費力地輕鬆調整。

Before　After

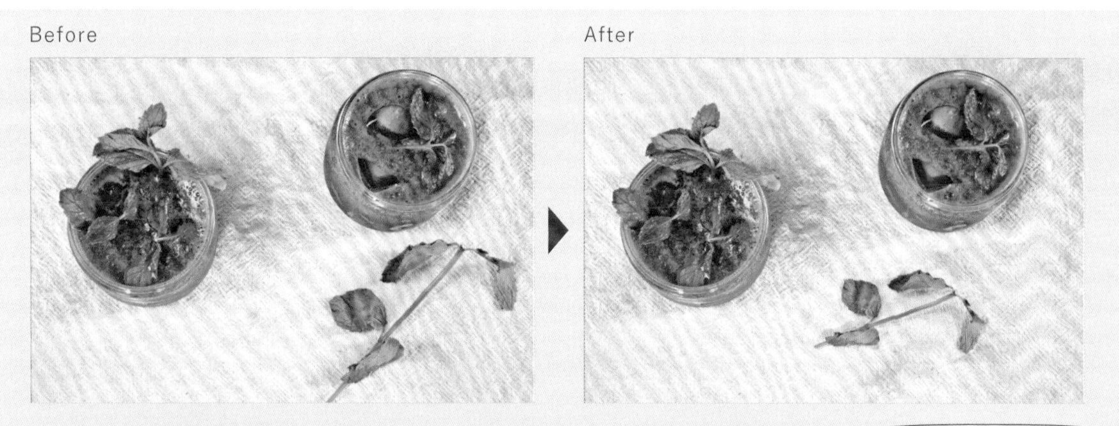

所謂的「內容感知移動」功能，就是在拖曳移動照片中的物體時，Photoshop 會自動分析背景並進行調整，好讓該物體融入新的位置。以拍攝桌面上的食物、靜物等背景色很一致的照片來說，此功能的融入效果就會很自然，故很建議使用。在此我們要嘗試移動照片右下角的薄荷枝。

當移動前與移動後的背景色有差距時，可能會難以融合，若是遇到這種情況，請參考第 124 頁以手動方式來使之融合。

建立作業用的圖層

首先要建立作業用的圖層。

1. 開啟練習檔「5-5.psd」。
建立新圖層後，將之更名為「修補」❶。

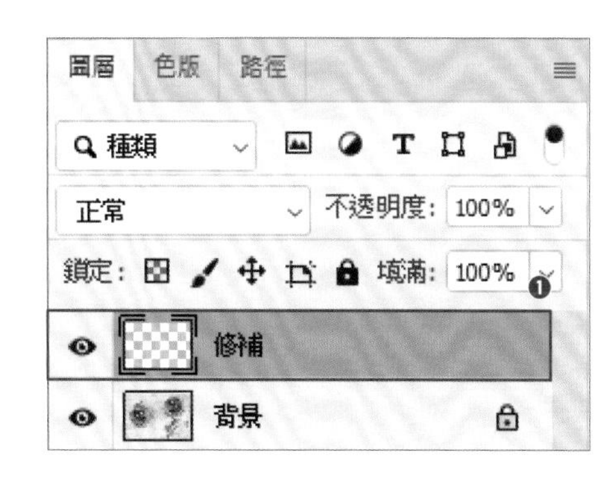

設定「內容感知移動工具」的選項

選取「內容感知移動工具」後，先在選項列設定移動後的處理方式。

1. 選取「工具列」中的「內容感知移動工具」❶。

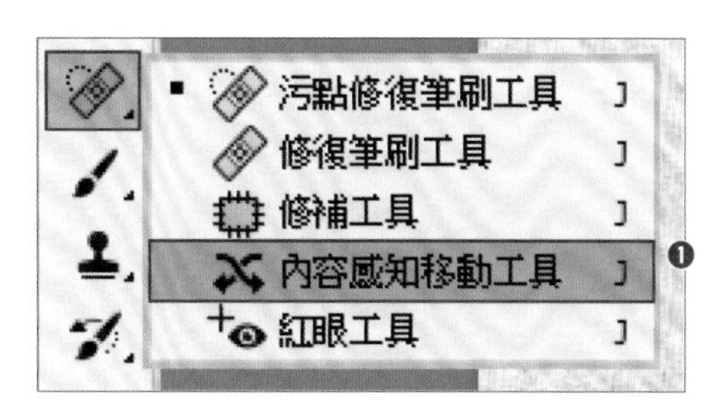

2 將選項列上的「模式」選為「移動」❷，並勾選「取樣全部圖層」與「陰影變形」項目❸。

模式：移動 ❷結構：4 顏色：0 取樣全部圖層 陰影變形 ❸

重點提示

「內容感知移動工具」可同時進行移動與變形處理

勾選「取樣全部圖層」項目，便能使用所有圖層的資料來做出移動後的結果。而勾選「陰影變形」項目，則會於移動後顯示出邊界方框，這樣就能夠變形物體，可方便於移動後再繼續調整形狀。

選取被攝物體

1 沿著欲移動的被攝物體周圍拖曳，將之選取起來❶。

拖曳到接近開始拖曳的位置時，鬆開滑鼠左鍵，便會自動形成封閉的選取範圍。

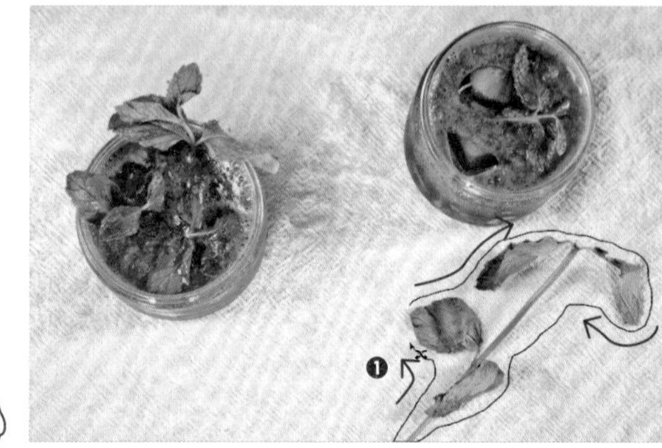

2 確認已確實選取物體。

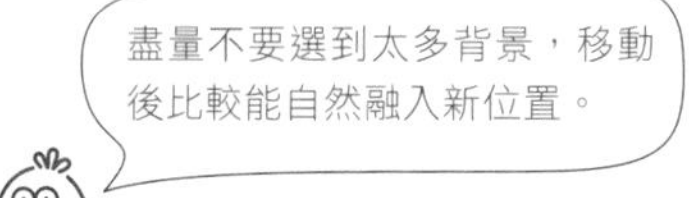

盡量不要選到太多背景，移動後比較能自然融入新位置。

和一般的選取範圍一樣，為虛線所包圍

移動物體

1 拖曳物體，使之移動❶。

重點提示

也可檢視原本的狀態

在確定完成移動之前，畫面會以重疊方式顯示，以方便你比較原本的狀態。

若只需要移動，這時就可按下 Enter（return）鍵確定完成移動操作。若是還需要變形或旋轉等，則不要確定，請繼續進行下一步驟。

變形物體

已經移動的物體，在確定操作之前，還能夠變形及旋轉。在此我們要旋轉物體，也要改變其大小。

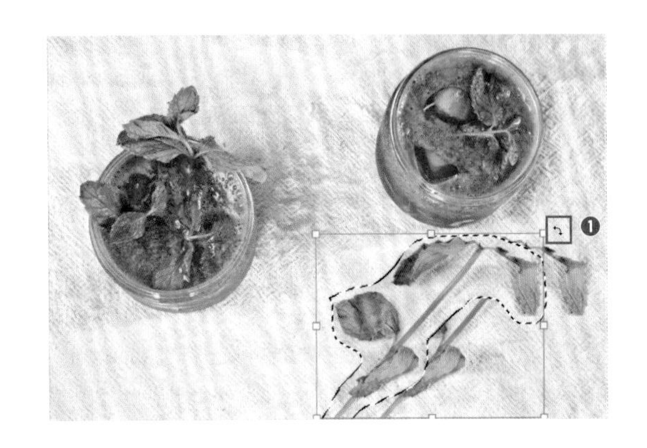

1. 將滑鼠指標移到邊界方框附近，找到指標會變成 ↰ 的位置 ❶。

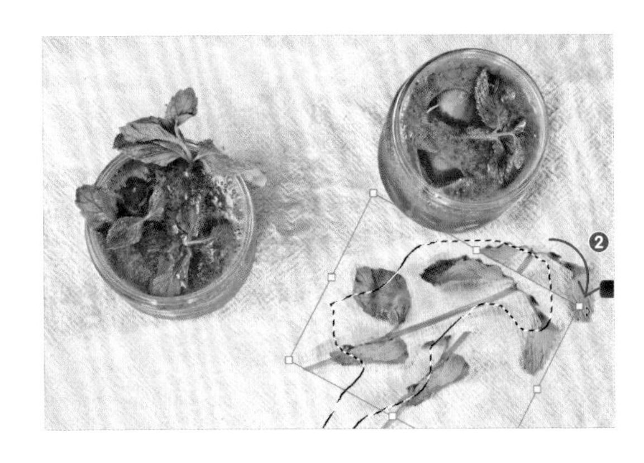

2. 於此狀態下按住滑鼠左鍵拖曳 ❷，物體就會朝著拖曳的方向旋轉。

3. 接著來改變大小。將滑鼠指標移到邊界方框的右上角，待指標變成 ⤢ 的樣子時，按住滑鼠左鍵拖曳以改變物體尺寸 ❸。

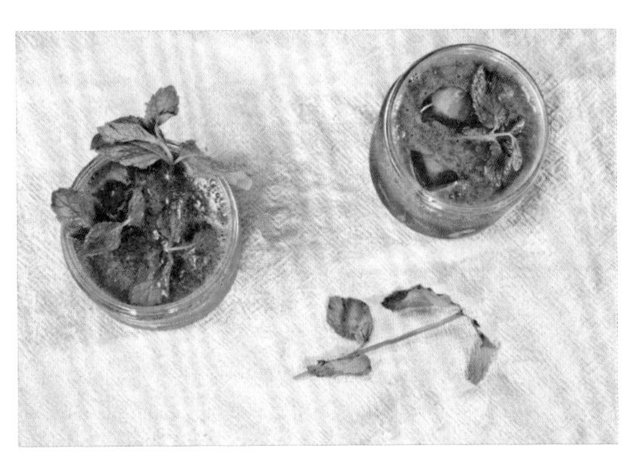

＼完成！／ 按下 Enter（return）鍵即可確定移動與變形。我們已成功移動照片中的物體並使之融入背景。

Potoshop 裡有各式各樣的修補類工具可用，有些工具所能得到的效果很類似。但要達到期望的結果，就必須多方嘗試。本書介紹的步驟只是多種做法中的一種，請務必依據各照片的狀況不同，靈活地分別運用才好。

裁切工具 # 任意變形

填補影像的缺損部分

練習檔
5-6.psd

在處理風景照之類的影像時，有可能會在照片拍完了之後才又想要擴大視角。這種時候，就可由 Photoshop 替我們把不夠的部分給做出來。

Before

After

讓我們把女性站立處的地面，以及海面、天空往左右填補擴充，以擴大照片的範圍。在此要介紹的是以「裁切工具」自動填補的做法。

之前在第 54 頁時，曾為了填補因修正影像的傾斜問題所產生的空白而介紹過此工具。在想要如本課程這樣擴大影像的水平範圍時，「裁切工具」也相當方便好用喔。

選取「裁切工具」

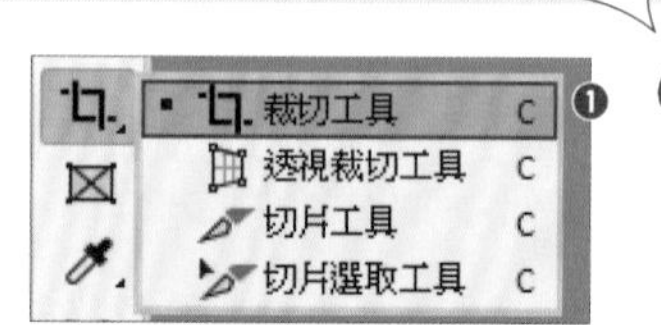

「裁切工具」不僅能將部分影像裁切出來，也具有擴大影像範圍的能力。在擴大影像範圍時，先於選項列勾選「內容感知」項目，便能自動填補所擴大的部分。

① 開啟練習檔「5-6.psd」。

和第 67 頁的步驟 ① 一樣複製出作業用的圖層後，選取「工具列」中的「裁切工具」❶，並於選項列勾選「內容感知」項目❷。

選取「裁切工具」後，影像周圍便會顯示出代表裁切範圍的裁切框❸。

擴大影像範圍並填補缺少的部分

① 將滑鼠指標移到裁切框左側的控點上❶。

② 待滑鼠指標變成 ↔ 的樣子，就按住 Alt（option）鍵不放，按下滑鼠左鍵往左拖曳 ❷。

像這樣按住 Alt（option）鍵拖曳，便能以影像中心為起點朝兩側擴大範圍。

完成！ 按下 Enter（return）鍵即可確定操作。這時所擴大的範圍便會自動填入適當內容。

進階知識！

● 使用「任意變形」功能來填補影像的缺損

除了倚賴自動功能外，也讓我們學習另一種運用「任意變形」功能的做法，亦即直接延展複製出的部分以達成填補的目的。

① 選取「裁切工具」，並於選項列取消「內容感知」項目 ❶。以和上面步驟 ② 一樣的方式拖曳控點 ❷，擴大影像範圍。

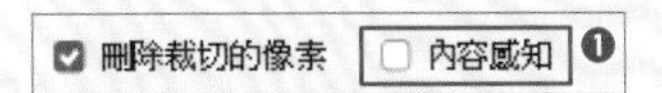

② 選取「矩形選取畫面工具」，框選人物左側的部分 ❸。接著按 Ctrl（⌘）+J 鍵，把所選部分複製到新圖層中 ❹。

③ 點選「編輯 > 任意變形」命令 ❺，按住 Shift 鍵不放，將複製出的影像的左端往左拖曳 ❻，使該影像往橫向變形擴大。

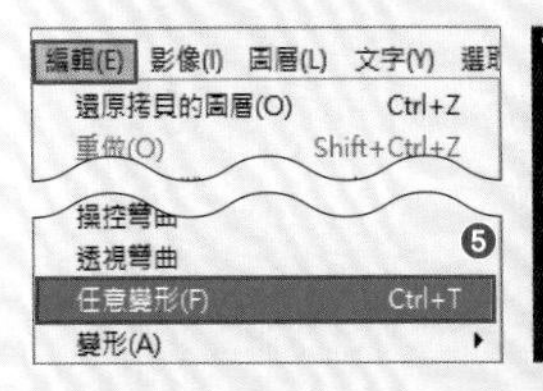

④ 對人物的右側部分做同樣的複製與變形處理，以填補擴大的部分。

請注意，使用「任意變形」功能的做法有可能會因延展而導致影像不自然，或是畫質變粗糙等問題。

COLUMN

變更覆蓋參考線以便於裁切時考量構圖

在拍攝照片時常需考慮構圖，但也可能是在拍攝後進行裁剪工作時調整構圖。在第 3 章的 Lesson2 中，我們曾使用「三等分」的覆蓋參考線（裁切預覽）來裁切照片，但其實還有其他不同種類的覆蓋參考線可用。請依據照片的類型，以及所想要創作的影像種類，來選擇做為裁切標準的覆蓋參考線。

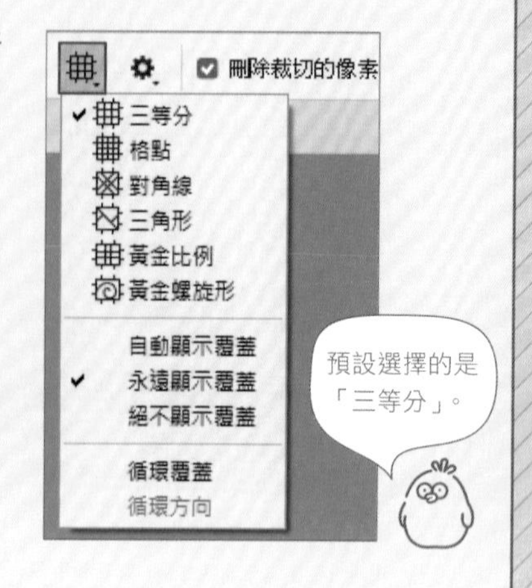

選取「裁切工具」後，點按選項列上的「設定裁切工具的覆蓋選項」圖示鈕，即可選擇要用的覆蓋參考線。以下便介紹其中的「三等分」、「對角線」、「三角形」及「黃金螺旋形」這幾種覆蓋參考線。

三等分

「三等分」是將畫面分割成三等分的構圖覆蓋參考線。藉由將被攝主體或物體等配置在其直線或交叉點處，例如將眼睛配置在交叉點附近等，便能讓畫面顯得穩定。

對角線

選用「對角線」覆蓋參考線，便可將被攝主體或物體等配置於沿對角線跨越整個畫面的位置，以創造出較容易讓人感受到動態能量或動感的構圖。

三角形

「三角形」的構圖覆蓋參考線有助於將被攝主體或物體等配置成三角形，或是有意識地在前景處留下三角形的空間，藉此創造出空間深度。

黃金螺旋形

「黃金螺旋形」是由 1：1.618 的黃金比例所形成的螺旋狀構圖覆蓋參考線。以此螺旋為基準來配置被攝主體或物體，便能創造出構圖優美的影像。

使用 Photoshop 自在地繪圖

本章將結合照片與筆刷工具、矩形工具等繪製的圖形及文字等，
來進行平面圖像的創作。而在後半的內容中，
還將挑戰網頁橫幅與 YouTube 的影片縮圖製作。

筆刷工具 # 前景色與背景色 # 色相 / 飽和度

用筆刷工具為照片增添裝飾

練習檔
6-1.psd

本課程將介紹如何使用「筆刷工具」在照片上繪製圖形。讓筆刷線條成為具強調效果的裝飾，創作出更令人印象深刻的影像。

Before

After

攝影：risugrapher（Instagram：@risugrapher）
模特兒：ucio saya（Twitter：@ss_08140_m）

我們要在黑白照片上用「筆刷工具」描繪線條。首先沿著頭髮的輪廓描繪，接著再於另一圖層沿著手的輪廓描繪。另外還會學到如何於事後再變更所繪製之線條的顏色。

勾勒出模特兒頭髮的輪廓

先建立繪圖用的圖層，再以筆刷描繪模特兒的輪廓。

1. 開啟練習檔「6-1.psd」後，建立新圖層 ❶。由於要在此圖層上描繪頭髮輪廓，故將其圖層名稱改為「hair」。

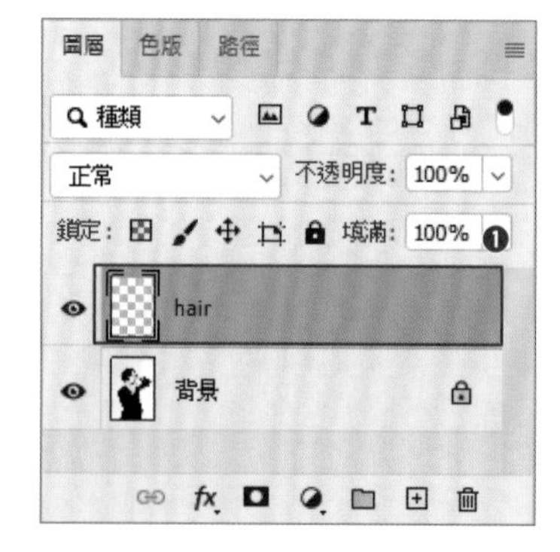

2 選取「工具列」中的「筆刷工具」❷。在選項列做如下的設定❸。

尺寸：16 像素
硬度：80%
模式：臨界值
不透明：100%
流量：100%

3 現在來設定前景色。雙按「前景色」色塊❹以開啟「檢色器」對話視窗。於「顏色滑桿」指定色相❺，再到「顏色欄位」選取明亮的粉紅色❻，然後按「確定」鈕❼。

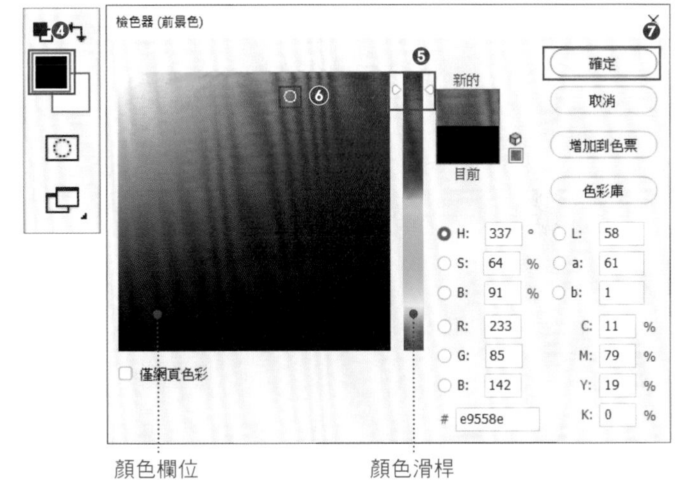

重點提示

用數值設定顏色

你也可直接在「檢色器」對話視窗下方的「#」欄位中輸入 16 進位的數值來設定顏色。

重點提示

前景色與背景色的使用方式

❶ 前景色……以「筆刷工具」等繪製時的顏色
❷ 背景色……以「橡皮擦工具」等擦除「背景」圖層時的顏色
❸ 預設的前景和背景色……點按此鈕可恢復為預設的「前景色：黑」、「背景色：白」。
❹ 切換前景和背景色……點按此鈕可將前景和背景色交換過來。

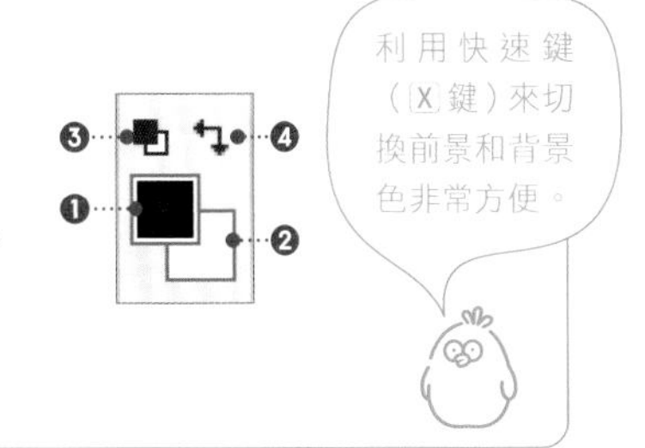

4 參考右圖，試著用筆刷沿著頭髮的輪廓描繪❽。

5 讓我們稍微增添一點俏皮感，在步驟 ④ 描繪的線條兩端分別多畫一條短線 ❾。

6 參考右圖，粗略地沿著另一邊的輪廓描繪。

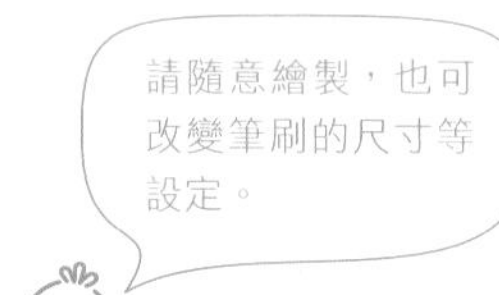

重點提示

如何清除畫出的線條？

想清除畫出的線條時，就用「橡皮擦工具」來擦除。只要選取「工具列」中的「橡皮擦工具」❶，然後在要清除的部分拖曳即可 ❷。
若是在圖層上使用橡皮擦工具，就會直接清除，不受背景色影響。

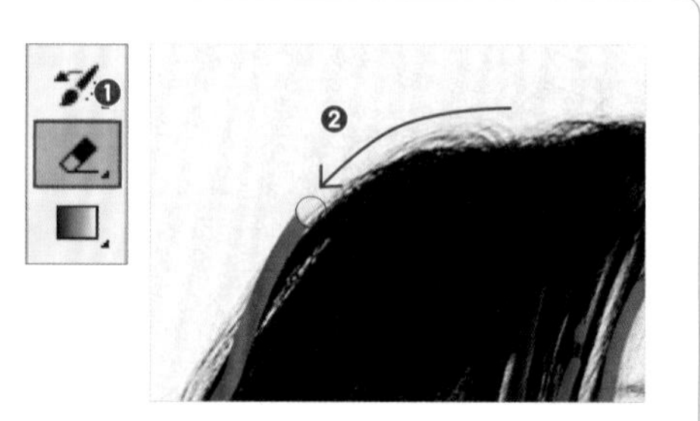

勾勒出手的輪廓

建立新圖層，而這次要描繪的是手部的輪廓。

1 建立新圖層後，將之更名為「hand」❶。

之所以換用一個新圖層，目的是為了之後可以分別針對頭髮部分與手的部分調整色彩。

② 參考右圖，沿著手的輪廓描繪。

改變已描繪出的筆刷線條顏色

已經描繪出的線條，也能事後再改變其顏色。本例便要使用「色相／飽和度」功能來改變手部的輪廓線條。

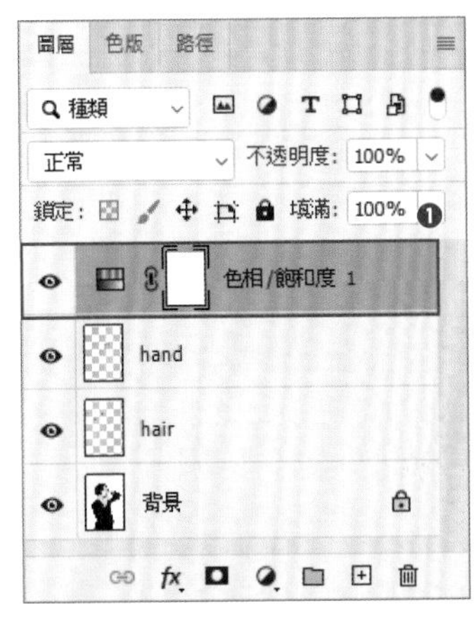

① 在「hand」圖層上新增「色相／飽和度」調整圖層 ❶。由於只想將調整效果套用於「hand」圖層，所以建立剪裁遮色片 ❷。

建立剪裁遮色片 ➡ 第 114 頁

即將完成！

② 在「色相／飽和度」的「內容」面板中，拖曳調整「色相」滑桿。本例設為「-162」，將之改成藍色 ❸。

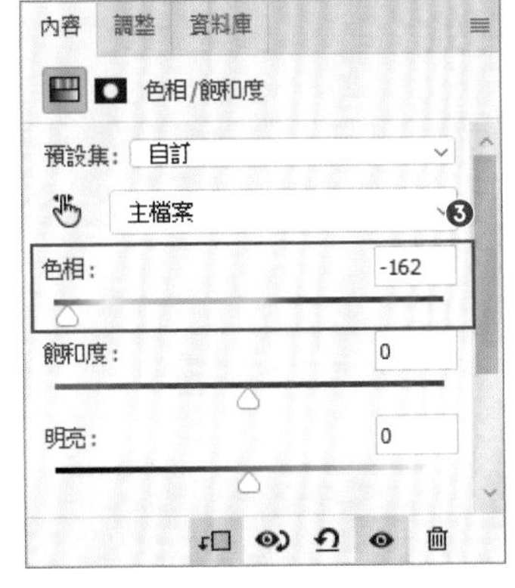

＼完成！／ 成功用筆刷工具為照片增添了裝飾。

請充分活用能夠徒手描繪的筆刷工具，享受畫畫的樂趣。

CHAPTER 6
LESSON 2

矩形工具 # 圖層遮色片

讓形狀與照片融合

練習檔
6-2.psd

本課程將介紹運用「矩形工具」與遮色片讓花瓣顯示在圖形之上的技巧。

你是否也曾看過在照片中，讓部分圖形元素隱藏在被攝主體後方的視覺呈現方式？在這堂課裡，我們就要在花朵上繪製形狀，再嘗試讓花瓣冒出於形狀之上。

繪製長方形

使用「矩形工具」，建立比照片小一輪的長方形。

1 開啟練習檔「6-2.psd」❶，然後選取「工具列」中的「矩形工具」❷。

2 在影像中點一下，便會彈出「建立矩形」對話視窗，設定「寬度：4472 像素」，「高度：2648 像素」後❸，按「確定」鈕❹。

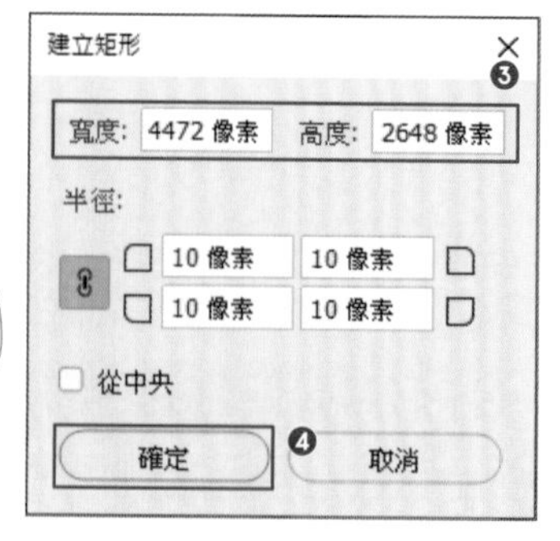

由於要建立的是比照片尺寸小一輪的長方形，故所設定的數值就是將照片的寬度與高度各減 1000 像素。

③ 建立出了長方形。

重點提示

設定數值時可輸入四則運算

Photoshop 的數值輸入欄位支援四則運算。例如，在「寬度」欄位輸入原始影像的寬度尺寸「5472」，並緊接著輸入「-1000」後，移動至別的欄位，其值就會變成「4472 像素」。而除了減法運算外，也能執行「+」(加法)、「*」(乘法)、「/」(除法) 運算。

將長方形移動到版面正中央

接著要把長方形移到版面（畫布）的正中央。讓我們利用選項列的「路徑對齊方式」鈕，以版面為基準來對齊。

① 點按選項列上的「路徑對齊方式」鈕 ❶，將下方的「對齊至」選為「畫布」❷，再點按「對齊水平居中」❸、「對齊垂直居中」❹。

這樣長方形就移動到正中央了 ❺。

由於已把「對齊至」選為「畫布」，故會以整個版面（畫布）為基準對齊。

設定長方形的線條

現在要設定線條（筆畫）的粗細及相對於路徑的繪製方式。

① 在「內容」面板中，展開「外觀」部分，將長方形的「填色」選為「無色彩」，「筆畫」選為白色，形狀筆觸寬度設為「100 像素」❶，然後按 Enter 鍵。點按「設定筆畫的對齊類型」，選擇「朝內」❷。

（譯註：若無法設定「外觀」，請先於選項列的「製作」項目點選「形狀」）

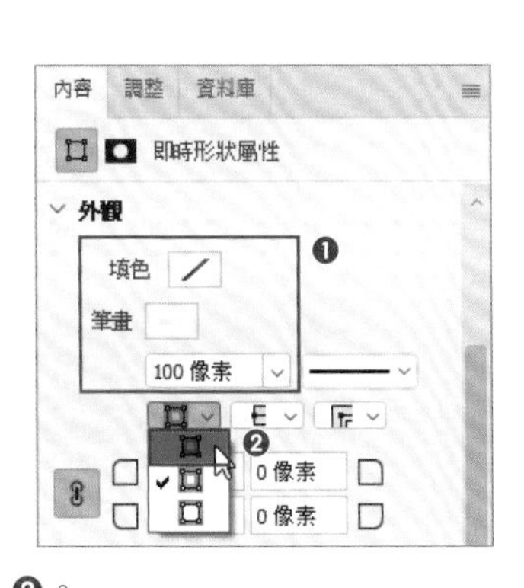

重點提示

顏色的設定方式

點按「填色」或「筆畫」右側的圖示方塊 ❶，便會彈出可設定顏色的面板。請從「最近使用的顏色」❷ 或「檢色器」❸ 選取顏色。

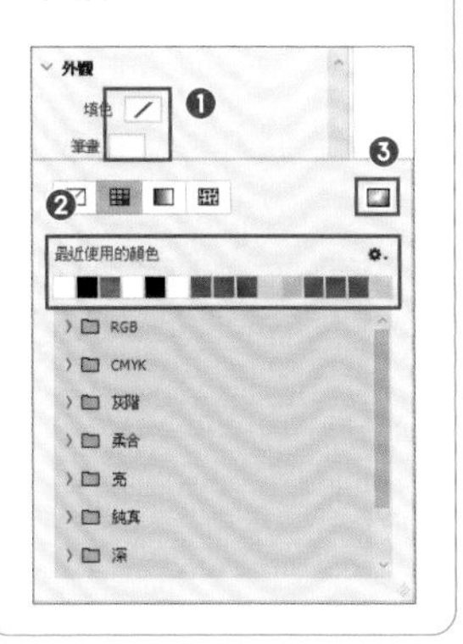

要點提示

筆畫的對齊類型是指什麼？

在「設定筆畫的對齊類型」選單中，我們可將筆畫寬度的延伸方向設為「朝路徑內側」、「在路徑中央」或「朝路徑外側」這 3 種類型的其中一種。若選朝內，則即使之後再加粗筆畫，長方形也不會變大。

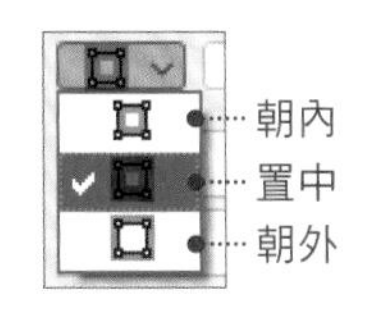

② 做出白框了。

遮罩形狀

藉由遮罩形狀的方式，讓位於下層的花瓣看起來像是從底下冒出至形狀之上。

① 為長方形所在的圖層新增圖層遮色片 ❶。

增加圖層遮色片 ➡ 第 81 頁

② 選取「工具列」中的「筆刷工具」，將前景色設為黑色。在選項列做如下的設定 ❷。

尺寸：200 像素
硬度：0%
不透明：100%

③ 先從上方的花瓣開始，用筆刷塗抹欲隱藏的形狀部分 ❸。

④ 所塗抹的部分會被遮罩，於是花瓣看起來就像是從底下冒出來，突出於形狀之上 ❹。

用筆刷塗抹

塗抹時稍微超出花瓣一點點，便可製造出花瓣的陰影，看起來會更有「冒出來」的感覺。

完成！ 以同樣方式，針對左右兩側和下方的花瓣遮罩形狀，讓那些花瓣也都浮現於白色框線上方，就大功告成囉！

CHAPTER 6

LESSON 3

色階 # 合併圖層 # 混合模式 # 純色

把寫在紙張上的文字掃描後與影像合成

練習檔
6-3-1.psd
6-3-2.psd

本課程將介紹在照片上添加另外拍攝的手寫文字的技巧。

在照片上添加手寫文字，便能呈現手作感與溫暖氛圍。在此我們要把掃描進電腦的手寫文字與照片合成，而本課程已事先準備好要合成的手寫文字影像。

替掃描進電腦的文字影像調整色彩

首先要調整色彩，在維持鉛筆文字的筆觸的同時，將紙張的深色部分調成白色，做成適合合成的素材。本例使用「色階」功能來調整明暗，將之修整成黑白雙色狀態。

1. 開啟練習檔「6-3-1.psd」後❶，建立「色階」調整圖層❷。

建立調整圖層 ➡ 第 60 頁

2. 調整成黑白分明的狀態。本例將陰影設為「0」，中間調設為「0.13」，亮部設為「197」❸。

這樣就黑白分明了❹。

「6-3-1.psd」是以掃描方式做成的影像檔。若是要使用自己準備的手寫影像，請將該影像開啟於 Photoshop 後，點選「影像＞模式＞灰階」命令，以方便作業。

把文字影像貼入照片中

1. 現在要合併可見圖層。點選「圖層」面板右上角的 ≡ 鈕 ❶，選擇「合併可見圖層」❷。

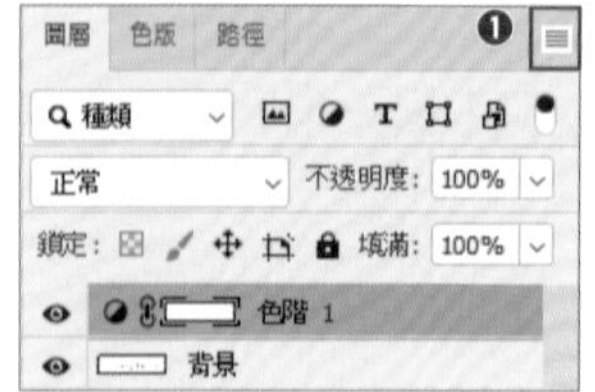

2. 按 Ctrl ＋ A 鍵選取全部，再按 Ctrl ＋ C 鍵拷貝。

3. 開啟練習檔「6-3-2.psd」❸，然後按 Ctrl ＋ V 鍵把文字影像貼入 ❹。

把文字改成白色的

接著我們要把文字影像的混合模式設為「分割」，藉此讓黑色的文字變成白色，並讓白色的背景消失。

1. 將「圖層」面板的混合模式選為「分割」❶。

   這時原本黑色的文字就變成白色，而白色背景則消失 ❷。

「分割」混合模式在合成時，會將上層圖層的黑色部分變白，而白色部分則直接保留下層影像。

調整位置與大小

繼續要移動白色文字並調整其大小，讓它顯得更清楚些。

1. 按 Ctrl ＋ T 鍵，進入任意變形模式。移到清楚易讀處後，調整大小。本例是將之往上移並稍微縮小尺寸 ❶。

   任意變形 ➡ 第 133 頁

完成！ 成功把手寫文字合成至照片囉！

進階知識！

● 改變合成文字的顏色

我們可用文字建立遮色片，以「純色」填色圖層來改變顏色。而要將文字建立成遮色片，就必須先把文字做成 Alpha 色版。

1. 只顯示出文字所在的圖層 ❶。

圖層的顯示與隱藏 ➡ 第 43 頁

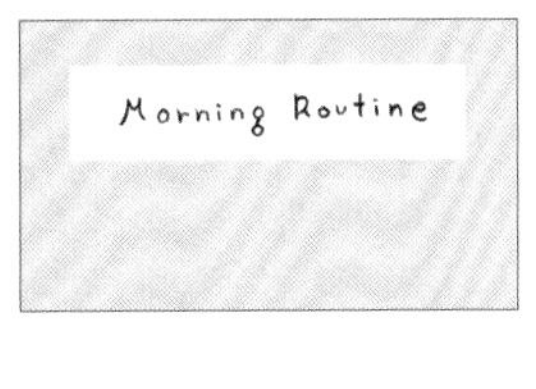

2. 在「色版」面板中，複製「藍」色版 ❷。

要複製最黑白分明的那個色版。

3. 在「圖層」面板新增「純色」填色圖層，填滿自己喜歡的顏色。點選「純色」填色圖層的「圖層遮色片縮圖」❸，然後點選「影像 > 套用影像」命令 ❹。

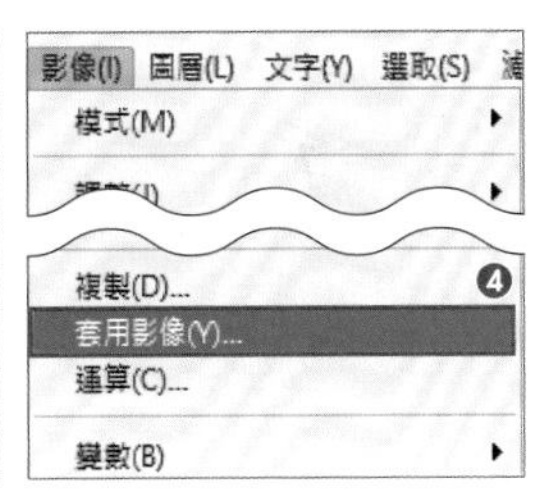

4. 現在要決定「純色」的套用範圍。將「色版」選為「藍 拷貝」❺，並勾選「負片效果」項目 ❻，再按「確定」鈕 ❼。

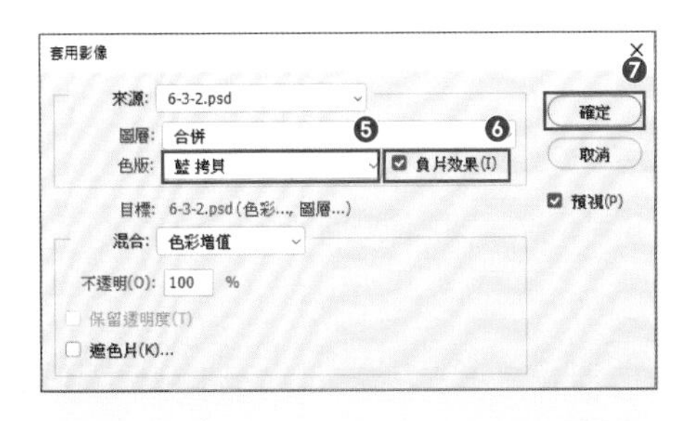

5. 讓背景圖層顯示出來。這樣就完成文字顏色的變更了。

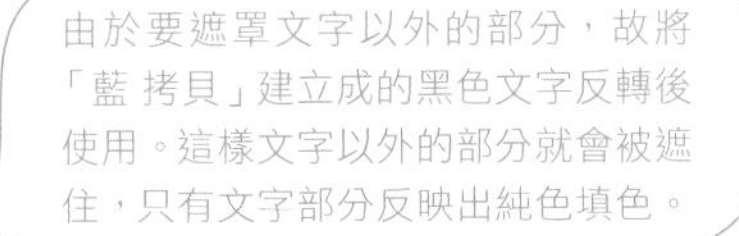

由於要遮罩文字以外的部分，故將「藍 拷貝」建立成的黑色文字反轉後使用。這樣文字以外的部分就會被遮住，只有文字部分反映出純色填色。

輸入文字 # 文字方塊 # 字距調整

製作寫有文字訊息的精美邀請卡

練習檔
6-4.psd

讓我們透過簡單的婚禮請帖製作，來學習文字的編輯處理。

插圖：senatsu（Instagram：@senatsu_graphics）

使用示意圖

本課程將以婚禮請帖為主題，進行文字的輸入與編輯處理。請在輸入標題與說明文字時要發揮巧思，思考如何讓主旨能夠更容易傳達給對方。

輸入標題

首先輸入最主要的文字，亦即輸入大尺寸的人名。以文字的大小來製造強弱對比，收到請帖的人就會更容易理解資訊。

1. 開啟練習檔「6-4.psd」，然後選取「工具列」中的「水平文字工具」T。

   輸入「Atsushi&Chika」後 ❶，按選項列上的打勾鈕 ❷。

輸入文字時，按 Back space 鍵可刪除游標前的文字，按 Delete 鍵則可刪除游標後的文字。

編輯文字

分別於「Atsushi」和「&」、「Chika」之間換行。

1. 在選取「水平文字工具」的狀態下，點一下想編輯的部分（Atsushi 和 & 之間）。確認在 Atsushi 與 & 之間有游標（｜）閃爍❶，即可按下 Enter （return）鍵。

   這樣就換行了❷。

2. 同樣將游標（｜）移到 & 和 Chika 之間後，再按 Enter （return）鍵❸。接著點按選項列上的打勾鈕❹，確定輸入完成。

變更字體及文字尺寸

若是要變更字體或文字尺寸，就需要先選取文字以進行操作。在此我們從選項列進行變更。

1. 在選取「水平文字工具」的狀態下，點選「圖層」面板中的文字圖層❶，然後到選項列變更字體的種類與尺寸。本例將字體指定為「Epicursive Script」，字體大小設為「30pt」❷。

   字體和文字尺寸就改變了❸。

   安裝字體 ➡ 第 115 頁

設定文字對齊方式

所謂的文字對齊方式，是指相對於文字方塊的文字位置。水平文字通常都是對齊左側輸入（「左側對齊文字」），但也可變更為「文字居中」或「右側對齊文字」。本例要設成「文字居中」。

1. 在選項列點按「文字居中」鈕❶。文字就變成居中對齊了❷。

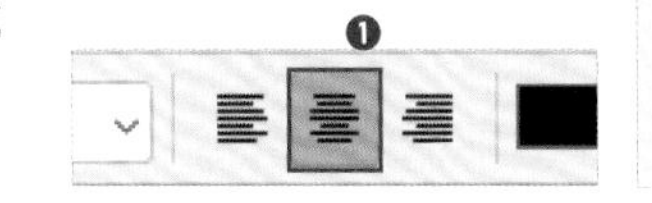

設定文字的顏色

接下來要調整各行文字的間隔，以及字與字之間的間隔。

1. 點按選項列上的顏色方塊 ❶。會彈出「檢色器（文字顏色）」對話視窗，在此變更顏色 ❷，然後按「確定」鈕 ❸。本例將顏色設為「#4e4e4e」。確認文字顏色已改變 ❹。

調整行距及字距

接下來要調整各行文字的間隔，以及字與字之間的間隔。

1. 在「內容」面板中，往下捲動到「字元」部分 ❶。把「設定行距」設為「40pt」❷，「設定選取字元的字距調整」設為「160」❸。

用文字方塊輸入段落文字

至此為止，主要文字已輸入完成。而有了做為標題的文字，立刻就有了請帖的感覺呢。接下來要輸入次要資訊的地址或問候語等。我們要先建立文字方塊，然後於其範圍內輸入文字。

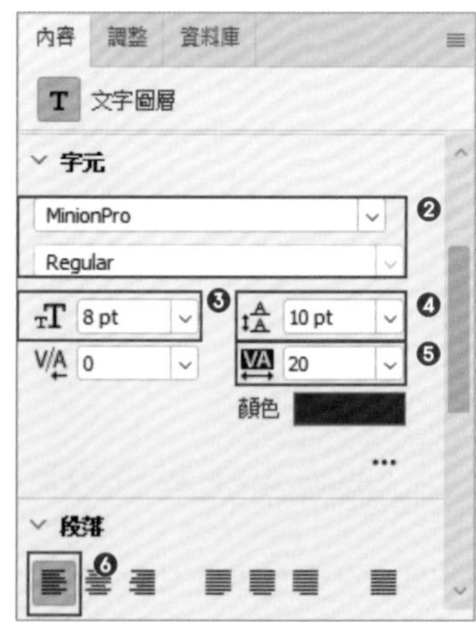

1. 選取「工具列」中的「水平文字工具」後，如右圖在影像中拖曳出文字方塊 ❶。

2. 在「內容」面板的「字元」部分將字體設為「Minion Pro」❷，字體大小設為「8pt」❸，行距設為「10pt」❹，字距調整設為「20」❺，段落選為「左側對齊文字」❻。

新建立的文字方塊會反映出前一次輸入的文字設定，故文字尺寸會很大，在此要先更改設定才行。

即將完成！

3 於文字方塊中輸入日期及時間等資訊，本例輸入的是如下的文字 ❸。

SUNDAY. JUNE 17TH
5 O'CLOCK IN THE
AFTERNOON
Central Area KOBE
JAPAN

4 接著點按選項列上的打勾鈕 ❹，確定輸入完成。

完成！ 調整文字方塊的位置及大小後，就大功告成。

使用示意圖

進階知識！

●「內容」面板的「字元」區與「段落」區的功能

在第 40 頁已說明過「字元」面板的功能。現在也來瞭解一下「內容」面板中「字元」區與「段落」區的功能。

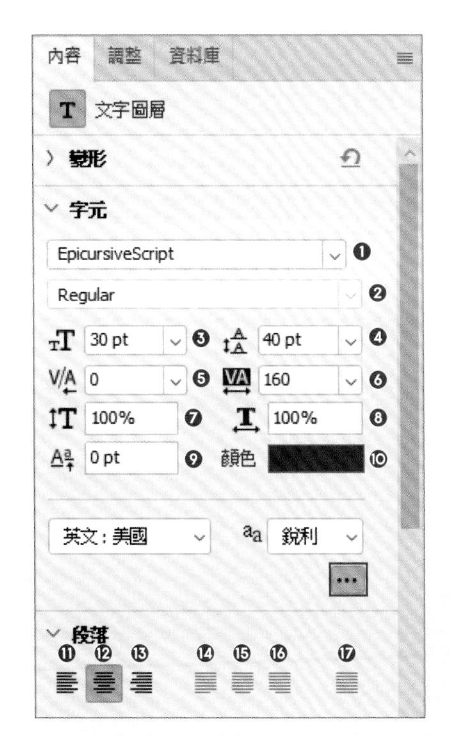

❶ 字體種類……選擇要使用的字體
❷ 字體樣式……選擇隨附於字體的粗細等樣式
❸ 字體大小……選擇字體的尺寸
❹ 行距……設定行與行之間的間隔
❺ 字距微調……設定游標右側字元的緊貼程度
❻ 字距調整……調整所選取字串的字元間距
❼ 垂直縮放……調整所選文字的高度
❽ 水平縮放……調整所選文字的寬度
❾ 基線位移……調整所選文字的基線（做為基準的參考線）的高度
❿ 顏色……選擇文字的顏色
⓫ 左側對齊文字……各行靠左對齊
⓬ 文字居中……各行居中對齊
⓭ 右側對齊文字……各行靠右對齊
⓮ 齊行末行左側……左右兩端都對齊，只有最後一行靠左對齊
⓯ 齊行末行居中……左右兩端都對齊，只有最後一行居中對齊
⓰ 齊行末行右側……左右兩端都對齊，只有最後一行靠右對齊
⓱ 全部齊行……各行都左右兩端對齊

❼❽❾ 要按下「…」鈕才會顯示

字距微調與字距調整的差異，將於本章的專欄部分解說。

\# 沿路徑輸入文字 # 橢圓工具 # 陰影圖層樣式

製作漂亮時尚的網頁橫幅廣告

練習檔
6-5.psd

本課程以網頁橫幅廣告為題材，告訴你如何沿著路徑輸入文字並為文字套用效果。

我們要在 SALE 橫幅的上方，沿著橢圓形的弧線輸入文字，並為該文字套用陰影效果。此外這堂課還會介紹如何複製圖層樣式，然後貼入至其他圖層。

建立用於輸入文字的路徑

為了在 SALE 之上，輸入沿著橢圓形弧線排列的 SUMMER 字樣，首先要建立橢圓形的路徑。

1. 開啟練習檔「6-5.psd」❶，然後選取「工具列」中的「橢圓工具」❷。在選項列選擇「形狀」，並將「填滿」和「筆畫」都設為「無色彩」❸。

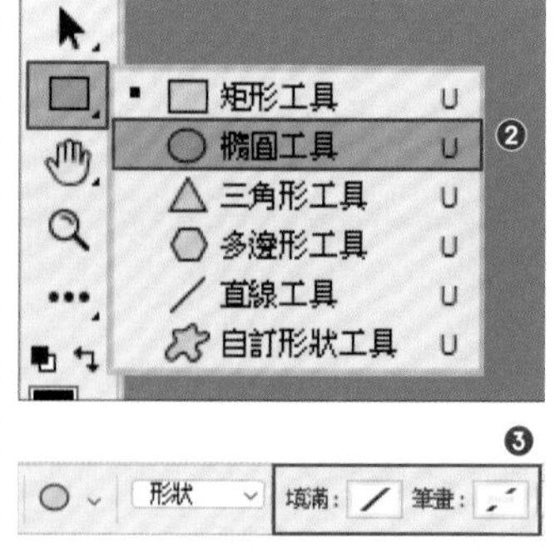

② 建立如圖的橢圓形 ❹。

重點提示

以點按處為中心繪製

在拖曳繪製的過程中按住 Alt（option）鍵不放，便能以一開始點按的位置為中心繪製圖形。

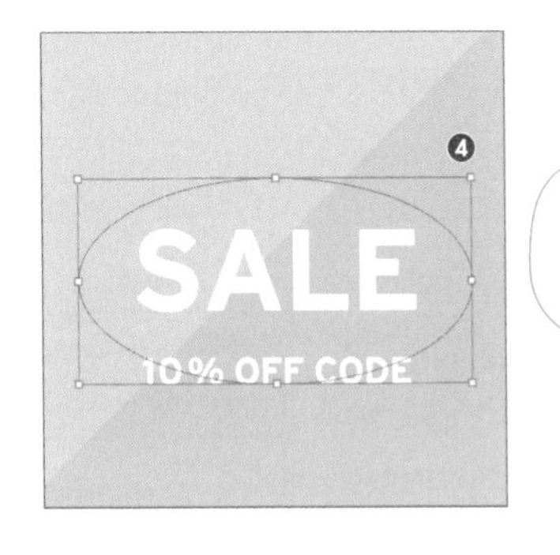

如果畫不好，就先大略繪製，再用「任意變形」功能調整形狀即可。

沿著路徑輸入文字

接著要沿著橢圓上方的弧線輸入文字。

① 選取「水平文字工具」T，將滑鼠指標移到橢圓形路徑的左上部分 ❶。待滑鼠指標變成 的樣子時，點按一下，游標就會出現 ❷，這時就可沿著路徑輸入文字。

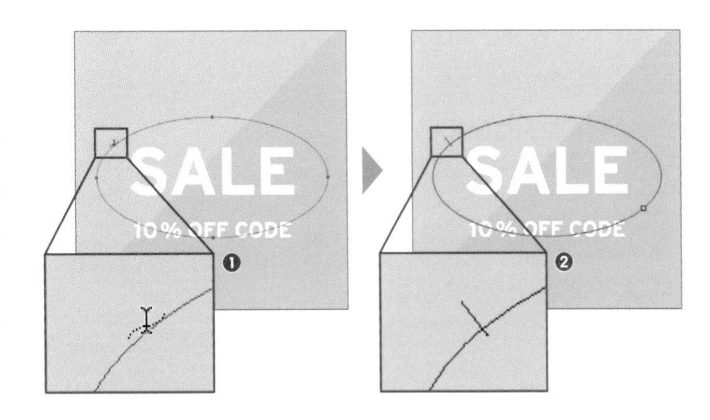

② 輸入「SUMMER」❸，然後按選項列上的的打勾鈕 ❹。

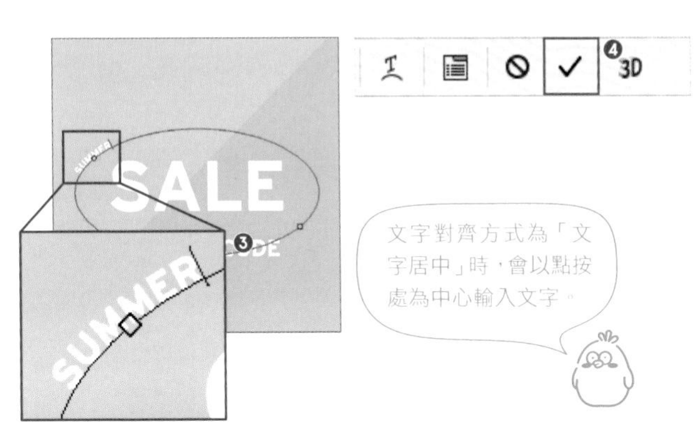

文字對齊方式為「文字居中」時，會以點按處為中心輸入文字。

沿著路徑將文字移動到中央

我們要把 SUMMER 字樣也配置在中央，就和其他的文字元素一樣。所以要使用「路徑選取工具」來拖曳移動。

① 選取「工具列」中的「路徑選取工具」❶，將滑鼠指標移至「SUMMER」字樣上。待滑鼠指標變成 的樣子，就將文字拖曳至橢圓形上方頂點處 ❷。

若往路徑內側拖曳，文字會變成上下顛倒狀。

調整文字的字體及大小

字體的設定也可在輸入文字之前先進行。

現在來調整字體的種類及大小、字距等。

1. 點選文字圖層後，展開「內容」面板的「字元」區 ❶，將字體設為「Interstate」，字體樣式設為「Bold」❷，字體大小設為「40pt」❸，字距調整設為「300」❹。

字距微調與字距調整的詳細說明 ➡ 第 148 ～ 149 頁

就如第 2 章 Lesson5 所說明的，也可在「字元」面板設定。

替文字加上陰影

接下來，要稍微增添一些立體的趣味感。我們要使用圖層樣式來加上陰影。

1. 在「圖層」面板中，雙按文字圖層的名稱右側空白處 ❶。

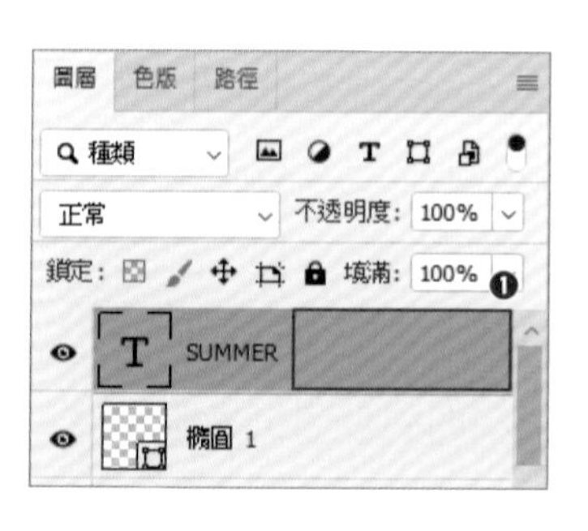

2. 這時會彈出「圖層樣式」對話視窗，請選取「陰影」樣式 ❷，並如下設定 ❸，然後按「確定」鈕 ❹。

   陰影顏色：#004098
   不透明：20%
   間距：29 像素
   展開：3%
   尺寸：0 像素

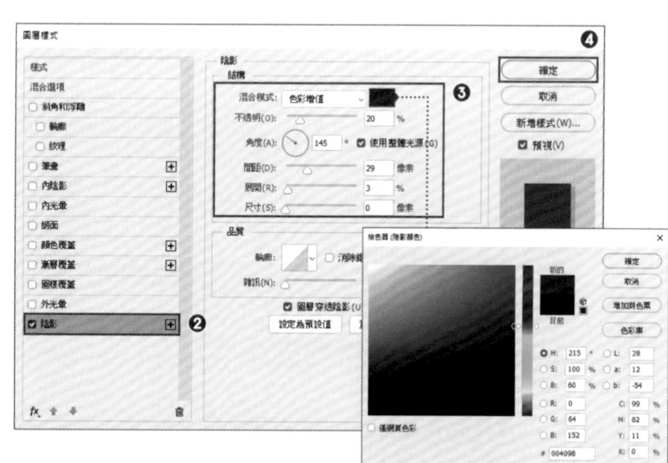

3. 替 SUMMER 字樣做出陰影了。

複製圖層樣式

最後要將套用在 SUMMER 字樣上的陰影樣式，也套用至 SALE 字樣上。

1 按住 Alt 鍵不放，將 SUMMER 文字圖層上的「fx」圖示拖曳到 SALE 文字圖層上❶。

2 這樣該樣式就被複製到 SALE 文字圖層了❷。

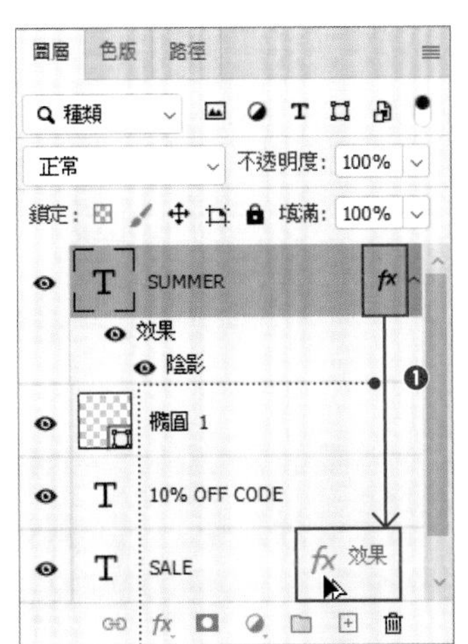

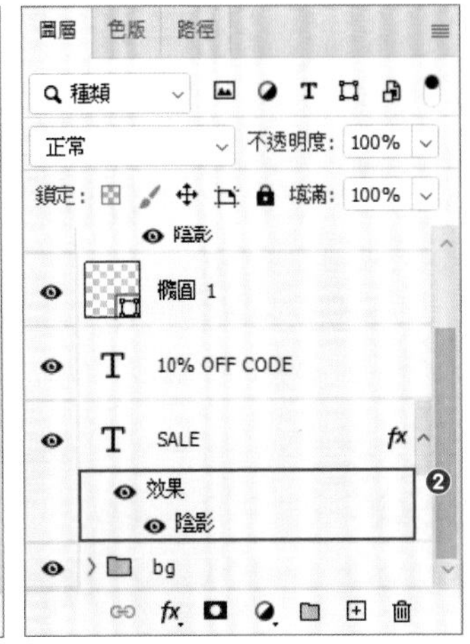

按住 Alt 鍵不放拖曳

SALE 也有同樣的陰影效果了。

即將完成！

3 讓我們修改一下 SALE 字樣上的陰影樣式的「間距」設定試試。雙按 SALE 文字圖層上的「陰影」，叫出「圖層樣式」對話視窗。

把「間距」改為「70」像素❸，再按「確定」鈕❹。

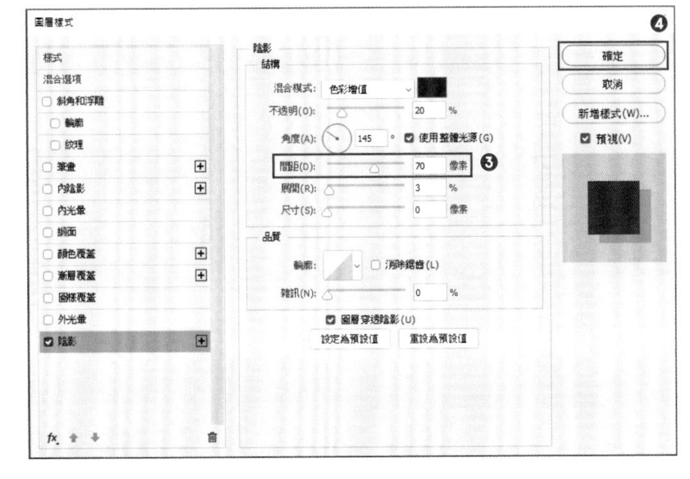

完成！沿著路徑建立了文字，又再加上陰影效果，網頁橫幅廣告的製作大功告成！

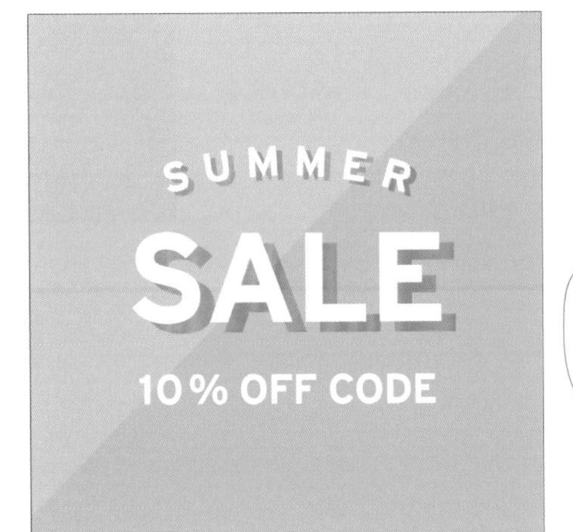

實際製作網頁用的素材時，請參考第 70 頁的說明，將解析度降至 72ppi。

圖層的堆疊順序 # 字距調整 # 純色

製作文字與影像前後交疊的 Youtube 影片縮圖

練習檔
6-6.psd

在 Lesson2 中，我們曾利用遮色片做出影像從形狀後方冒出來的效果，而這次則要利用圖層，製造文字與照片交疊的視覺表現。

這堂課要運用前面已學過的遮色片及形狀、圖層，製作貓咪臉蛋突出於文字之上的效果。整個製作流程如下：

① 遮罩背景　② 使背景模糊　③ 為背景添加邊框　④ 改變圖層的堆疊順序
⑤ 輸入文字　⑥ 移動文字圖層

我們要先在腦海中描繪最終的成品樣貌，然後思考其實現程序，並實際展開作業。才能有效運用 Photoshop 的各種功能。

YouTube 建議其影片縮圖最好採用16：9 的寬高比例。因此本課程也選擇使用 16：9 的照片，來製作具視覺衝擊度的影片縮圖。

遮罩貓咪的背景

① 開啟練習檔「6-6.psd」，將貓咪影像的背景部分遮罩起來。

遮罩毛茸茸的物體 ➡ 第 4 章 Lesson9

建立「純色」填色圖層

現在要建立「純色」的填色圖層以便將背景模糊化。藉由將「純色」填色圖層的「填滿」設為60%，讓背景能夠隱約透出。

1. 建立「純色」的填色圖層，將顏色設為「#f09e9b」❶，並於「圖層」面板將其「填滿」設為「60%」❷。

填滿了半透明的淡粉紅色

為背景添加邊框

1. 接著要替背景加上紅色邊框。用「矩形工具」建立「寬度：5329像素」,「高度：2997像素」的長方形❶。然後在「內容」面板點選「即時形狀屬性」❷，於「外觀」部分做如下的設定❸。

   填色：無色彩
   形狀筆觸寬度：152.05像素
   筆畫顏色：#fd5b5b
   筆畫的對齊類型：朝內

用「矩形工具」建立邊框 ➡ 第140～141頁

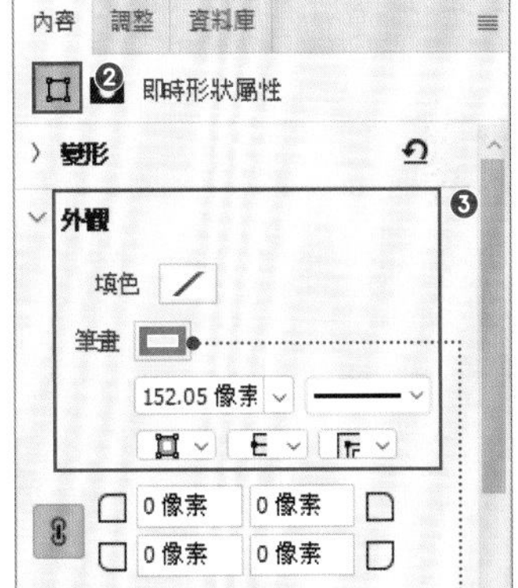

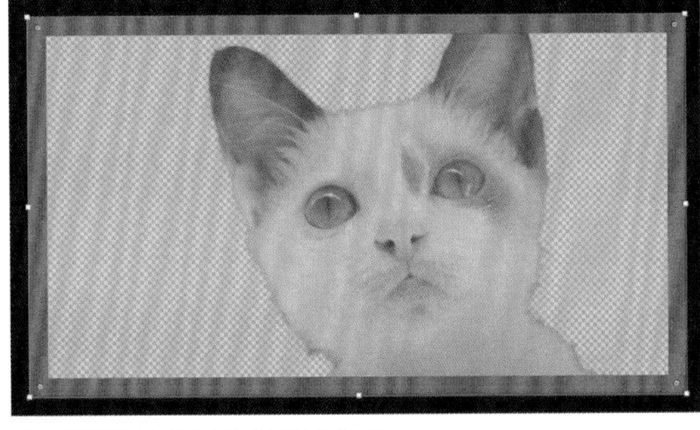

做出了顏色稍深的粉紅色邊框

改變圖層的堆疊順序

將已去背的貓咪圖層移到形狀圖層與填色圖層之上，使之顯示於最上層。

1. 在「圖層」面板中，將「背景拷貝」圖層拖曳至形狀圖層與填色圖層之上❶。

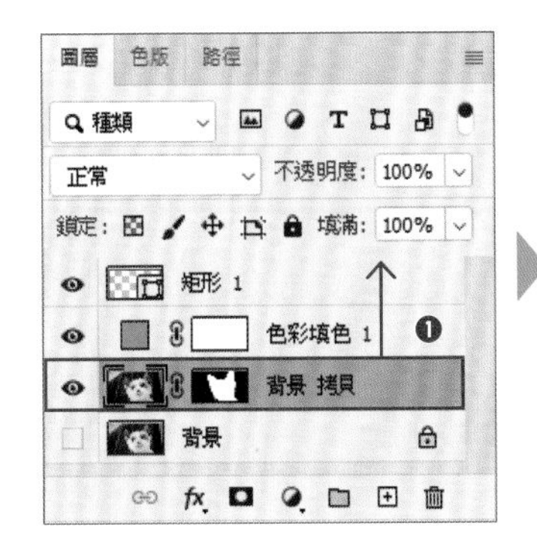

2 讓「背景」圖層顯示出來❷。

輸入第一行字

使用文字工具輸入第一行文字「ネコに」，然後設定字體種類與字距調整等，並且調整位置。

1 用「水平文字工具」於影像左上角輸入「ネコに」❶，並替文字做如下設定❷。

字體種類：Toppan
字體大小：230pt
字距調整：160
顏色：白

文字設定變更完成❸。

2 用「移動工具」，將文字移動到如右圖的位置❹。

為了讓文字有衝出畫面的感覺，故要移動到重疊於邊框的位置。

輸入第二行字

接著輸入第二行文字「あれ」。這行字的「字距調整」要設得很大，以便讓這兩個字分別位於貓臉的左右兩側。

1. 輸入「あれ」後，做如下設定 ❶。

   字體種類：Toppan
   字體大小：300pt
   字距調整：1480
   顏色：白

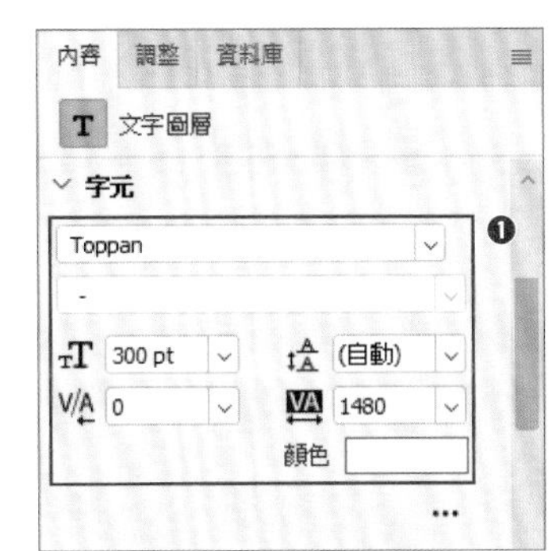

2. 將文字移動到如右圖的位置 ❷。請確認這行字是建立在不同於「ネコに」圖層的獨立文字圖層 ❸。

重點提示

用「字距調整」來調整文字的配置

本例為了將文字配置在不會遮住貓臉的地方，故將「字距調整」設得很大。請多多嘗試各種設定值，想辦法把文字配置在符合設計意圖或畫面平衡之處。

字距調整：100

字距調整：1480

輸入第三行字

即將完成！

1. 以同樣方式輸入「献上してみた」後，做如下設定 ❶，並移動到如右圖的位置 ❷。

   字體種類：Toppan
   字體大小：180pt
   字距調整：180
   顏色：白

輸入文字時，會沿用前一次的設定值。故若因「字距調整」的值過大導致文字超出畫面的話，請先更改設定再輸入。

變更圖層的堆疊順序

為了使貓臉突出於第二行字「あれ」之上，我們要改變圖層的堆疊順序。

① 將「あれ」文字圖層往下拖曳至「背景 拷貝」圖層下方❶。

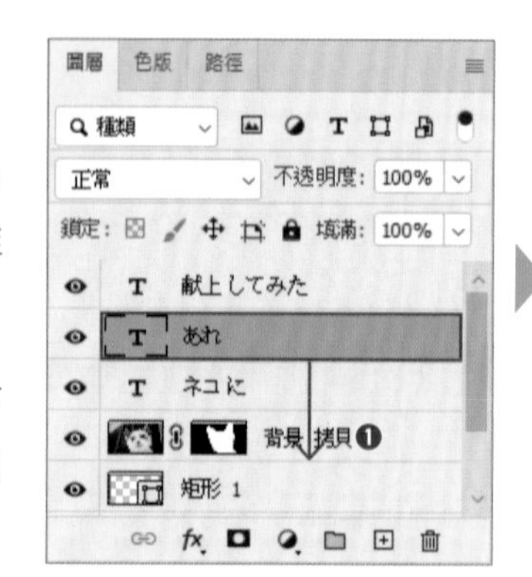

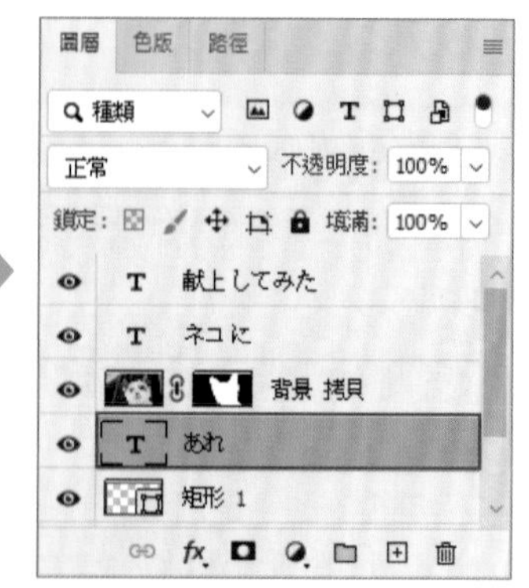

完成！ 文字與影像前後交疊，創造出了具立體感的影像。

像這樣具視覺震撼力的影像，很適合做為影片縮圖使用。

進階知識！

● 做成更搶眼的縮圖

搭配圖層樣式，我們還能進一步裝飾文字。在此為「あれ」文字圖層套用了如下的圖層樣式。

圖層樣式 ➡ 第 152 頁

替文字描邊

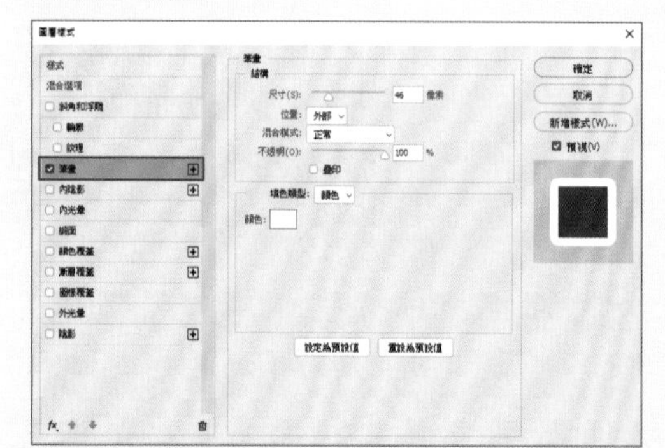

圖層樣式：筆畫
尺寸：46像素
位置：外部
顏色：#ffffff

改變文字的顏色

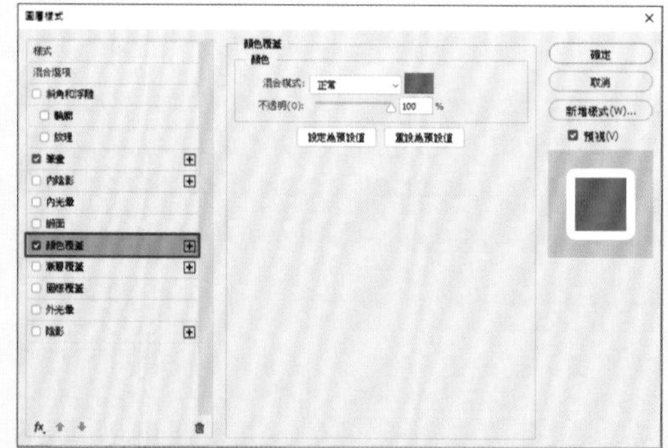

圖層樣式：顏色覆蓋
混合模式：正常
顏色：#fd5b5b

圖層樣式 # 斜角 # 外光暈

製作發光的霓虹燈管

練習檔
6-7.psd

在這堂課裡，我們要為形狀合成如霓虹燈管般的發光效果。這是一種很常見的視覺效果，應用範圍相當廣泛。

在第 6 章的 Lesson5 中，我們曾介紹過裝飾文字的方法，現在則要試試更進階的裝飾效果。本課程將透過合成如霓虹燈管般的效果，來學習如何以圖層樣式裝飾文字。

使物件顯得立體

我們要點選欲套用效果的圖層，然後開啟「圖層樣式」對話視窗。首先替外框的形狀套用效果。本例希望讓它看起來像是圓柱狀的玻璃管，故要套用可使物件突起的斜角樣式。

1. 開啟練習檔「6-7.psd」。在「圖層」面板中，雙按「矩形 1」圖層的名稱右側空白處❶。

2 這時會彈出「圖層樣式」對話視窗。勾選「斜角和浮雕」❷，並如下設定。

樣式：內斜角 ❸
尺寸：10 像素 ❹
柔化：3 像素 ❺
角度：-2° ❻
高度：40° ❼
光澤輪廓：環形 - 雙 ❽
亮部模式：正常 ❾
不透明：100% ❿
陰影模式：正常 ⓫
陰影顏色：#59c3e1 ⓬
不透明：100% ⓭

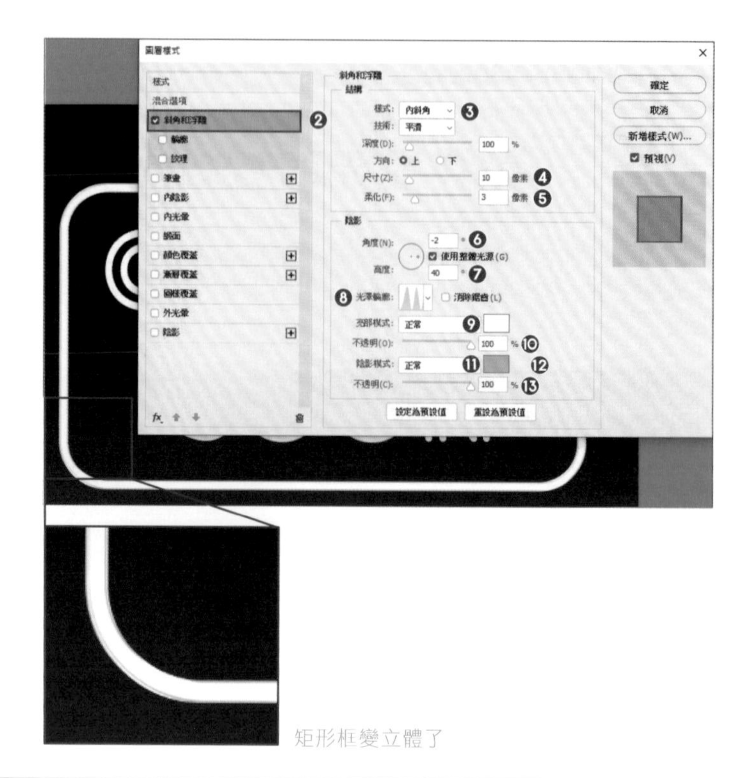

矩形框變立體了

重點提示

「斜角和浮雕」的設定值

「斜角」是把物件向上推起的效果，而「浮雕」就是突起於平面的半立體效果。這兩者都是藉由亮部與陰影來製造視覺上的突起感，其中「角度」代表光源的位置，「高度」代表光源的高度，而「光澤輪廓」則是以圖形來表示光澤的產生方式。

製作朝外發散的光線效果

霓虹燈管朝外發散的光線，可用「外光暈」圖層樣式製作。

1 勾選「外光暈」❶，並如下設定。

混合模式：線性加亮（增加）❷
不透明：100% ❸
光暈顏色：#59c3e1 ❹
展開：10% ❺
尺寸：100 像素 ❻
範圍：100% ❼

設定完成後，就按「確定」鈕 ❽。

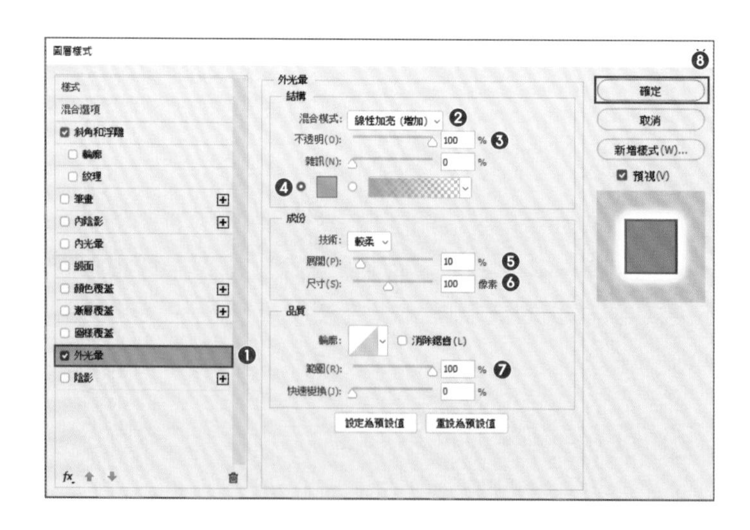

② 為矩形框加上發光效果了。

重點提示

「外光暈」的設定值

「展開」代表物件的發光範圍。此值越大，光線量就越多，而值越小，光線就越昏暗。「輪廓」代表光線是以什麼樣的形式從物件發散出來，「範圍」則決定了輪廓的範圍。「範圍」的值越小，輪廓就在越外側。

將圖層樣式複製到其他圖層

接下來讓我們把套用在矩形框上的光暈效果，也同樣套用至文字所在圖層。就和 Lesson5 一樣，只要複製並貼上圖層樣式即可。

① 按住 Alt 鍵不放，將「矩形 1」圖層上的「fx」圖示拖曳到「Coming soon」圖層上❶。

完成！ 為平面的形狀加上光影資訊，就能做出如霓虹燈管般的外觀呢！

進階知識！

● 改變顏色

若想改變霓虹燈的顏色，就變更各個圖層樣式效果的色彩即可。以本例來說，就是變更「斜角和浮雕」的陰影顏色及「外光暈」的光暈顏色。

將矩形框的顏色改成了粉紅色

COLUMN

字距與美觀度的關係

除了影像的編修處理外，還有別的要素會嚴重影響作品的美觀程度。那就是本章也有介紹到的「文字」。在此我們就要來談談很容易被忽略但其實大大左右了設計成果的「字距」。

所謂「字距」，就如其字面意義，是指「文字與文字之間的距離（間隔大小）」。為了理解字距，讓我們先來看個實際的例子。

自行選擇字體

自行選擇字體

請比較一下上下兩行文字。這兩行字都是以同樣種類及大小的字體設定，輸入「自行選擇字體」六字而成。上面那行是沒有縮減字距的狀態，稱為「緊排」。下面那行則是字距經過縮減的狀態。緊排的文字看起來相當寬鬆。尤其是「自行」兩字的部分，由於文字本身的形狀和大小比較鬆散，故其文字間隔便顯得有點過於寬大。但經過適度調整文字間隔後，外觀就能產生這麼大的差異。

在 Photoshop 中，我們可利用「字距微調」及「字距調整」、「比例間距」等功能來自動調整文字（字元）間隔。「字距微調」功能調整的是游標前後字元的間隔大小，適合用於精準地調整特定部分。「字距調整」則用於均等地設定所選文字或整段文字的字元間隔。而「比例間距」功能可調整所選文字的前後間隔。此外，「字距微調」還具有可自動調整整體的「公制」及「視覺」功能。其中的「公制」功能，可針對歐美文字中如「We」及「To」等一旦緊排便會顯得間隔太寬的字母組合自動縮減字距。中日韓文字也有部分適用此「公制」功能。而「視覺」功能則是由 Photoshop 自動調整字距。

字距的設定沒有所謂的正確答案。即使在專業的實務工作上，也是依據各個作品的特性，一邊考量易讀性與美觀度之間的平衡，一邊追求最能充分傳達所欲傳達之訊息的形式。

令人印象深刻的風景編修技巧

在第 7 章中，我們將以風景照為題材來學習各式各樣的編修技巧。
除了讓照片更鮮豔、使背景模糊化等常用技巧外，
還會介紹繪製螢火蟲以創造出奇幻風景觀等
漂亮影像的製作手法。

色相 / 飽和度 # 曲線

讓色彩更鮮豔

練習檔
7-1.psd

運用「色相 / 飽和度」調整圖層增加影像飽和度，創造出華麗燦爛的影像風格。

Before

After

嘗試提升飽和度，好讓照片中五顏六色的部分顯得更加鮮豔。另外再把建築物的陰影部分調亮，以進一步帶出色彩的飽和度。

提升飽和度

首先要用「色相 / 飽和度」調整圖層來增加照片的飽和度。

1. 開啟練習檔「7-1.psd」。
點按「圖層」面板下方的「建立新填色或調整圖層」鈕❶，選擇「色相 / 飽和度」❷。

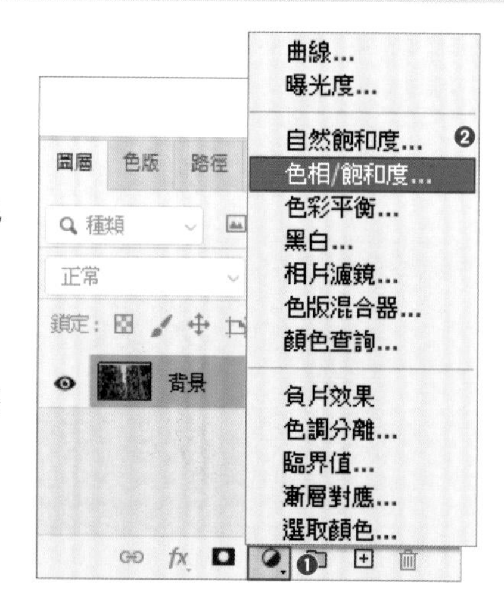

2. 在「色相 / 飽和度」的「內容」面板中，將「飽和度」滑桿往右拖曳❸以提升飽和度。本例設為「+40」。

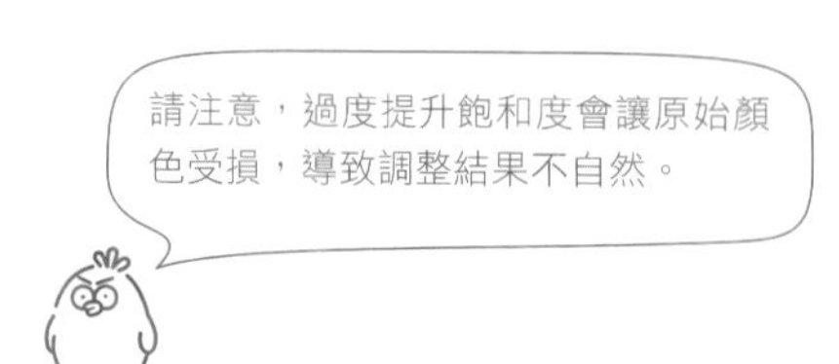

③ 影像整體都變鮮豔了。

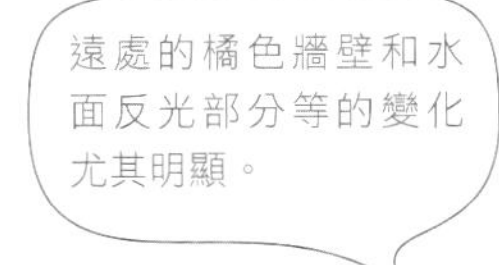

調亮影像，給人更燦爛的印象

接著讓我們用「曲線」來調亮較暗的部分。這張照片因建築物遮蔽了光線而顯得有些陰暗，而藉由調亮整體，看起來就會更華麗燦爛。

① 參考前一頁的步驟，新增「曲線」調整圖層 ❶。

② 在「內容」面板中，建立調整陰暗部分的控制點，然後將之稍微往上拖曳 ❷。

關於曲線的調整 ➡ 第 3 章 Lesson6

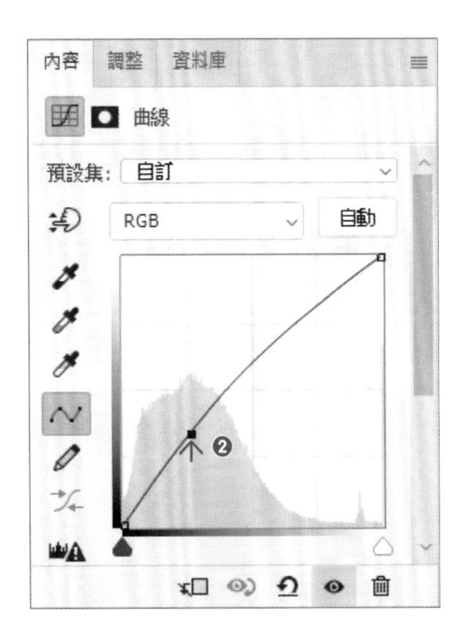

完成！ 做出了色彩鮮豔且整體印象明亮的影像。

智慧型物件 # 濾鏡 # 高斯模糊

模糊背景
讓照片主體更搶眼

練習檔
7-2.psd

對於主體與背景都對焦清晰的照片，使其背景模糊化，製造出只有前景對焦的視覺效果。

Before

After

雖然在 Before 的影像中，汽車與背景都是對焦清晰的，但我們會先套用濾鏡效果讓整體影像都模糊，然後再把汽車部分的濾鏡效果遮罩起來，藉此做出只有背景模糊的影像。此外在這堂課裡，我們也會學到將影像建立成智慧型物件以便事後再變更模糊程度的技巧。

必備知識！

● 什麼是焦點？

這裡所謂的焦點，就是指相機鏡頭的焦點。當所拍攝的主要物體（被攝主體）確實對在焦點上，該物體就會被清晰地拍下，而沒對在焦點上的話，則會顯得模糊。此外將焦點對在物體上時，在該物體前後的對焦清晰範圍稱為「景深」。景深若是較深，被攝主體與背景都會對焦清晰，而景深若是較淺，就只有主體會對焦清晰。

景深較深

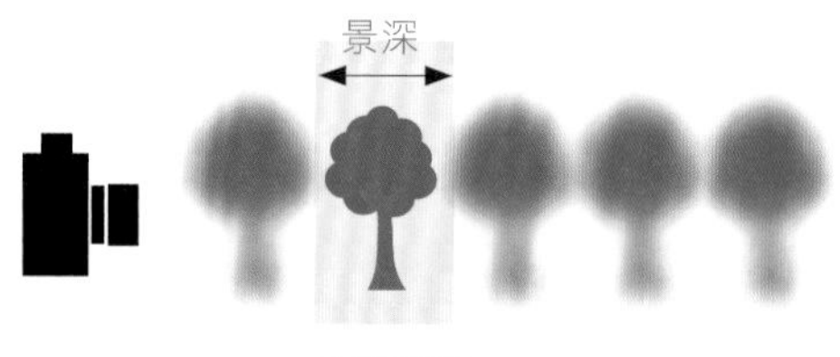

景深較淺

建立智慧型物件

首先要建立智慧型物件。Photoshop 中的智慧型物件，是一種能在維持原始狀態的同時進行編輯的物件。如套用濾鏡等對影像施以直接的加工操作時，先轉成智慧型物件就能復原重做，十分便利。

1. 開啟練習檔「7-2.psd」後，複製背景圖層 ❶。點開「圖層」面板選單 ❷，選擇「轉換為智慧型物件」❸。

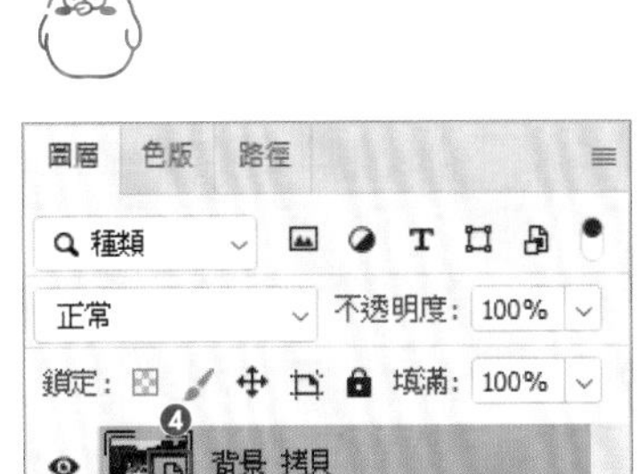

2. 複製出的圖層就被轉換成了智慧型物件。請查看其圖層縮圖，確認已顯示出智慧型物件的圖示 ❹。

將影像模糊化

現在為智慧型物件套用模糊濾鏡。

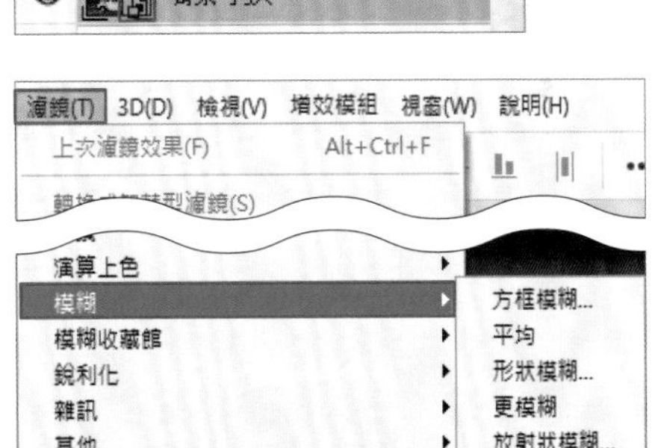

1. 點選「濾鏡 > 模糊 > 高斯模糊」命令 ❶。

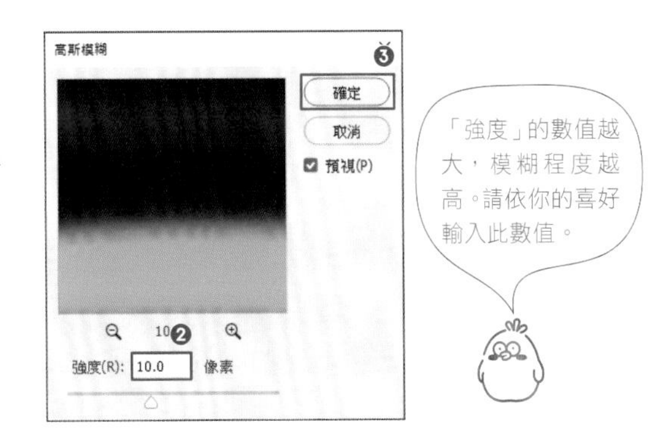

2. 這時會彈出「高斯模糊」對話視窗。於「強度」欄位輸入「10」像素 ❷，再按「確定」鈕 ❸。

3. 整張影像都套用了模糊效果。

> 重點提示
>
> **可一再復原重做**
>
> 智慧型物件一旦套用了濾鏡，便會顯示為「智慧型濾鏡」。一般的圖層套用濾鏡後就無法復原重做，但智慧型濾鏡則是要重做幾次都沒問題。只要雙按所套用濾鏡的名稱 ❶，即可叫出濾鏡的對話視窗，於其中再次調整設定。
>
> 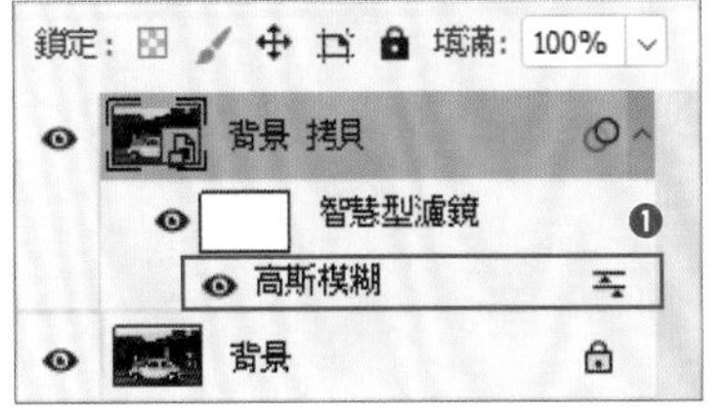
>

建立汽車的選取範圍

接著要遮罩汽車部分，只讓背景模糊。因此讓我們先建立汽車的選取範圍，以便遮罩汽車部分。

1. 點按套用了模糊濾鏡的圖層的「指示圖層可見度」圖示（即眼睛圖示），將該圖層隱藏起來 ❶。點選「背景」圖層 ❷。

2. 點選「選取 > 主體」命令 ❸。
   這樣就大略選取了汽車的範圍。

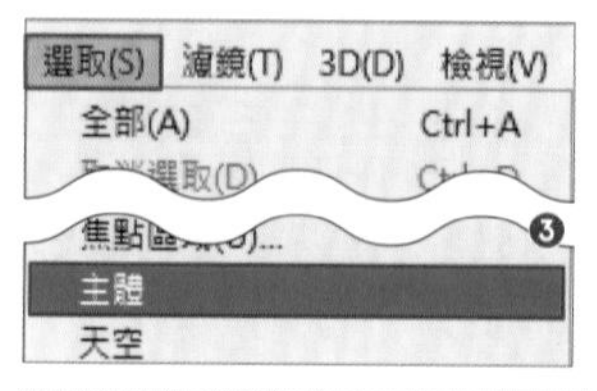

套用了濾鏡的圖層已模糊化，無法順利自動選取。所以要從背景圖層選取汽車。

調整選取範圍

搭配運用其他的選取類工具，來調整「選取 > 主體」命令沒能確實選取的部分。

1. 選取「工具列」中的「快速選取工具」❶ 來增、減以調整選取範圍 ❷。

   「快速選取工具」的使用方法 ➡ 第 82 ～ 83 頁

2. 用「快速選取工具」難以調整的部分，可利用快速遮色片模式，以筆刷塗抹的方式處理 ❸。

   快速遮色片模式的使用方法 ➡ 第 88 ～ 89 頁

雖然本例使用的是「選取 > 主體」命令與「快速選取工具」，但你可運用任何你覺得容易的方法來建立選取範圍。

③ 選取了整台汽車。

將選取範圍遮罩起來

接下來要使用所建立的選取範圍遮罩汽車部分。這樣就能隱藏模糊效果，做出只有背景模糊但汽車部分對焦清晰的影像。

① 點按套用了模糊濾鏡的圖層的「指示圖層可見度」圖示（即眼睛圖示），使該圖層顯示出來 ❶。點選「智慧型濾鏡」的「濾鏡效果遮色片縮圖」❷。

即將完成！

② 將背景色切換為黑色 ❸，然後用背景色填滿選取範圍。

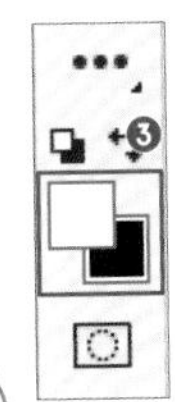

按 X 鍵可切換（交換）前景與背景色。要用背景色填滿時可按 Ctrl + Back space（⌘ + delete）鍵，或點選「編輯 > 填滿」命令。

③ 從圖層縮圖可看出汽車部分已填滿黑色 ❹。

＼完成！／ 按 Ctrl（⌘）+ D 鍵取消選取。成功將背景模糊化，讓被攝主體變得更搶眼。

若想變更模糊的程度，請雙按智慧型濾鏡下的「高斯模糊」來調整。

反光效果 # 相片濾鏡 # 混合模式

加入光斑讓影像閃耀光輝

練習檔
7-3.psd

本課程將解說如何運用濾鏡在影像中加入光斑（耀光、眩光）。

Before

After

攝影：齋藤朱門（Twitter/Instagram：@shumonphoto）

這堂課要使用「反光效果」濾鏡在影像上合成光斑（耀光、眩光）。由於希望做出有如本來就存在般的自然感，故在此還利用了「相片濾鏡」，讓你也能學到讓光斑的顏色與原始影像相符的方法。

藉由加入光斑來增添光輝，使影像更明亮、更令人印象深刻。

用「反光效果」濾鏡製作光斑

「濾色」混合模式在合成時，會使上層影像的黑色部分變透明，白色部分維持白色，而其他顏色變亮。因此本例要在填滿了黑色的圖層上製作光斑效果，再與背景合成，這樣就只有光斑的部分會閃閃發亮。

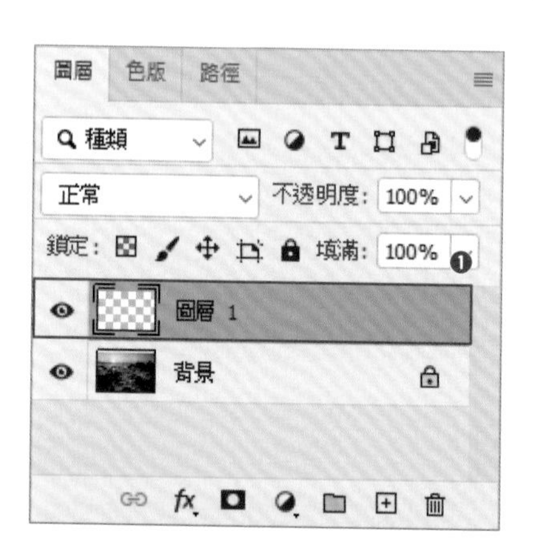

① 開啟練習檔「7-3.psd」後，建立新圖層 ❶。

② 將背景色設為黑色，再按 Ctrl（⌘）+ Back space（delete）鍵。

這樣整張影像就填滿了黑色 ❷。

前景色與背景色 ➡ 第 137 頁

搭配運用 D 鍵（「預設的前景和背景色」）與 X 鍵（「切換前景和背景色」），便能迅速將背景色設為黑色。

③ 點選「濾鏡 > 演算上色 > 反光效果」命令 ❸。

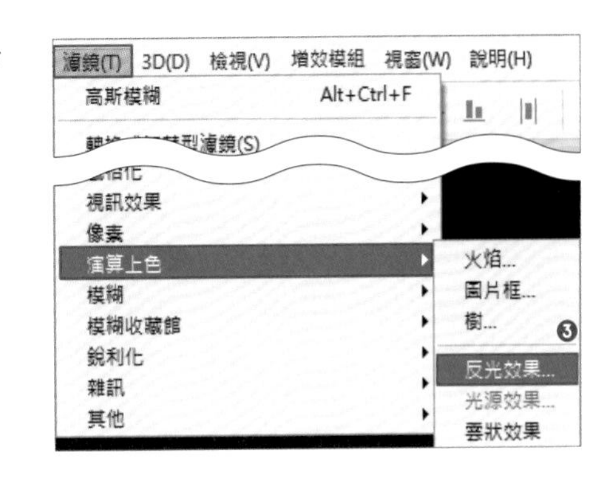

④ 這時會彈出「反光效果」對話視窗。將「鏡頭類型」選為「50-300 釐米變焦」❹，然後按「確定」鈕 ❺。

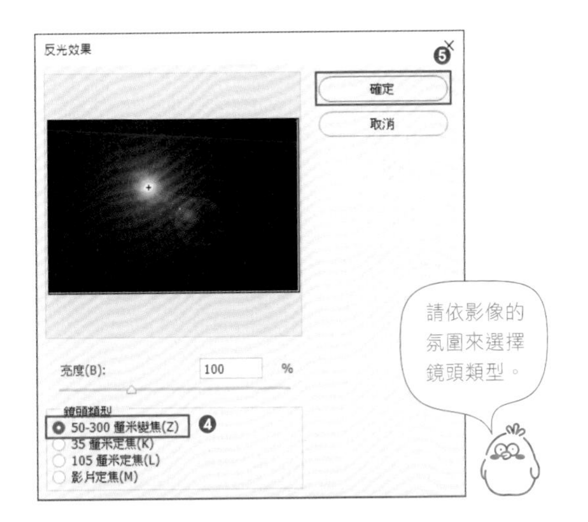

重點提示

「反光效果」是什麼樣的濾鏡？

「反光效果」濾鏡能夠重現逆光拍照時，光線直接射進相機鏡頭所造成的光斑（也稱為耀光或眩光）效果。此濾鏡可設定光線的亮度、位置及鏡頭類型。

⑤ 成功做出光斑。

變更混合模式以合成光斑與影像

圖層的疊合方式會依據所選用的混合模式而有所不同。在此改用只合成白色（明亮）部分的「濾色」混合模式，只將光斑合成至影像中。

① 在「圖層」面板將混合模式選為「濾色」❶。

② 只有明亮的光斑部分被合成至下層影像中。

在「濾色」混合模式中，黑色沒有任何效果。這就是本例為何要將光斑的背景塗黑的理由了。

調整光斑的位置

替影像疊上光斑後，就可用「任意變形」功能調整其位置和大小，以增加太陽的光輝。

① 點選「編輯 > 任意變形」命令 ❶。

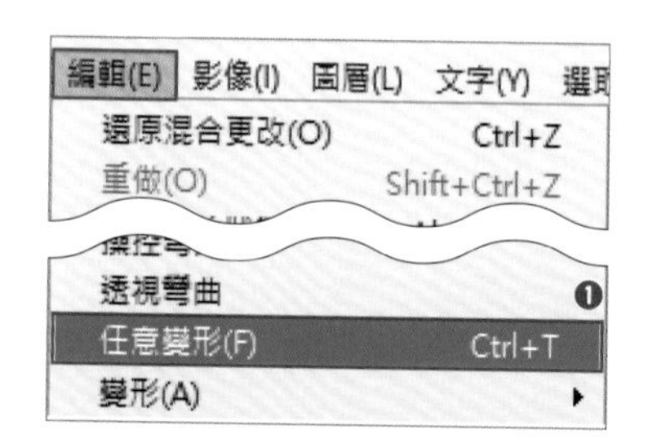

② 待邊界方框顯示出來，即可調整光斑的大小及位置。本例將太陽與光斑最亮處重疊在一起。

重點提示

「任意變形」功能的快速鍵

「任意變形」功能的快速鍵是 Ctrl（⌘）+T 鍵。

使光斑的顏色與影像相符

接下來要用「相片濾鏡」調整圖層，配合原始影像，將光斑的顏色調整成溫暖的橘色。而且還要建立剪裁遮色片，以便只針對光斑圖層套用效果。

① 點按「圖層」面板下方的「建立新填色或調整圖層」鈕，選擇「相片濾鏡」❶，以建立「相片濾鏡」調整圖層。

建立調整圖層 ➡ 第 56 頁

2. 在「相片濾鏡」的「內容」面板中，把「濾鏡」選為「Warming Filter（85）」❷，「密度」設為「50」% ❸。

3. 整張影像都套用了相片濾鏡的效果。

Warming Filter 是具溫暖色調的暖色系濾鏡。可看出影像整體都套用了橘色濾鏡，呈現出溫暖氛圍。

4. 在選取「相片濾鏡」調整圖層的狀態下，按住 Alt（option）鍵不放，將滑鼠指標移到與下層圖層的分界處點一下 ❹。

5. 如此便可建立剪裁遮色片，只將「相片濾鏡」效果套用於光斑部分 ❺。

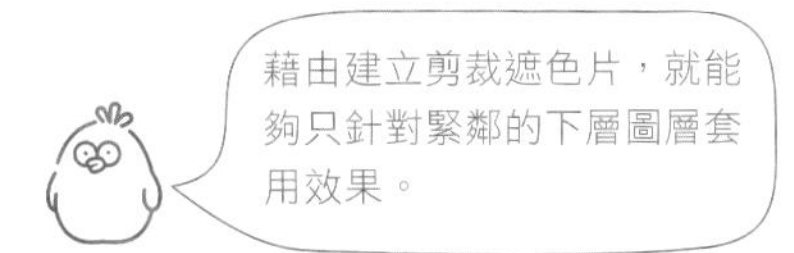

完成！成功加入了光斑。

進階知識！

● 各式各樣的混合模式

Photoshop 有許多混合模式可用，以下便介紹其中較具代表性的幾個模式。在此以合成兩張影像為例，觀察每種混合模式分別會呈現出怎樣的外觀差異。你不需要理解所有的混合模式。只需要記住圖層疊合時形成的外觀會受到混合模式的影響，之後就是實際操作，每次依狀況選擇能得到所需結果的模式即可。

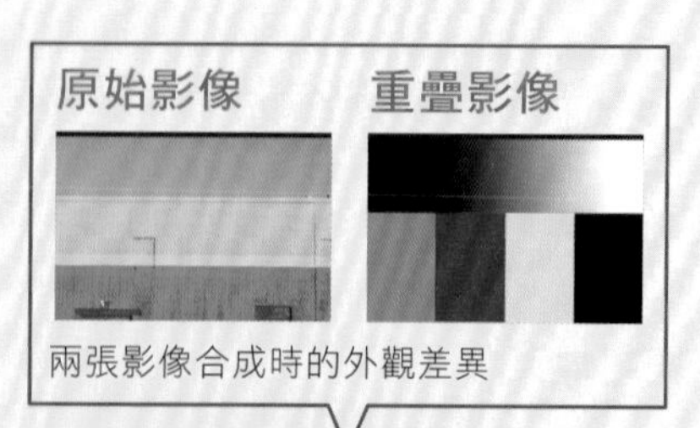

兩張影像合成時的外觀差異

正常

為預設的模式。而預設的不透明度為 100%，故下層圖層無法透出。

色彩增值

會將原始影像與重疊影像相乘混合，故整體會變成深色調。重疊黑色時會變黑，重疊白色時不會有任何變化。

濾色

此模式可獲得與「色彩增值」相反的效果，通常用於想讓照片變亮的情況。

覆蓋

可獲得「色彩增值」模式加上「濾色」模式的效果，亦即明亮處會變得更亮，陰暗處會變得更暗。

柔光

可獲得將「覆蓋」模式柔化的效果。重疊影像比 50% 灰階還亮時會變亮，比 50% 灰階還暗時會變暗。

CHAPTER 7 LESSON 4

編輯遮色片 # 變形（透視） # 動態模糊 # 曲線

加入光芒以製造夢幻感

練習檔
7-4.psd

本課程將介紹如何運用圖層遮色片來替影像增添光芒（光束）。

這裡所謂的光芒，就是如太陽光從雲朵的間隙射入時出現的條狀光線。由於受天氣狀況影響，光芒是很難拍到的景象之一，但有 Photoshop 就做得出來。我們將把「曲線」調整圖層的遮色片調整成光芒的形狀，僅針對該範圍提高影像亮度，藉此做出光芒效果。只要多花點力氣調整遮色片，成果便會十分自然。

新增用於製作光芒的「曲線」調整圖層

首先要建立用於製作光芒的調整圖層。為了之後能夠調整明暗，我們要新增「曲線」調整圖層。

1. 開啟練習檔「7-4.psd」後 ❶，在「圖層」面板建立「曲線」調整圖層 ❷。

建立調整圖層 ➡ 第 64 頁

❶

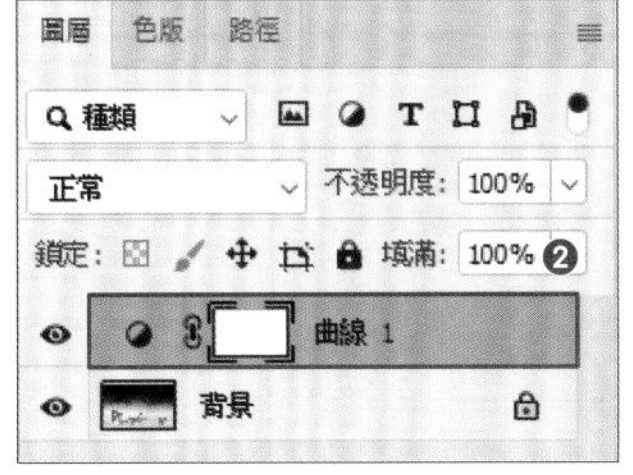

攝影：Sho Niiro
（Twitter：@nerorism）

將遮色片調整成光芒的形狀

現在要把「曲線」調整圖層整個遮罩起來，只針對要套用曲線調整效果的範圍清除遮罩。做法就是反轉遮色片的灰階階調後，於黑色背景上以白色筆刷繪製光線範圍。

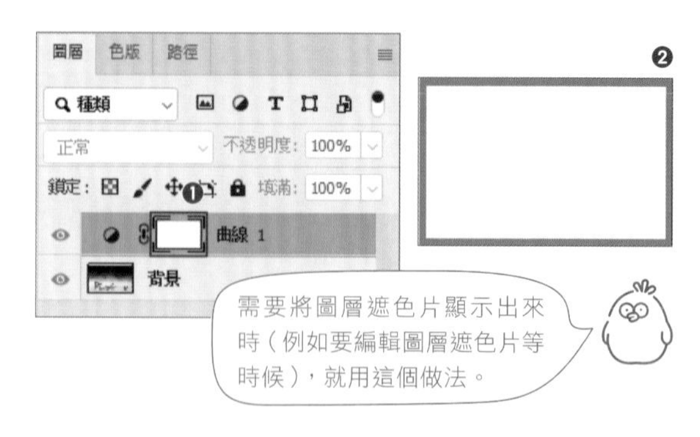

1. 按住 Alt（option）鍵不放，用滑鼠點一下圖層遮色片縮圖 ❶。遮色片便會顯示在文件視窗中 ❷。

需要將圖層遮色片顯示出來時（例如要編輯圖層遮色片等時候），就用這個做法。

2. 點選「影像 > 調整 > 負片效果」命令 ❸。這時遮色片的灰階階調就會反轉，變成黑色 ❹。

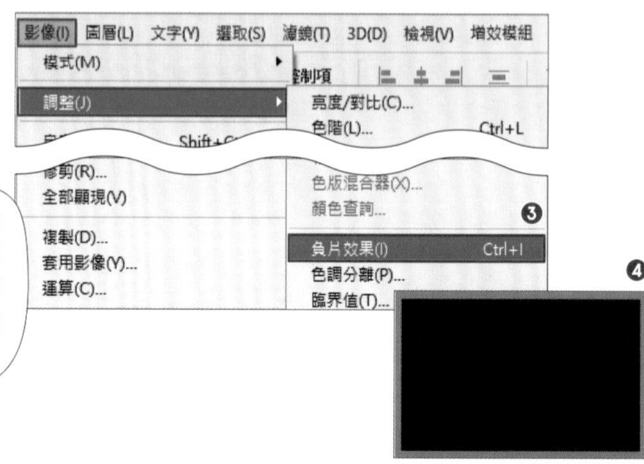

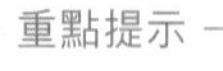

> 重點提示
>
> **快速套用「負片效果」**
>
> 「負片效果」的快速鍵為 Ctrl（⌘）+ I 鍵。調整遮色片時經常會用到此功能，請牢牢記住。

「負片效果」就是反轉影像顏色的調整。本例反轉的是白色影像，故變成黑色。

3. 選取「工具列」中的「筆刷工具」，將前景色設為白色。
我們要繪製輪廓模糊的一條粗大光線，故設定「尺寸：400 像素」，「硬度：50%」❺。

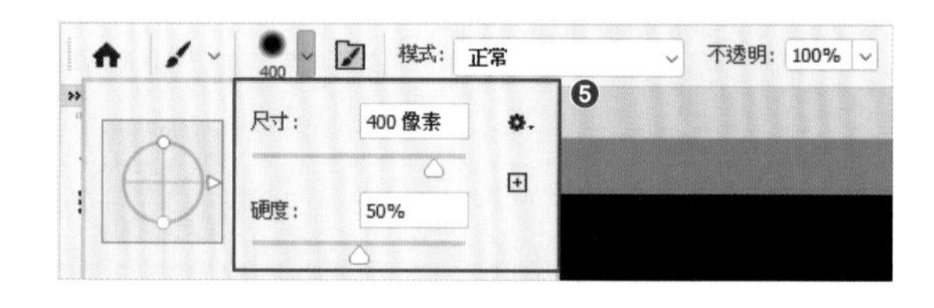

4. 在遮色片正中央，按住 Shift 鍵不放，從上往下垂直拖曳 ❻，繪製出光線。

「曲線」的調整效果只會套用於這個白色部分。

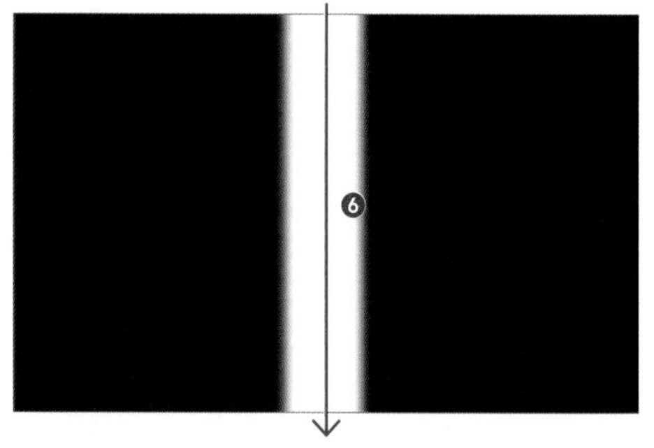

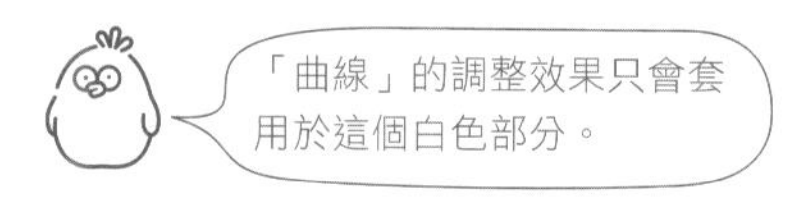

變形光線

接著要將前面步驟繪製的光線變成末端擴大的形狀，以製造傾洩而下的感覺。

1. 點選「編輯 > 變形 > 透視」命令 ❶。

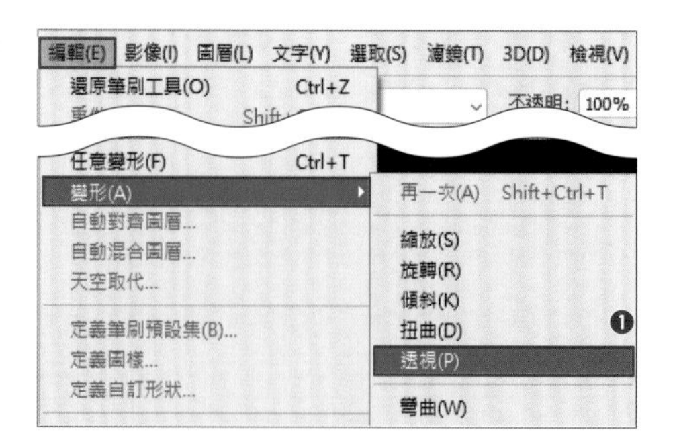

② 這時光線周圍便會顯示出邊界方框，請將左上角的控點稍微往右拖曳 ❷。決定形狀後，就按 Enter 鍵確定變形。

使用透視變形時，只要拖曳控點，在拖曳方向上的控點也會同時移動。請參考右圖，將之變形成末端擴大的梯形。

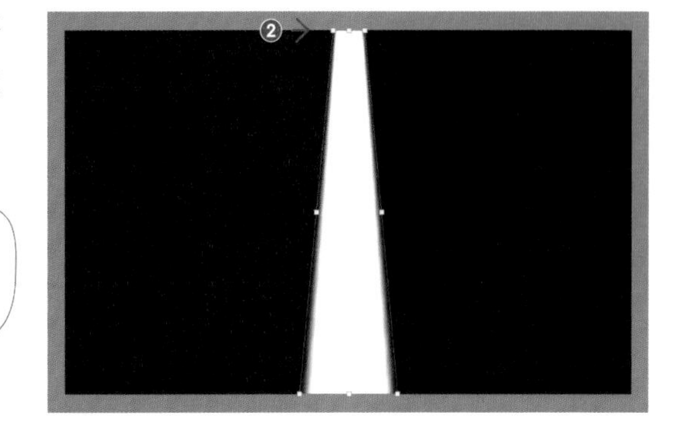

將光線模糊化

繼續要為光線套用「動態模糊」濾鏡。「動態模糊」濾鏡可設定模糊的角度及間距。

① 點選「濾鏡 > 模糊 > 動態模糊」命令 ❶。

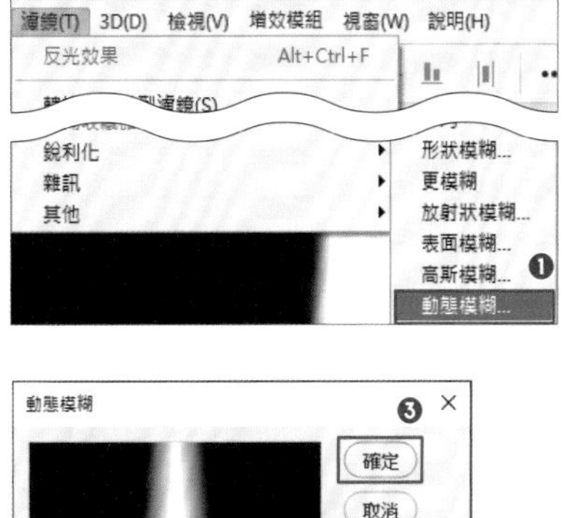

② 這時會彈出「動態模糊」對話視窗，使光線周圍變得柔和而模糊。在此將「間距」設為「140」像素 ❷，再按「確定」鈕 ❸。

重點提示

「動態模糊」的角度和間距分別代表什麼？

角度代表模糊的方向，間距代表模糊的長度。本例設為「角度：0°」，「間距：140 像素」，故只會沿著水平方向套用 140 像素的模糊效果。將「動態模糊」套用於人物或交通工具時，可製造出如殘影般的外觀，因此也很適合用來表現速度感。

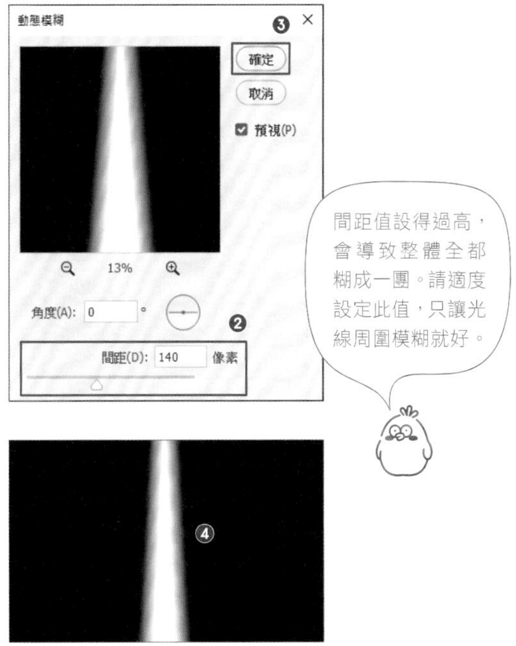

間距值設得過高，會導致整體全部糊成一團。請適度設定此值，只讓光線周圍模糊就好。

③ 光線的輪廓變模糊了 ❹。

調整「曲線」

就如第 3 章 Lesson6 所說明的，「曲線」功能可調整明暗。而在這堂課裡，我們還進一步以黑色和白色建立了遮色片，藉此只針對未被遮罩的光線區域套用「曲線」的調整效果。由於原始影像的深色部分相當多，故本例將陰影部分的控制點往上拖曳，好讓整條光線都變亮。

① 點按「曲線」調整圖層的縮圖 ❶。

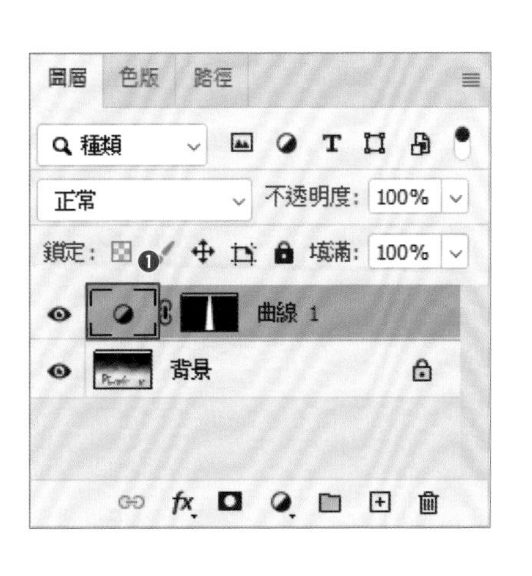

2 這時文件視窗便會從顯示遮色片的狀態切換回一般的顯示影像狀態。在「內容」面板將「曲線」的陰影控制點往上拖曳 ❷。請參考右圖，將光線的亮度調亮到看來自然為止。

賦予光線不至於過度突出於影像的自然亮度

變形、移動光線

最後讓光線往右傾斜，並稍微擴大，營造出更自然的光線效果。

1 點選「編輯 > 任意變形」命令 ❶。

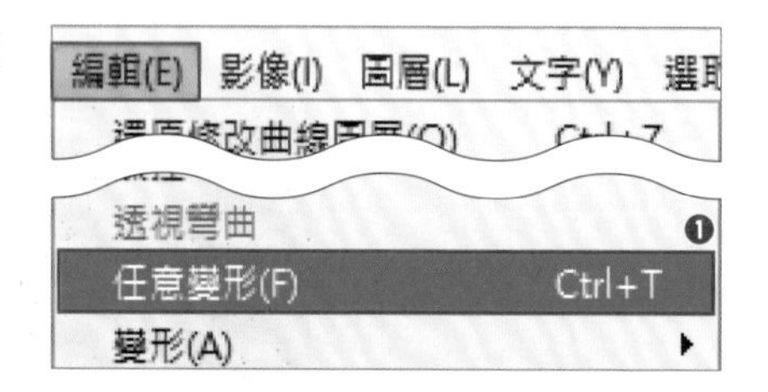

即將完成！

2 這時光線周圍會顯示出邊界方框 ❷。拖曳邊界方框，讓光線旋轉並擴大，以調整光線的照射角度與方式。

＼完成！／ 加入光芒，完成充滿夢幻氛圍的影像。

CHAPTER 7 LESSON 5

#Camera Raw

創造賽博龐克（Cyberpunk）風格的色彩

練習檔 7-5.psd

本課程要運用「Camera Raw 濾鏡」來變更影像的色彩。讓我們強調粉紅與青色，創造出充滿賽博龐克（Cyberpunk）氣氛的色調風格。

這堂課將使用「Camera Raw 濾鏡」，藉由凸顯藍色與粉紅色來重現賽博龐克風格的色彩。透過「Camera Raw 濾鏡」的運用，我們就能做到替各個顏色增添強弱對比等極為細緻的色彩校正處理。

所謂的「賽博龐克（Cyberpunk）」，屬於科幻類型之一，其特色是以鮮豔的霓虹和燦爛奪目的都會夜景為舞台。

必備知識！

● 「Camera Raw 濾鏡」是什麼樣的功能？

Camera Raw 是用來將 Raw 檔顯影（轉換成 JPEG 等通用檔案格式）的濾鏡。其中整合了如白平衡及曝光量的調整、去除朦朧等各式各樣的校正功能。而且不只是 Raw 檔，此濾鏡也能編輯 JPEG 及 TIFF 等其他格式的影像。

建立校正用的圖層

首先複製圖層，並將複製出的圖層轉換為智慧型物件。

1. 開啟練習檔「7-5.psd」❶。

原始影像的橘色與綠色色調也相當鮮豔，給人色彩繽紛的印象。不過本例將進行色彩校正處理，改為強調藍色和粉紅色調。

攝影：omi（Twitter：@cram_box）

2 複製「背景」圖層後，將複製出的圖層轉換為智慧型物件 ❷。

複製圖層 ➡ 第 67 頁
轉換為智慧型物件 ➡ 第 167 頁

智慧型物件

調整 Camera Raw 濾鏡的「基本」部分

開啟 Camera Raw 濾鏡的視窗，調整「色溫」與「色調」的值。

我們想強調藍色與粉紅色，故將「色溫」滑桿往左拖曳以強調青色，然後再把「色調」滑桿往右拖曳以強調粉紅色。

1 點選複製出的圖層 ❶，然後再點選「濾鏡 >Camera Raw 濾鏡」命令 ❷。

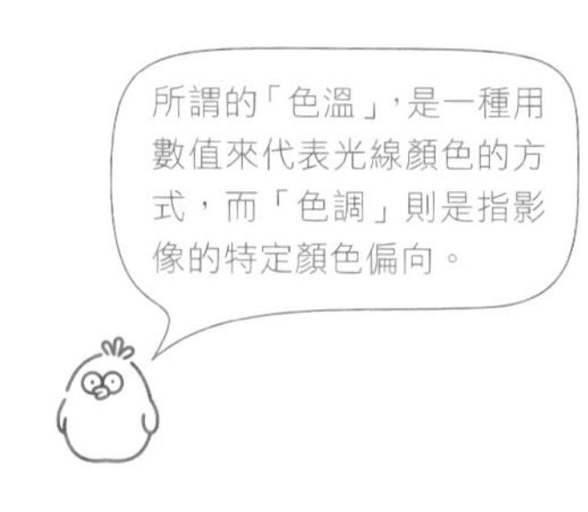

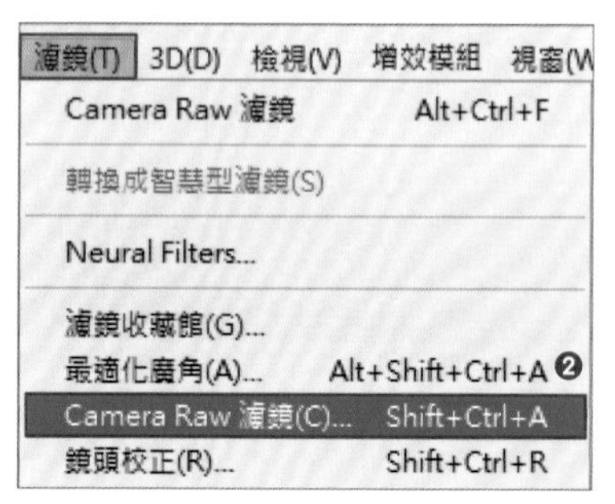

2 這時就會切換至 Camera Raw 濾鏡的編輯畫面。請點按「基本」左側的「＞」符號以展開該部分。我們要調整「色溫」與「色調」，探索可凸顯藍色及粉紅色的平衡點。本例將「色溫」設為「-50」❸，「色調」設為「+25」❹。

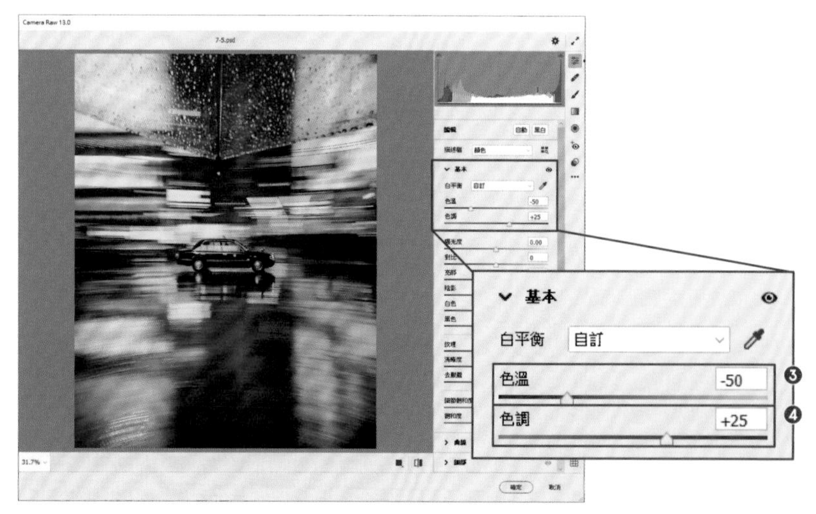

調整「色相」

接著於「色相」部分進行更詳細的顏色設定。請一邊觀察影像變化，一邊調整各個顏色以充分強調藍色與粉紅色。

觀察此影像可知，暖色系的霓虹中含有紅色與橘黃色調。我們要讓這樣的橘黃色調轉向粉紅色調。此外還要讓藍色及水綠色等青色調轉為稍微帶點綠色的色調。

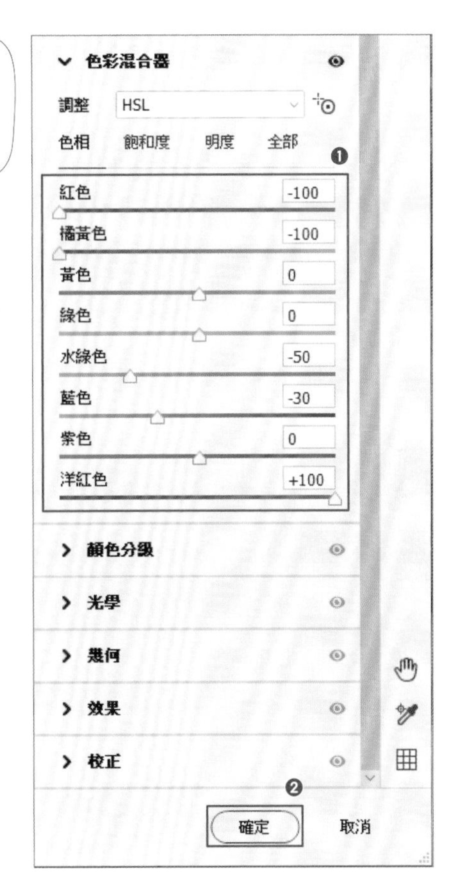

1. 點按「色彩混合器」左側的「>」符號以展開該部分。

   如右圖調整「色相」中的各個顏色 ❶。

2. 按「確定」鈕 ❷。

完成！ 成功做出了青色與粉紅色調強烈的賽博龐克風格影像。

由於有事先轉成智慧型物件，故可一再復原重做。請多方嘗試，調出你喜歡的顏色。

#HDR 色調 # 色相 / 飽和度 # 濾鏡收藏館

將照片變成動漫風格

練習檔
7-6.psd

本課程將說明如何使用「HDR 色調」功能，將照片處理成如動漫般的普普風色彩。

在這堂課裡，我們將學習把風景照編修成動漫背景畫的方法。運用「HDR 色調」功能來進行編修處理，縮減影像的明暗差距，並使整體變亮、變粗糙、變鮮豔等，重現有如數位繪圖般的動漫風格。

必備知識！

●「HDR 色調」是什麼樣的功能？

HDR 是「High Dynamic Range」（高動態範圍）的縮寫，是一種能夠呈現非常大範圍的亮度階調的影像技術。利用「HDR 色調」功能，就能做到更細緻的明暗幅度調整。

調亮陰影

首先以「HDR 色調」調整功能縮減影像的明暗差距後，將整體調亮，並進一步將飽和度也提高，讓色彩更鮮豔。

1 開啟練習檔「7-6.psd」❶。

攝影：Jet Daisuke（Twitter/Instagram：jetdaisuke）

2 點選「影像 > 調整 >HDR 色調」命令❷。

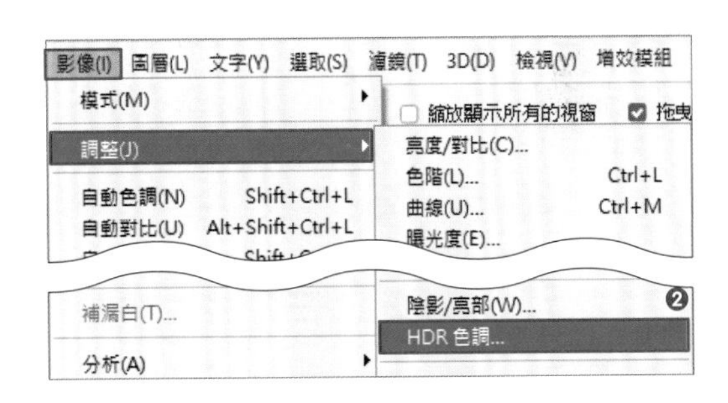

3 一邊觀察影像變化，一邊於「HDR 色調」對話視窗中調整數值。本例設定的數值如下。

Gamma：0.7 ❸
曝光度：1.00 ❹
細部：-10 ❺
飽和度：+30% ❻

這些設定稍微調高 Gamma 與曝光度，並柔化了細節部分。此外還提升了飽和度，讓色彩更鮮豔。設定好後，就按「確定」鈕❼。

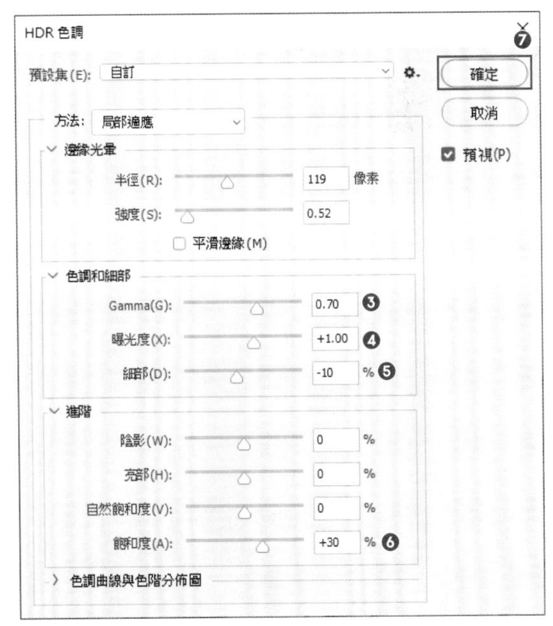

重點提示

Gamma、曝光度、細部分別是指什麼？

Gamma ····一種以數值來表示明暗差距的方式，提高此數值，明暗差距就會變小。
曝光度······代表拍攝時的光線量。提高此數值，光線量增加，影像就變亮。
細部 ········代表影像的細緻程度。降低此數值，影像就會變柔和。

④ 影像變得鮮豔而明亮。

變更特定色相

接著使用「色相 / 飽和度」調整圖層，針對特定顏色的色相進行調整。
本例要讓青色調偏向黃色，創造出超現實的鮮麗天空。

① 建立「色相 / 飽和度」調整圖層 ❶。

建立調整圖層 ➡ 第 164 頁

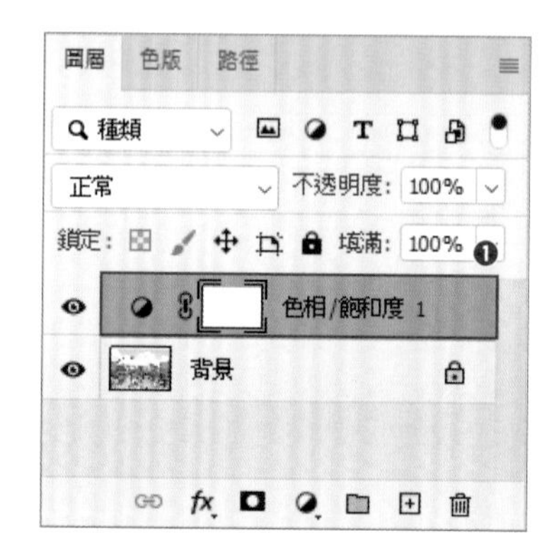

② 在「色相 / 飽和度」的「內容」面板選取「青色」❷。

然後一邊觀察影像變化，一邊調整色相與飽和度。

本例將色相設為「-10」，飽和度設為「+30」❸。

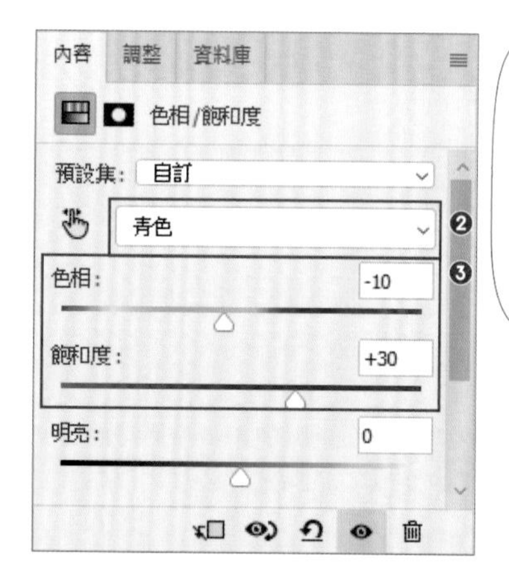

你可指定色系來進行色相與飽和度的調整。本例是指定要調整青色系，然後將色相從青色調成偏黃綠，並增強飽和度。

完成！ 做出了如動漫般的普普風色彩。

進階知識！

● 把照片做成手繪風格

利用「濾鏡收藏館」功能，就能更輕鬆地享受各式各樣的編修處理。在此讓我們使用其中的「塗抹繪畫」效果，做出如畫筆繪製般的影像風格。

1 複製「背景」圖層 ❶。

2 點選「濾鏡 > 濾鏡收藏館」命令 ❷。

3 點選「藝術風」分類中的「塗抹繪畫」❸。

4 請一邊查看左側的預覽影像一邊調整設定，本例設定的數值如下 ❹。

筆刷大小：15
銳利度：6
筆刷類型：廣域銳利化

5 按「確定」鈕 ❺。

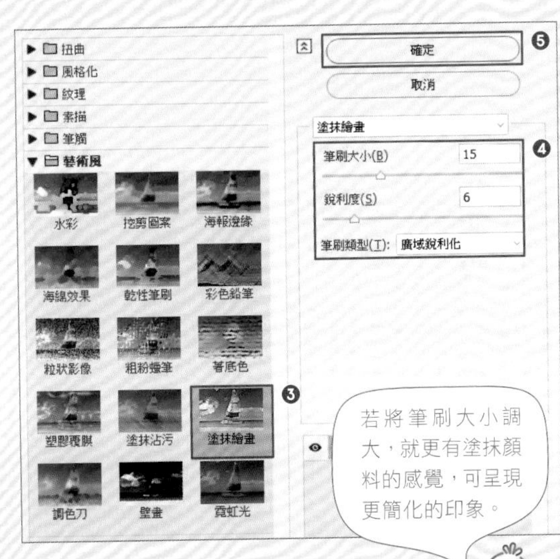

若將筆刷大小調大，就更有塗抹顏料的感覺，可呈現更簡化的印象。

這樣就做出了如畫筆描繪般的繪畫感。

CHAPTER 7 LESSON 7

匯入筆刷 # 顏色查詢

用筆刷描繪螢火蟲

練習檔
7-7.psd

本課程將介紹如何運用筆刷來仿造難以拍攝的螢火蟲。

在這堂課裡，我們要匯入事先準備好的筆刷，然後繪製螢火蟲發出的光。先用「顏色查詢」功能把白天拍攝的照片處理成夜間的色調。待色彩處理完成後，再用匯入的筆刷來繪製代表螢火蟲的光點。而繪製時的關鍵在於，要分別運用不同的筆刷製造出空間深度。

把白天處理成夜晚

首先使用「顏色查詢」調整圖層，把在白天拍攝的照片處理成夜間影像。而這個「顏色查詢」屬於色彩校正功能之一，含有各式各樣的色彩校正預設集，只要點按指定就能輕鬆改變照片給人的印象。

① 開啟練習檔「7-7.psd」。

攝影：kix.（Twitter：@KIX_dayinmylife）
模特兒：Semi（Twitter/Instagram：@meenmeen_0）

② 建立「顏色查詢」調整圖層 ❶。

建立調整圖層 ➡ 第 56 頁

③ 在「顏色查詢」的「內容」面板中，點開「3D LUT 檔案」的 ⌄ 選單 ❷，選擇「NightFromDay.CUBE」❸。這時影像就會立刻轉為夜間色調 ❹。

④ 在此希望影像稍微亮一點，故於「圖層」面板將此調整圖層的「填滿」設為「70%」❺。

重點提示

「填滿」與「不透明度」的差異

「圖層」面板中有「填滿」與「不透明度」兩個調整項目，兩者都可用來調整圖層的不透明程度，而差異在於其不透明程度的設定是否會影響圖層樣式效果。若是想調整包含圖層樣式在內的不透明程度，那就要調整「不透明度」項目。

匯入螢火蟲筆刷

本課程也提供事先準備好的筆刷做為練習檔，以供繪製螢火蟲。現在就讓我們先匯入該筆刷。

① 選取「工具列」的「筆刷工具」❶。

② 點按選項列上的 ⌄ 鈕 ❷，叫出筆刷的設定面板。

③ 點按該面板右上角的齒輪圖示 ❸，選擇「匯入筆刷」❹。

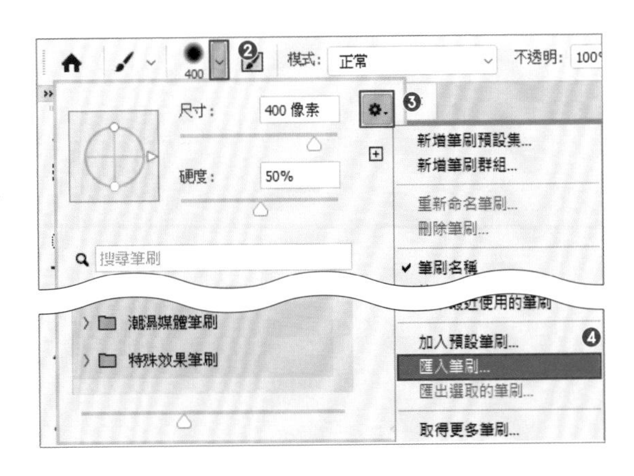

④ 選取「7-7」資料夾中的「hotaru_brush_SenatsuGraphics.abr」檔 ❺，然後按「載入」鈕 ❻。

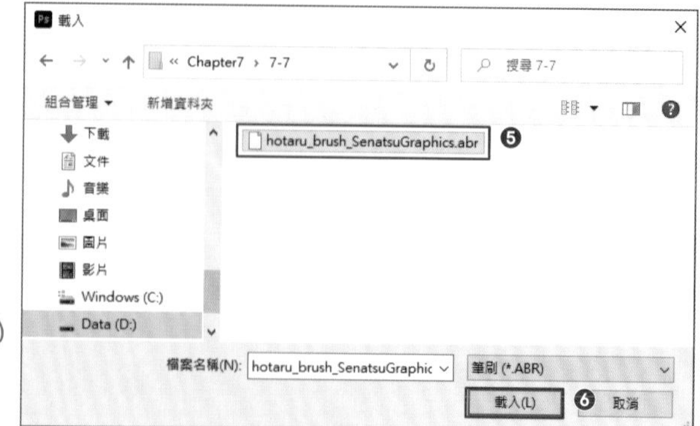

設定圖層與筆刷

接著要建立繪製螢火蟲用的新圖層。由於要分別繪製看起來在遠處的螢火蟲光點與看起來在近處的螢火蟲光點，故新增 2 個圖層，並將前景色設為螢火蟲的光點顏色。

① 新增 2 個圖層，並分別更改圖層名稱 ❶。本例將繪製遠處螢火蟲光點的圖層命名為「遠景」，將繪製近處螢火蟲光點的圖層命名為「近景」。

② 點按「前景色」色塊 ❷以開啟「檢色器（前景色）」對話視窗 ❸。在此設定「f1f404」的顏色做為螢火蟲光點的顏色 ❹，然後按「確定」鈕 ❺。

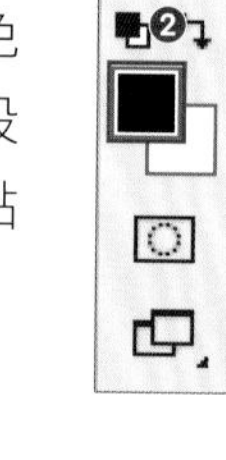

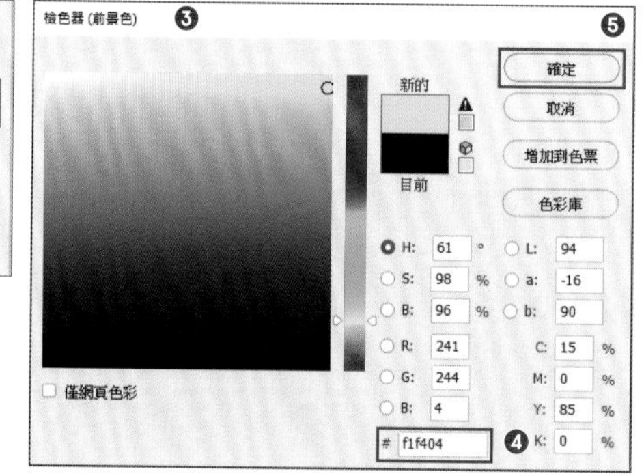

繪製螢火蟲的光點

首先繪製看起來在遠處的螢火蟲光點。本例所用的筆刷只要點按一次，就會繪製出分佈範圍很大的許多光點。請在想配置螢火蟲光點的地方點按。

① 點選「遠景」圖層 ❶。

② 點按選項列上的 ⌄ 鈕 ❷，叫出筆刷的設定面板。展開「hotaru_brush_SenatsuGraphics」資料夾 ❸，選擇其中的「hotaru_back」❹。

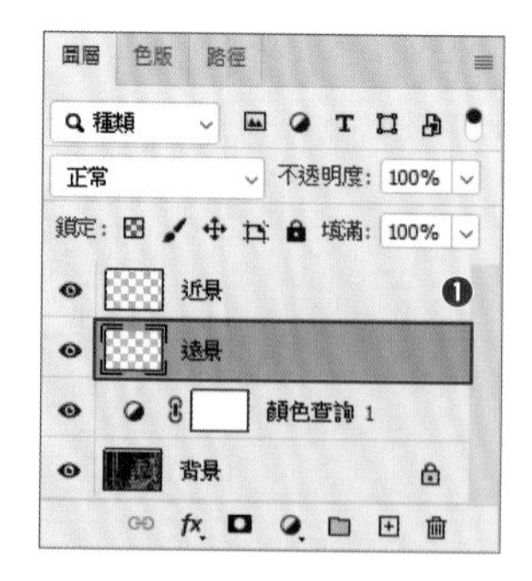

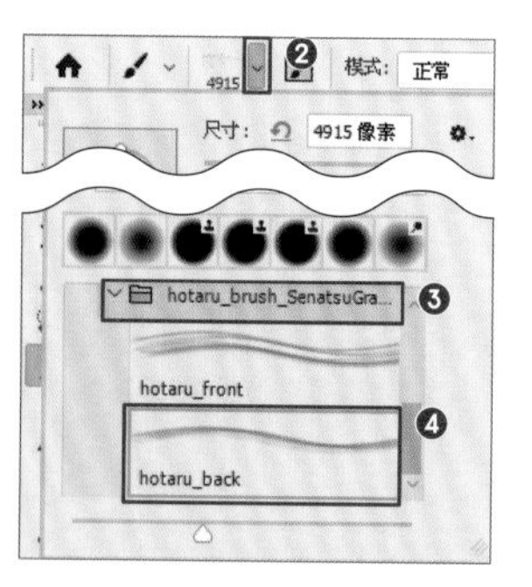

③ 將滑鼠指標移到影像上時，就會看到以白色顯示的筆刷模樣。決定好要繪製的位置後，在該處點按一下 ❺。

④ 畫出螢火蟲的光點了。

即將完成！

⑤ 接下來再繪製近處的螢火蟲光點。

點選「近景」圖層 ❻，並將筆刷改選為「hotaru_front」❼。

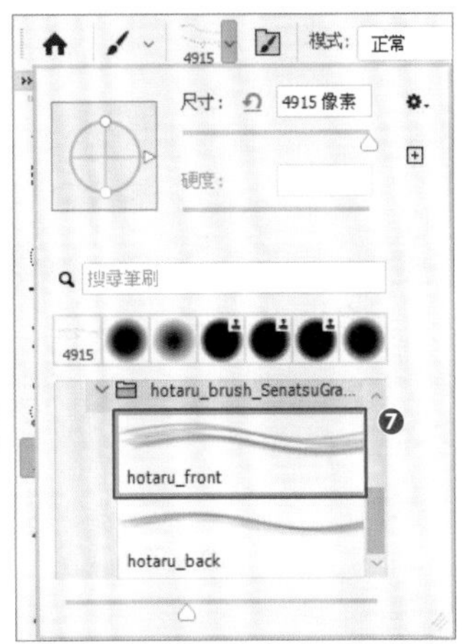

這是繪製近處的螢火蟲光點的筆刷，故比起「hotaru_back」筆刷，光點的顆粒較大。

完成！ 同步驟 ③，於想繪製處點按，繪製出近景部分的螢火蟲光點後，即大功告成。

進階知識！

● 增加光暈好讓影像更華麗吸睛

瞭解基本的繪製方式後，就可試著進一步添加光暈。雙按繪製了光點之圖層的名稱右側 ❶，叫出「圖層樣式」對話視窗。勾選「外光暈」，並如下圖設定。這樣就能做出一個個光點幽幽地發散出朦朧光芒的效果。

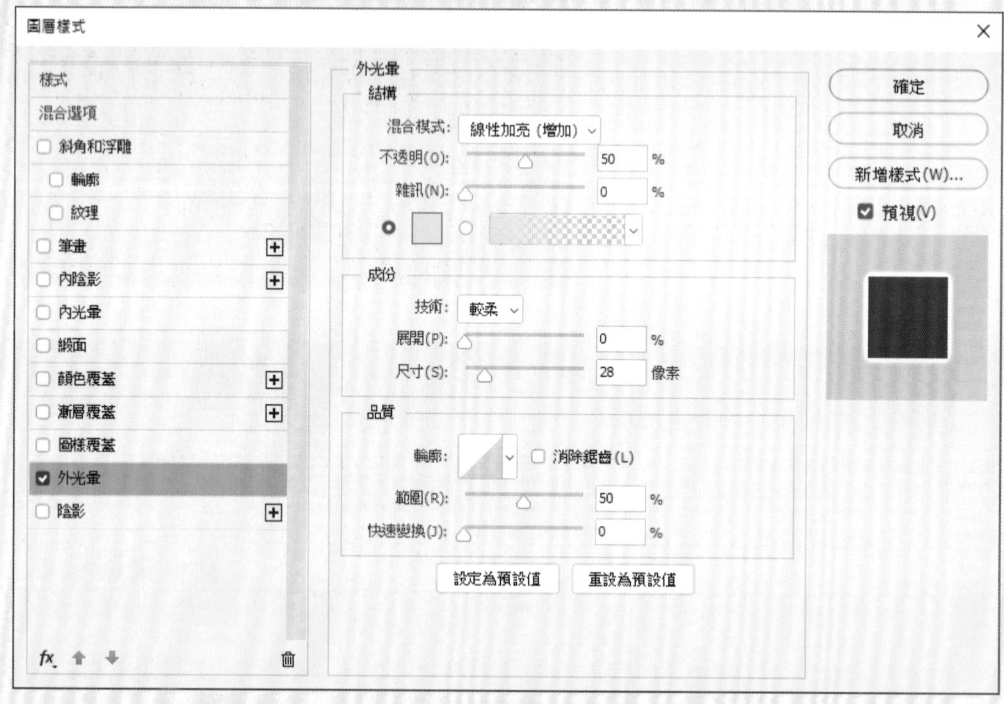

一個個的光點閃耀著光彩，顯得更華麗吸睛

#Camera Raw # 紅外線攝影 # 色版混合器 # 色階

將紅外線攝影變成夢幻寫真

練習檔
7-8.psd

本課程將介紹如何使用 Photoshop 替紅外線攝影進行顯影處理。讓我們充分發揮紅外線攝影特有的夢幻氛圍。

Before

After

攝影：yuuui（Twitter：@uyjpn）
拍攝地：杉本寺

這堂課要利用紅外線攝影的 Raw 檔，創作出夢幻風格的優美風景寫真。做為本例來源檔的 Raw 檔，是用紅外線拍攝綠意盎然的樹木及樹籬而成的美麗風景照。在整體以紅色調為主的影像中，可明顯看出原本為綠色的樹木與矮樹叢等呈現為泛白狀態。在此要運用「Camera Raw 濾鏡」及「色版混合器」、「色階」等功能，創造出美麗的櫻花樹排列於藍天背景前的夢幻景色。

必備知識！

● 什麼是紅外線攝影？

所謂的紅外線攝影，是一種利用不可見光（人眼無法看見的波長的光線）來拍攝照片的技術。可藉由於數位相機上加裝紅外線濾鏡，或使用特殊相機來拍攝。在以紅外線攝影拍成的照片中，容易反射紅外線的植物等物體會呈現泛白狀態。這被稱做「雪景效果」，常用於將廣大的綠色原野呈現為白雪覆蓋般的草原。

開啟 Raw 檔並調整「色溫」與「色調」

用 Photoshop 開啟 Raw 檔，便會啟動 Lesson5 學過的「Camera Raw 濾鏡」。我們要先設定「色溫」與「色調」值，以便替稍後的換色（替換影像中的顏色）作業做好準備。

1 開啟練習檔「7-8.ARW」。

② 這時便會啟動 Camera Raw 濾鏡的視窗。

③ 在此要將天空的顏色調成橘色，將樹葉的顏色調成泛白的粉紅色。把「色溫」滑桿往左拖曳到底，設為「2000」❶。

「色調」的值設為「-70」❷。

基本
白平衡 自訂
色溫 2000 ❶
色調 -70 ❷

為了稍後能分別替天空和樹葉上色，即使照片整體都呈現紅色調，仍須替樹葉和天空的顏色製造出些許色相差距。

調整亮度及飽和度

我們要降低「亮部」的值，使整體稍微變暗。再配合變暗的程度，用「曝光度」調整光線量。接著增加「清晰度」與「飽和度」，使影像雖偏暗但仍明確清晰。

① 做如下的設定。

曝光度：+0.45 ❶
亮部：-100 ❷
清晰度：+15 ❸
細節飽和度：+30 ❹
飽和度：+30 ❺

降低「亮部」值可避免影像出現亮爆部分，能呈現更多細節。

重點提示

「飽和度」和「細節飽和度」有何不同？

「飽和度」是均等地調整影像整體的飽和度。相對於此，「細節飽和度」則是針對飽和度不足之處做重點式的調整，以平衡整體的飽和度。

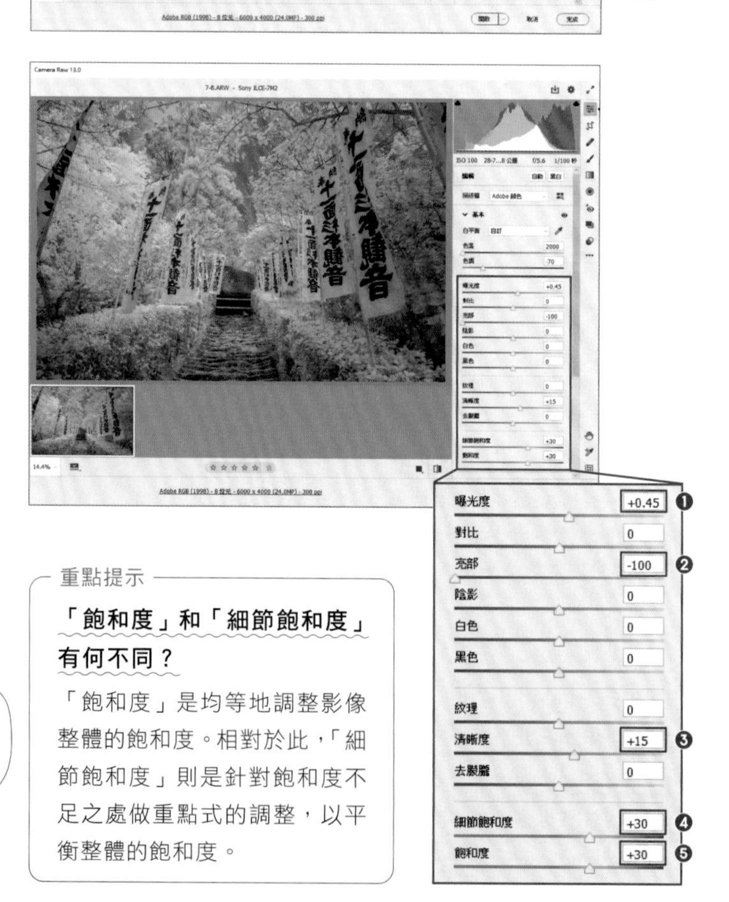

② 按下「開啟」鈕 ❻。如此便會開啟並顯示出反映了調整內容的影像。

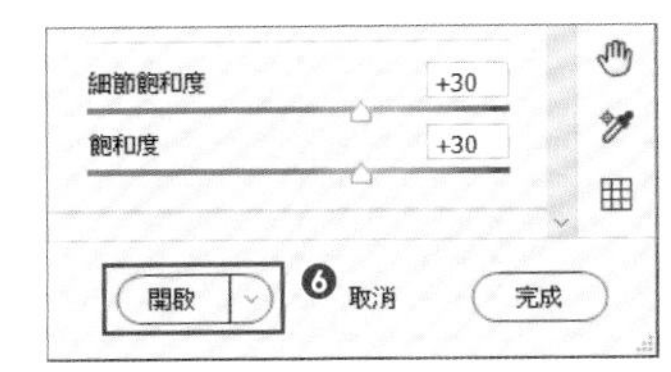

替換顏色

現在要把天空變成藍色，並把樹葉的顏色變成偏藍的粉紅色。本例使用可分別針對 RGB 各個色版來調整影像顏色的「色版混合器」，來將紅色替換為藍色，將藍色替換為紅色，亦即進行所謂的換色（替換顏色）處理。

① 新增「色版混合器」調整圖層 ❶。

建立調整圖層 ➡ 第 56 頁

② 於「內容」面板確認「輸出色版」為「紅」❷，然後將「紅色」的值設為「0」% ❸，將「藍色」的值設為「+100」% ❹。接著把「輸出色版」改為「藍」❺，再將「紅色」的值設為「+100」% ❻，將「藍色」的值設為「0」% ❼。

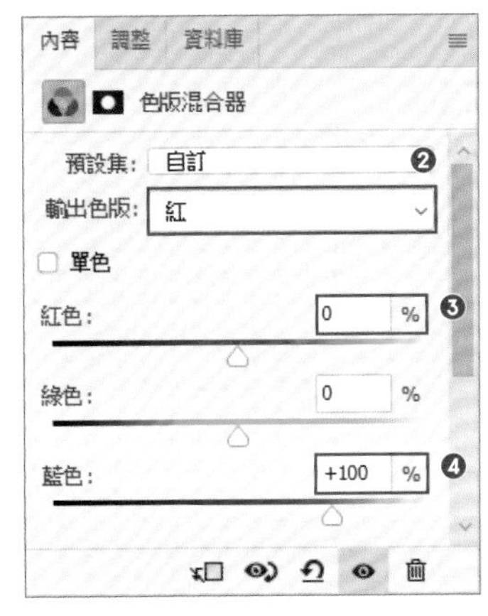

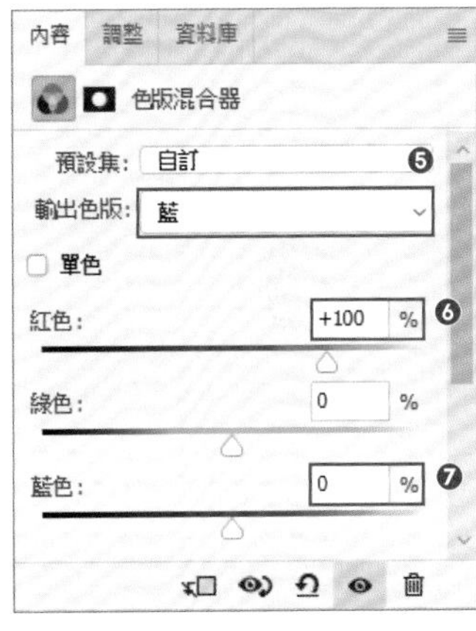

重點提示

瞭解色版混合器

所謂的色版混合器，是一種能夠分別指定構成影像之 RGB 或 CMYK 的各個色版，以調整其顏色成分的功能。預設以「輸出色版」所指定的色版為 100%，其他色版為 0%。而用下方的滑桿調整其顏色成分，就能將「輸出色版」的顏色替換成該設定值的顏色。

③ 這樣就完成了色相的替換。本例是將天空的橘色換成青色（藍色），將陰影的紫色換成粉紅色。

調整亮度

繼續要調整「色階」，好為照片增添對比。

1. 建立「色階」調整圖層 ❶。

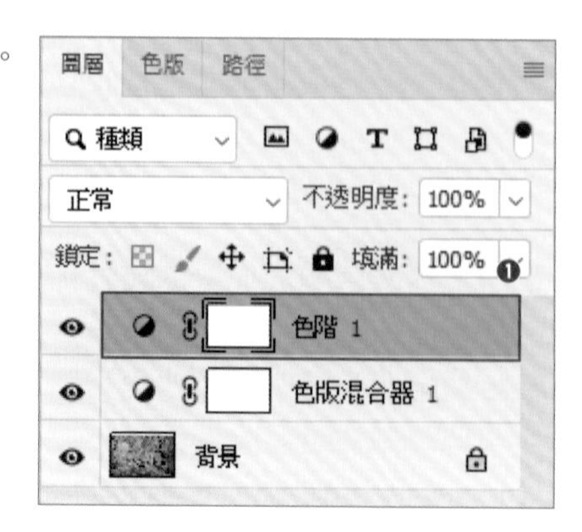

2. 把亮部調亮，陰影部分調暗，以增添對比。中間調也稍微調亮，製造出柔和氣氛。本例將亮部、中間調、陰影分別設為「20」、「1.45」、「190」❷。

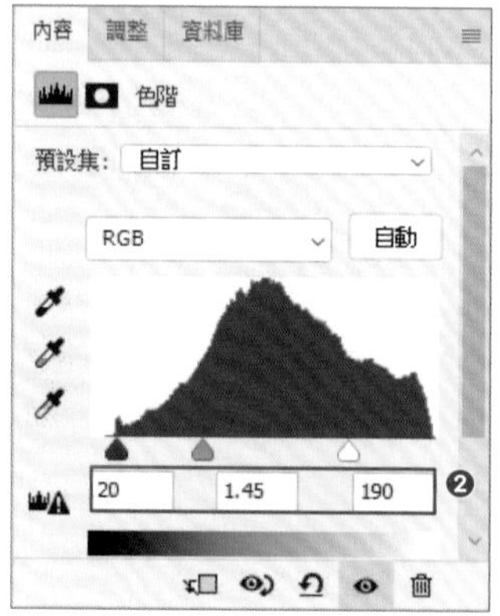

變成具強弱對比的影像了

調整紅色與藍色

「色階」功能不僅能調整亮度，也能分別調整各個色版的顏色量。在此讓我們為影像增加紅色，減少藍色。

增加亮部（樹葉）的紅色使之更偏粉紅，然後減少中間調（樹葉陰影）的紅色，讓陰影更偏藍色。

1. 由於要調整影像中的紅色，故將調整的對象改為「紅」❶。我們要增強亮部的紅色，並稍微減弱中間調的紅色。在此將亮部、中間調、陰影分別設為「0」、「0.8」、「200」❷。

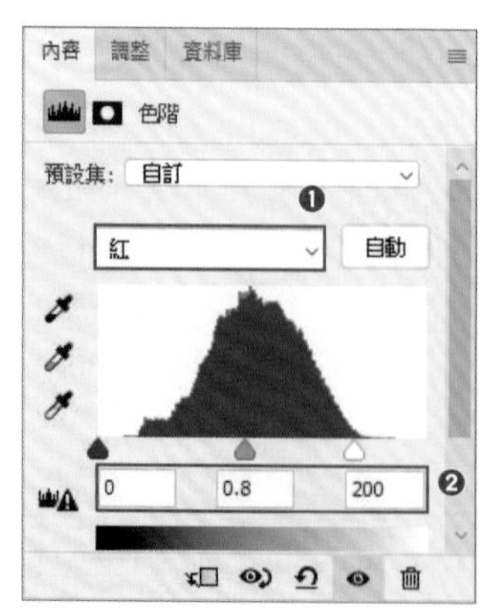

即將完成！

② 接下來把調整的對象改為「藍」❸。將陰影設為「10」❹，以減少陰影部分的藍色。再把「輸出色階」設為「195」❺，以亮部為中心減少藍色調，讓整體色調偏暖。

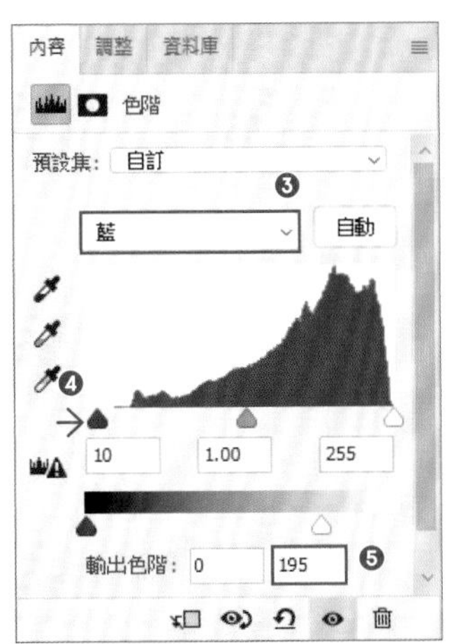

提升飽和度

最後再提高整體的飽和度，創造更鮮明華麗的印象。

① 建立「色相／飽和度」調整圖層 ❶。

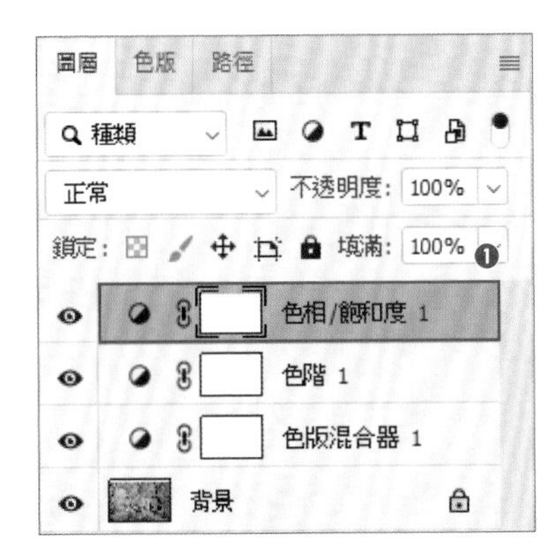

② 在「色相／飽和度」的「內容」面板中，將「飽和度」調高。本例設為「+20」❷。

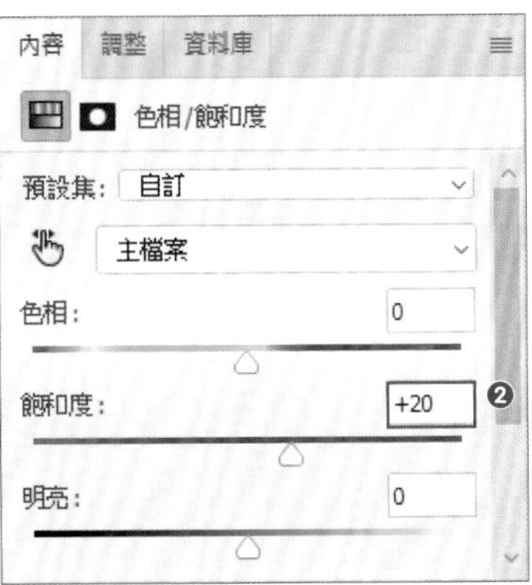

＼完成！／ 成功將紅外線照片顯影成了如夢似幻的寫真影像。

COLUMN

攝影與編修之間的良好平衡

近來常見到「零修圖」、「相機直出」之類的詞彙，這些都是用來形容拍攝後不經編修處理的照片。除了成為主題標籤（# 標籤）的關鍵字外，這在社群網路上也經常成為爭論的話題。在此就讓我們來談一談攝影與編修的關係。

我個人認為，這不是有編修比較好還是沒有編修比較好的問題，重點是要能夠依據目的來分別運用。

因為天氣不佳烏雲密佈，或是因為觀光客太多等理由而無法如願拍出想要的照片是很常見的現象。這種時候，能夠多拯救一張照片免於廢棄的命運未嘗不是件好事。而相反地，若是所有條件都完美到位，完全不需要進一步編修，那也是很棒的事情。

能在有限的時機及條件下拍出預期的影像，可說是格外令人感動。但我們並不總是能夠遇到那樣的時刻。即使沒能在最完美的時機拍攝，透過編修就有機會讓照片起死回生。有更多的選擇這點，不論對自己還是對可能欣賞到影像的人來說，肯定都是好事。

「修圖」與「零修圖」兩者都能夠感動人心。若是能感受到影像在構圖與色彩等創作方面的吸引力，就會覺得修圖等編修技術也是其魅力的一部分。而若是希望親眼見到照片中的景緻，或是想藉由照片來判斷自己是否會想去現場一探究竟的話，大概就會覺得零修圖的影像比較有魅力。

重點不在於要修圖還是不修圖，依據影像的用途或目標來做決定的態度才是關鍵。然後還要學習能配合使用目的的編修技巧，以擴大創作的廣度。誠心希望各位能找到適合自己的「攝影與編修之間的良好平衡」。

提升人像魅力的技巧

本章將介紹人物照的編修技巧，
包括黑白照及電影風格等色調的編修方法，
以及透過更多處理使人物各好看的各式技巧。

色相／飽和度 # 黑白 # 色階

製作黑白照片

練習檔
8-1.psd

本課程將說明如何運用調整圖層，把彩色照片處理成黑白照片。

在這堂課裡，我們要使用「黑白」調整圖層來把彩色照片變成黑白照。而且為了讓照片中的白色與黑色部分更突出，使照片具強弱變化，還要以「色階」功能調整對比。

不是去除色彩資訊就行了，還要調整對比，才能做出有魅力的影像。

用調整圖層把彩色照片變黑白

首先建立「黑白」調整圖層，讓照片從彩色變黑白。

① 開啟練習檔「8-1.psd」❶。

❶

攝影：Kou Kato（Twitter/Instagram：@ko_ref）
模特兒：Mi（Twitter/Instagram：@she_is_423）

2 點按「圖層」面板下方的「建立新填色或調整圖層」鈕❷，選擇「黑白」❸。

3 這樣就會建立出名為「黑白 1」的調整圖層❹，照片就變成了黑白影像。

提高對比

接著要用「色階」功能增強對比。由於我們想做出明暗區別明顯的影像，故要讓亮處更亮，讓暗處更暗。

1 參考「黑白」調整圖層的建立步驟，建立一個「色階」調整圖層❶。

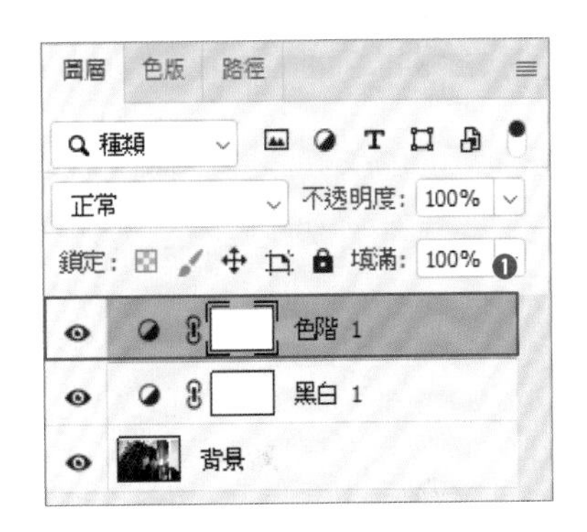

2 拖曳色階分佈圖下方的滑桿，讓亮處（亮部）更亮❷，暗處（陰影）更暗❸。一邊觀察整體平衡，一邊把中間調稍稍調亮❹。

本例設定的數值如下。

亮部：200
陰影：20
中間調：1.40

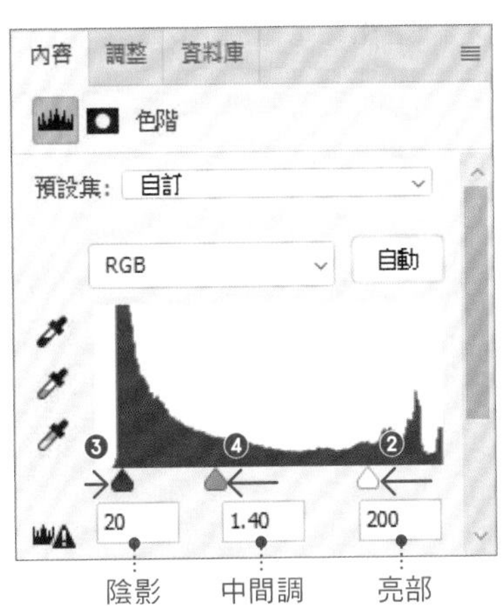

完成！ 做出具強弱對比的黑白照片了！

點選「影像 > 模式 > 灰階」命令也可將照片轉成黑白，但這種做法會將色彩資訊徹底丟棄，故一般建議使用調整圖層，以便在保留原始彩色影像的同時製作黑白影像。

相片濾鏡 # 圖層樣式 # 混合範圍

製作如電影般的色調

練習檔
8-2.psd

本課程將利用「相片濾鏡」來改變照片的色調。在此要說明如何做出如電影般的色調。

Before

After

要做出如電影中令人印象深刻的畫面，有一種常見的手法，就是利用為互補色的青色與橘色來調整色彩。在這堂課裡，我們將運用「相片濾鏡」功能為整體加上青色色調，藉此強調與皮膚及花朵等橘色調的互補色對比，嘗試創造如電影場景般的色調風格。

必備知識！

● 「相片濾鏡」是什麼樣的功能？

拍照時在相機鏡頭上蓋一層彩色玻璃紙，便能藉由改變整體色調或是只讓特定光線通過的方式，創造出特殊的視覺效果。市面上有各式各樣用於相機鏡頭的所謂「濾鏡」，就是將這樣類似玻璃紙的東西，做成可裝配於鏡頭上的產品。而 Photoshop 的「相片濾鏡」也能夠模擬各種濾鏡所拍攝出的效果。

套用「相片濾鏡」

套用青色濾鏡，讓影像的整體色調偏向青色。

1. 開啟練習檔「8-2.psd」。
建立「相片濾鏡」調整圖層 ❶。

建立調整圖層 ➡ 第 56 頁

② 在「內容」面板把「濾鏡」選為「Cyan」❷。本例將「密度」設為「60」%❸。

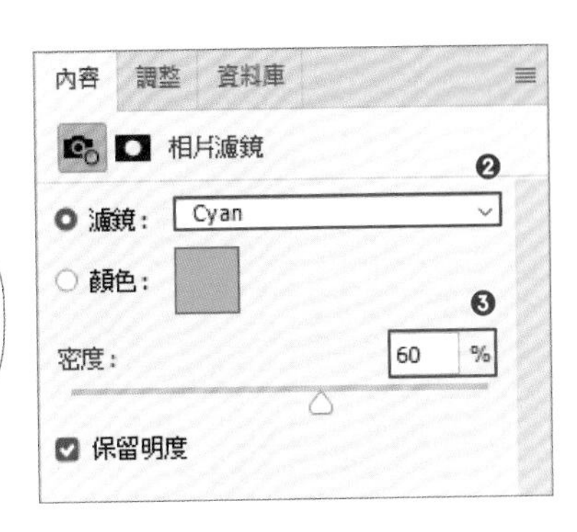

在此將「密度」(套用的強度)控制在 60%，以免青色色調過強而導致手部及花朵顯得不自然。

③ 整體影像變成了青色調。

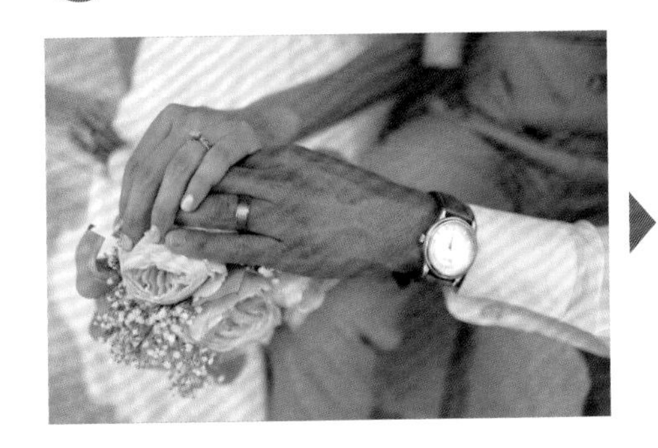

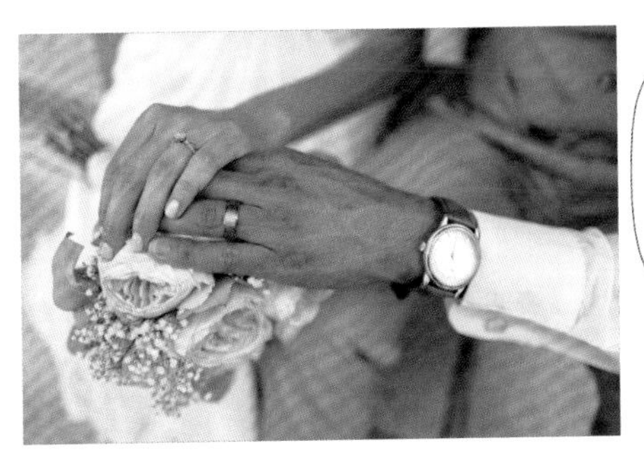

接著我們要再多費一番功夫，僅針對皮膚部分減緩青色調，以充分展現橘色調。

調整青色（Cyan）濾鏡的套用範圍

我們要使用「圖層樣式」中的「混合範圍」來設定濾鏡的套用範圍。「混合範圍」可從亮度或 RGB 值來設定圖層的混合（合成）條件。在此讓我們降低套用於皮膚及手錶等陰暗部分的青色調強度，讓原本的橘色調呈現出來。

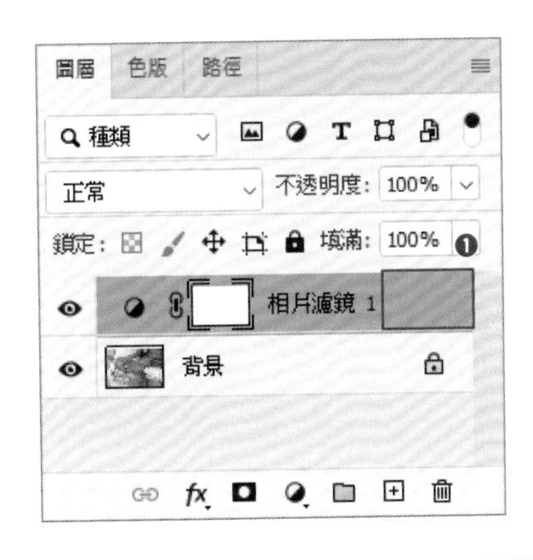

① 雙按調整圖層的圖層名稱右側的空白處❶。

② 右端ま在「圖層樣式」對話視窗中，調整「混合範圍」下方的滑桿。

按住 Alt（option）鍵不放將黑色滑桿 往右拖曳❷，使滑桿一分為二。然後再將分離的右半邊滑桿一路往右拉到底❸。

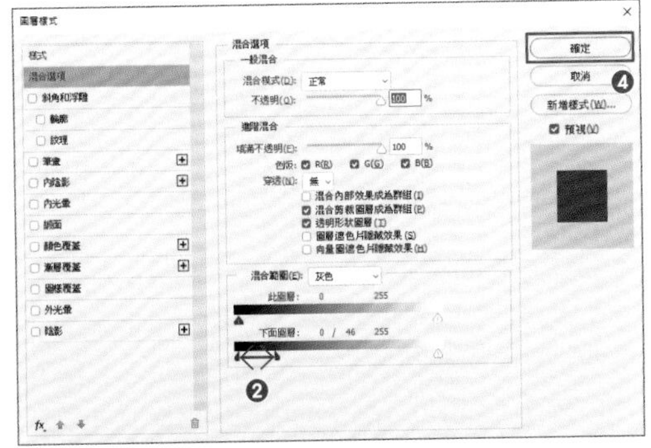

③ 按「確定」鈕❹。

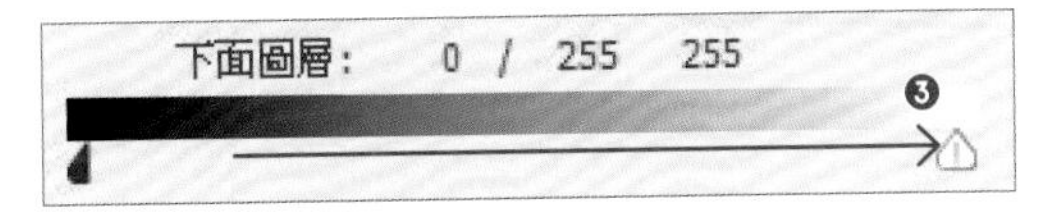

將黑色滑桿的右半部一路往右拉到底，就會被右邊的白色滑桿遮住。

\ 完成！/ 套用在皮膚部分的青色調減弱，橘色與青色的對比形成了如電影般的美麗影像。

重點提示

學會「混合範圍」的操作方法

當「混合範圍」為「灰色」時 ❶，其滑桿是以「0 ～ 255」表示亮度階段。

只有滑桿包住的範圍會套用「相片濾鏡」效果。以下面的圖層為基準，假設將黑色滑桿 拖曳至「130」的位置 ❷，那麼「0 ～ 129」的陰暗部分都會被排除在外，只有「130 ～ 255」的明亮部分會成為混合（合成）範圍。

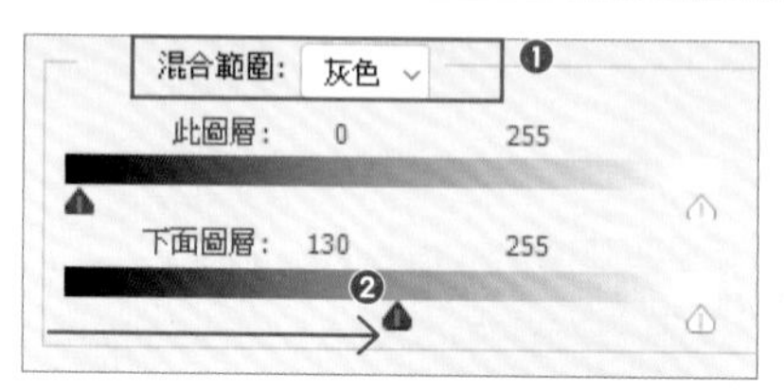

※ 為了方便理解，在此以套用「Red」濾鏡並設定「密度：100%」為例來解說。

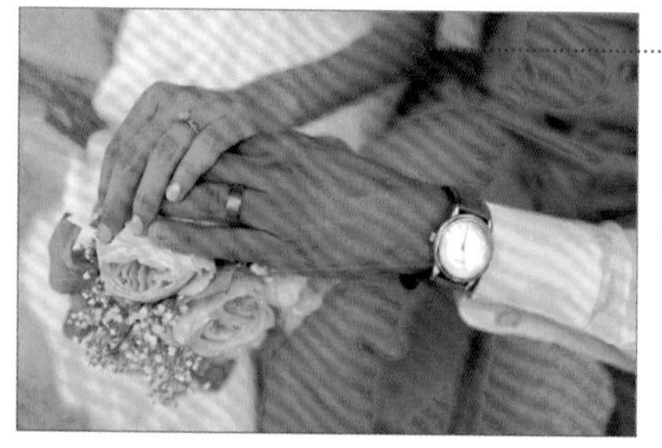

紅色沒有混合（合成）至陰暗部分

若是將白色滑桿 往左拖曳到「140」的位置 ❸，則「141 ～ 255」的明亮部分就不會被混合。

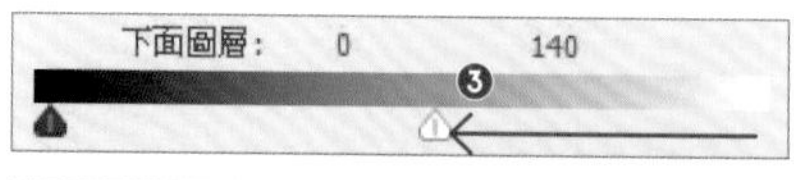

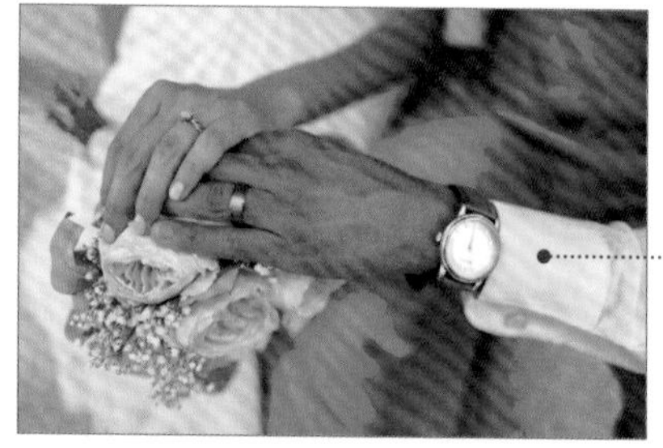

紅色沒有混合（合成）至明亮部分

如果將滑桿一分為二 ❹，亮度範圍在左右兩半滑桿之間的部分會漸漸變透明。舉例來說，若是把白色滑桿分成兩半，然後拖曳左右兩半以包住「140 ～ 160」的範圍，那麼只有該範圍會逐漸混合，呈現如漸層般的柔和效果。

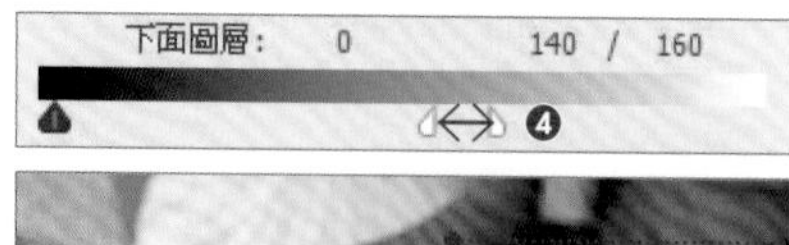

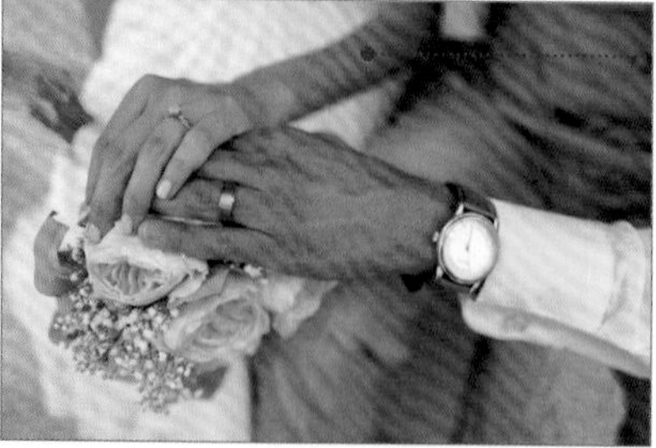

分割滑桿，就能如漸層般柔順地混合

在這堂課裡，我們是以 0 ～ 255 的所有亮度範圍為基準進行混合，不過藉由將滑桿一分為二，便能進一步讓青色更柔和地混入整體影像中。

CHAPTER 8 LESSON 3

覆蓋 # 加亮工具

讓眼睛更明亮動人

練習檔
8-3.psd

本課程將挑戰眼睛的編修處理，這可是讓人像更具魅力的重要手法之一呢。針對眼睛的編修技巧有很多，這裡要介紹的是強化聚集於眼部之光線的做法。

Before

After

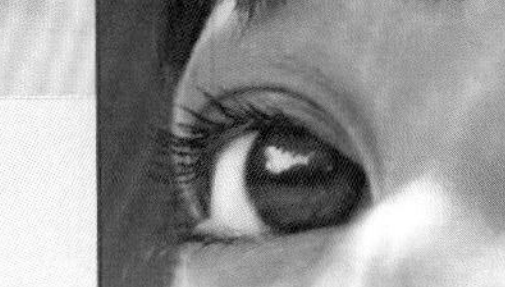

攝影：澀谷美鈴（Instagram：@sby_msz）
模特兒：senatsu（Instagram：@senatsu_photo）

在這堂課裡，我們將解說如何使用混合模式中的「覆蓋」與「加亮工具」，來為眼睛增添明亮的光輝。就像戴上了能讓深色部分光彩更顯明亮的有色隱形眼鏡，整個人的氛圍就會變得大不相同般，只要學會這些功能的用法，便能夠依據想要呈現的氛圍來進行編修處理。在此我們要先把眼白調整得更明亮，然後再為黑眼珠（虹膜）增添光輝。

必備知識！

●「加亮」工具的「加亮」是什麼樣的功能？

「加亮」工具的「加亮」，是想讓照片中的部分範圍變亮時會運用的一種技巧。在過去用底片拍照的時代，讓底片顯影時進行的是所謂的沖印作業，亦即用光線照射底片，使之成像於感光相紙上。而在此作業過程中，用黑紙等蓋在特定部分以減少其光照量，藉此讓該部分的顏色較淺的技巧，就是這裡所謂的「加亮」。反之，希望讓顏色比較深時，則進行長時間照射光線的所謂「加深」作業。

Photoshop 中的「加亮工具」和「加深工具」，就是以數位方式重現這些技巧的功能。

把眼白調亮

首先要讓人物的眼白更白、更明顯。要讓它更白，就用「加亮工具」讓色彩變淺。

① 開啟練習檔「8-3.psd」後，建立新圖層並命名為「眼白」❶。

建立新圖層 ➡ 第 30 頁

② 點選「編輯 > 填滿」命令❷。

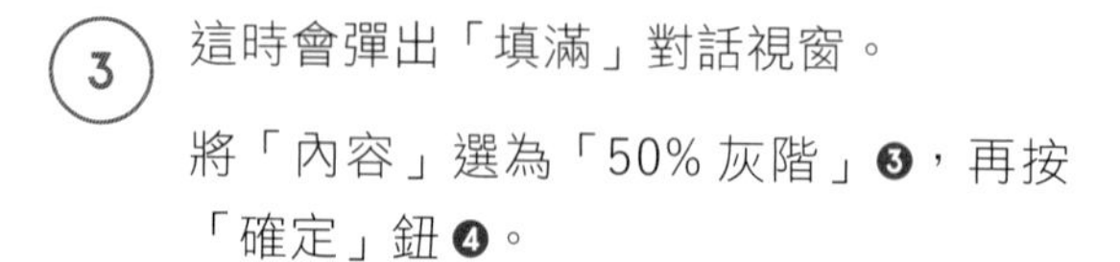

③ 這時會彈出「填滿」對話視窗。

將「內容」選為「50% 灰階」❸，再按「確定」鈕❹。

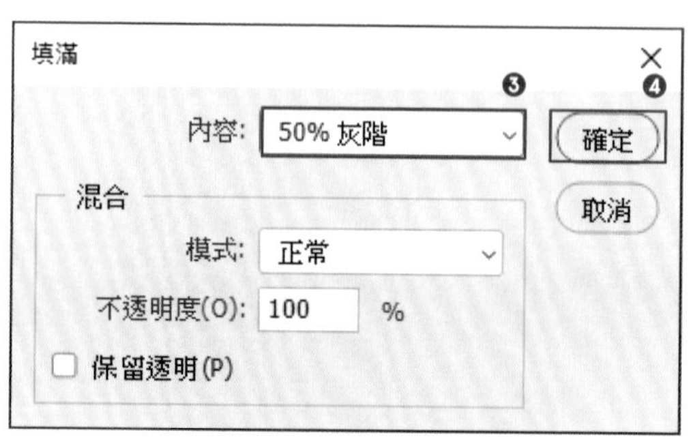

50% 灰階是所謂的「中性色」，是以混合模式合成時不會造成影響的顏色。例如若填滿白色或黑色後，將混合模式選為「覆蓋」，整體就會變得過亮或過暗，但若是填滿 50% 的灰階，則能於維持原本色彩的狀態下合成。

④ 在「圖層」面板將混合模式選為「覆蓋」❺。

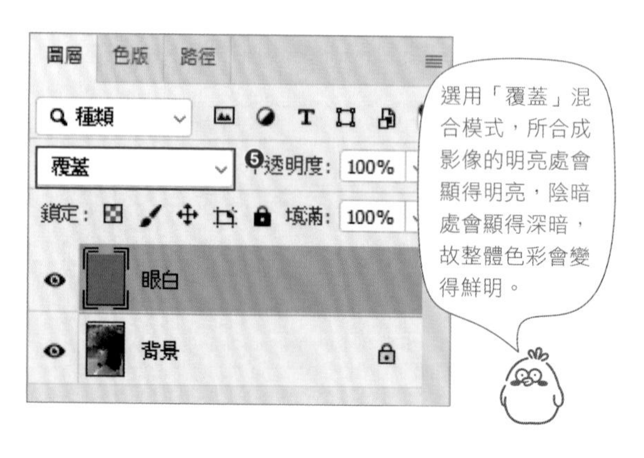

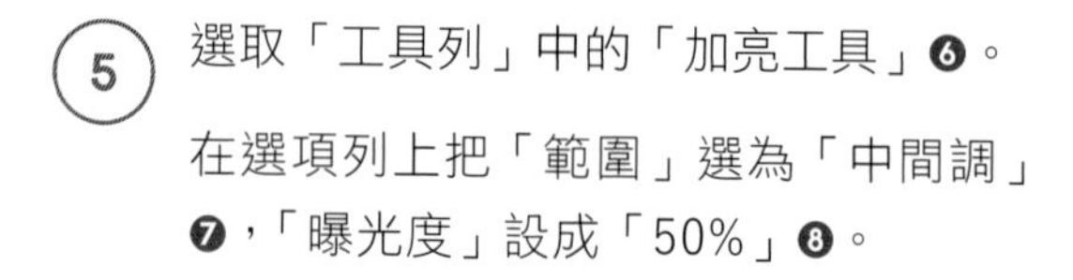

⑤ 選取「工具列」中的「加亮工具」❻。

在選項列上把「範圍」選為「中間調」❼，「曝光度」設成「50%」❽。

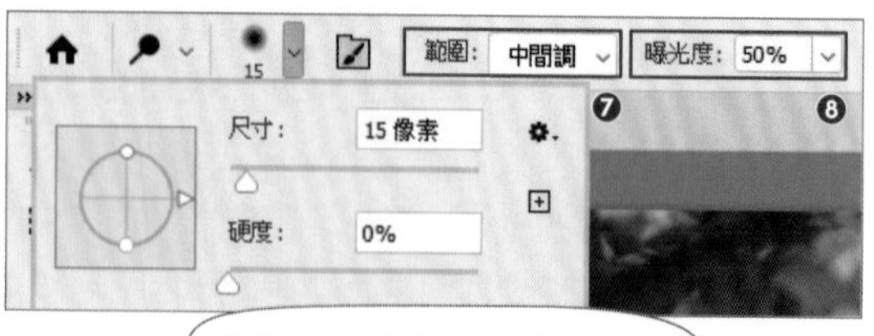

設定了能在「眼白」圖層的 50% 灰階上呈現出柔和質感的「中間調」。而「曝光度」代表明亮的程度。

「尺寸」要設得小一點，要小到也能塗得到眼白狹窄處的程度。

⑥ 拖曳塗抹眼白部分。

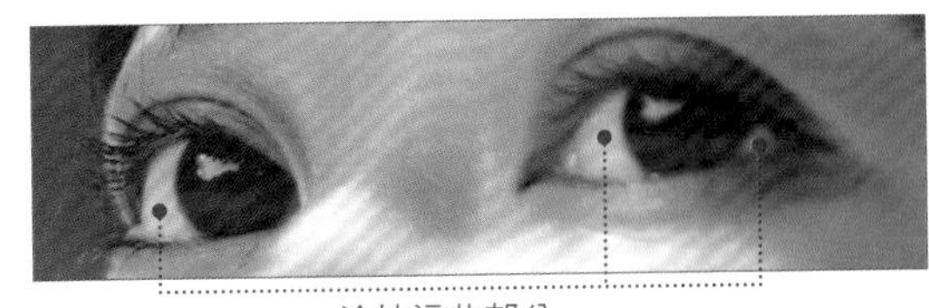

塗抹這些部分

⑦ 兩隻眼睛的眼白部分都被加亮，變得更明亮了。

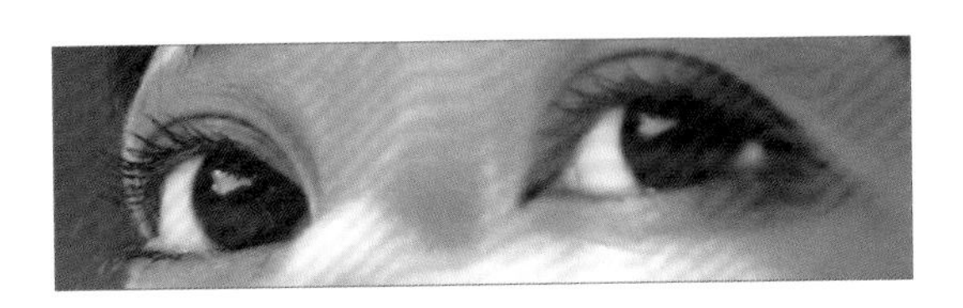

為黑眼珠增添光輝

為黑眼珠增添光輝的做法和眼白部分的處理類似，也要先建立一個黑眼珠專用的編修圖層才行。而編修時請注意到黑眼珠的上方有亮點，且顏色與下半截有差異。

① 建立名為「黑眼珠」的新圖層，並和前一頁的步驟 ③ 一樣於其中填滿「50% 灰階」❶，再將混合模式選為「覆蓋」❷。

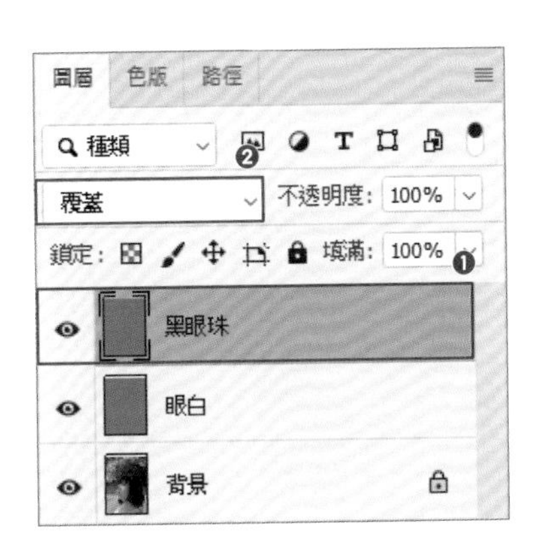

② 接著和前一頁的步驟 ⑤ 一樣，選取「加亮工具」，以黑眼珠的亮部為主，分別塗抹其上下兩端。

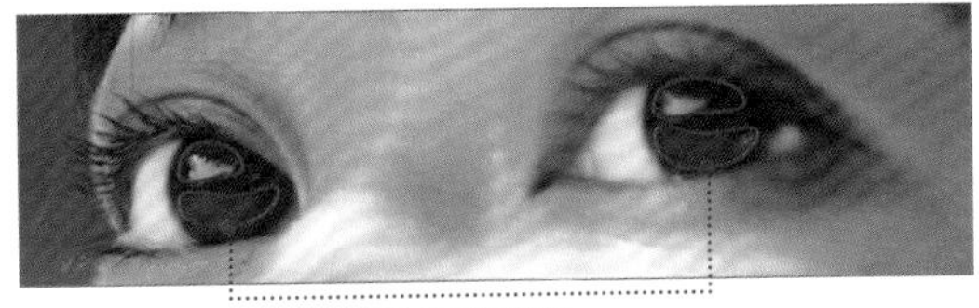

塗抹這些部分

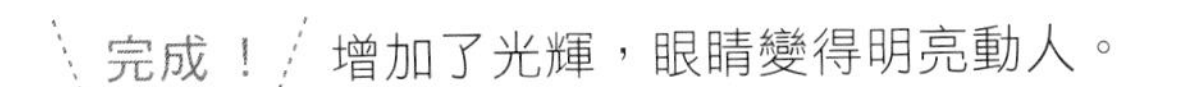

完成！ 增加了光輝，眼睛變得明亮動人。

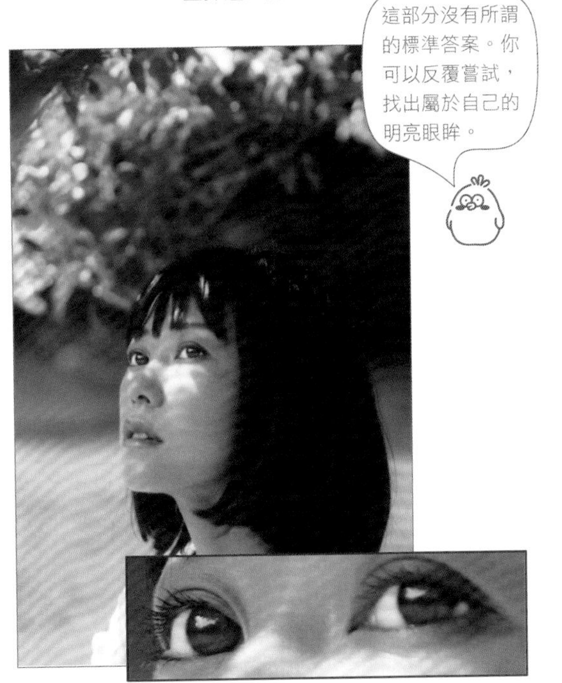

重點提示

注意光線的方向及位置

在編修時要注意到眼睛本身為球形，以及光是從哪個方向照過來、又照到了哪裡等細節，是為眼部增添自然光輝的關鍵訣竅。眼睛是個如玻璃般的球體，從上方進入的光線會從下方出來。因此眼睛上方有亮點時，若在下方也稍微增加一些微弱的光亮，就能製造出光線的流動感。動漫角色的眼睛畫法應該能成為很好的參考。好好探索一下自己到底喜歡怎樣的眼神光也挺有趣的。

CHAPTER 8

LESSON 4

顏色 # 顏色範圍 # 色相 / 飽和度

自然地變換髮色

練習檔
8-4.psd

改變髮色的方法有很多種，而本課程將為各位介紹一種簡單又看起來很自然的做法。

Before

After

攝影：萬城目瞬（Twitter：@0q_xney）
模特兒：百合木美怜（Instagram：@mirei1202）

本課程將使用「顏色」混合模式與「色相 / 飽和度」功能來改變頭髮的顏色。首先，將露出原始髮色的部分自然地消除，讓頭髮看起來就像剛從美髮店弄完回來一樣完美。接著再著手改變髮色。而這堂課還會介紹變換成其他不同顏色的做法喔。

將原始髮色更改為染色後的髮色

染髮後經過一段時間，原始髮色就會冒出來，呈現所謂的「布丁頭」狀態。讓我們先解決這問題，使髮色統一。在此要用「滴管工具」取樣顏色，以自然的色彩來統一髮色。

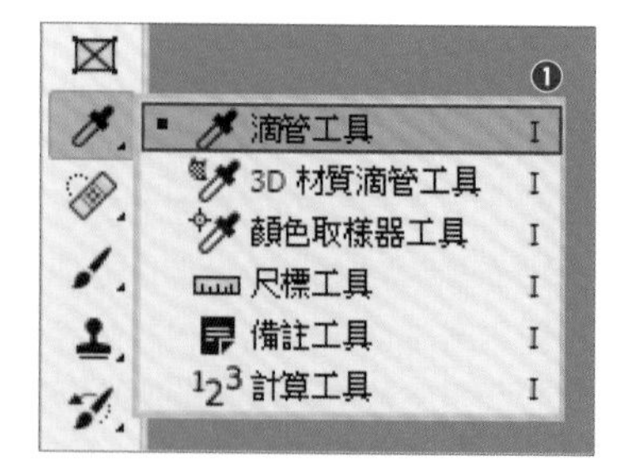

① 開啟練習檔「8-4.psd」。選取「工具列」中的「滴管工具」❶。

2 在還留有染色之髮色的部分點按一下❷，即可取得該顏色。

3 建立「純色」填色圖層❸。

這時剛剛取得的顏色便會填滿整個影像，並彈出「檢色器」對話視窗。確認顏色後❹，按「確定」鈕❺。

建立調整圖層 ➡ 第 56 頁

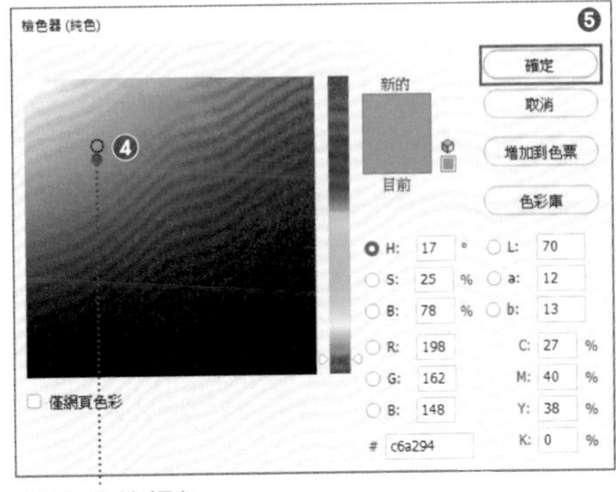

新增的「純色」填色圖層上附有圖層遮色片縮圖。而圖層遮色片縮圖是以黑色和白色來表示針對該圖層的遮罩狀態，白色代表無遮罩，黑色代表有遮罩。目前為全白，代表整個「純色」填色圖層都沒有被遮罩（＝「純色」填色圖層完全顯示出來）。

4 在「圖層」面板將混合模式選為「顏色」❻。

這樣「純色」填色圖層的顏色就合成至原始影像了❼。

5 我們要讓「純色」填色圖層的顏色只套用在看得見原始髮色的部位。

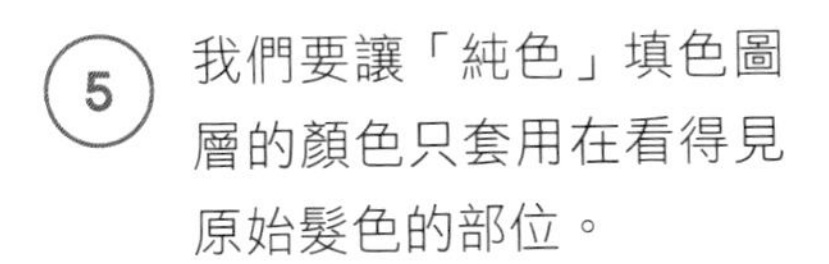

點選圖層遮色片縮圖❽，然後按 Ctrl（⌘）+ I 鍵反轉遮色片的灰階階調。這時圖層遮色片縮圖會變成全黑❾，表示整個「純色」填色圖層完全被遮罩了。

當整個「純色」填色圖層完全被遮罩，原始影像便會顯露出來。

6. 接著在此狀態下，只消除原始髮色部分的遮罩，好讓「純色」填色圖層的顏色顯露出來。而要消除遮罩，就在該部分以白色塗抹即可。故於「工具列」點選「筆刷工具」，確認前景色為白色後 ❿，塗抹露出了原始髮色的部分 ⓫。

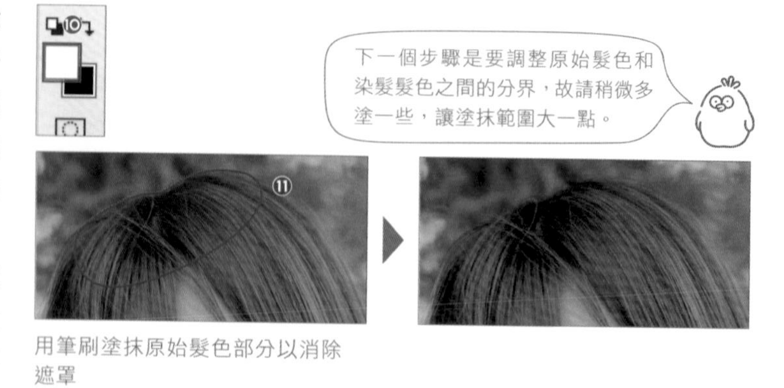

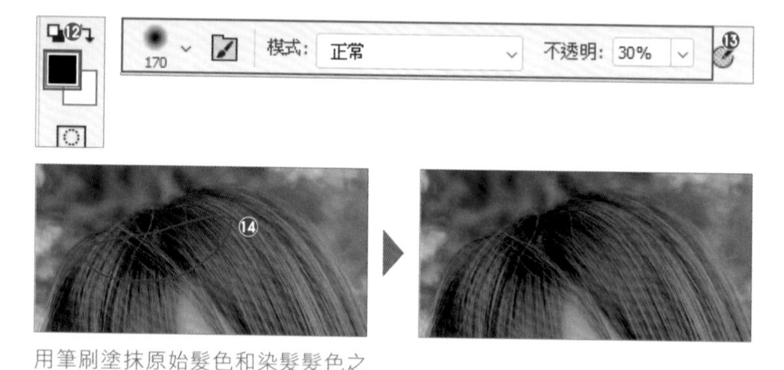

用筆刷塗抹原始髮色部分以消除遮罩

7. 由於原始髮色和染髮髮色之間的分界是呈漸層狀，所以要套用薄薄的遮色片使之顯得自然。把前景色改成黑色 ⓬，用「不透明」設為 30% 左右的柔軟筆刷 ⓭ 來塗抹分界處 ⓮。

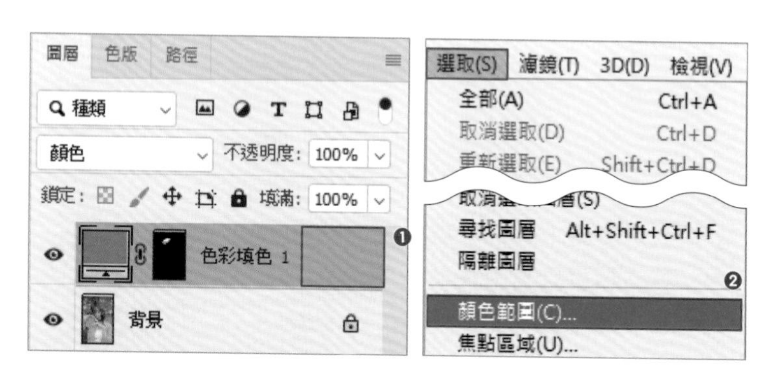

用筆刷塗抹原始髮色和染髮髮色之間的分界以增添遮罩

自然地變換髮色

選取頭髮部分，用「色相 / 飽和度」來變更色彩。

1. 點按「純色」填色圖層名稱右側的空白部分 ❶，以選取該圖層。接著點選「選取 > 顏色範圍」命令 ❷。

2. 這時會彈出「顏色範圍」對話視窗，請點選影像中的頭髮部分 ❸。如右圖調整選取範圍，直到預視區域中的頭髮部分被選取而變白為止 ❹。調整好後，就按「確定」鈕 ❺。

「顏色範圍」的使用方法 ➡ 第 91 ～ 92 頁

即將完成！

3 與所點選（指定）的頭髮部分具有同樣顏色資訊的範圍就被選取起來了 ❻。

在「圖層」面板新增「色相／飽和度」調整圖層 ❼。

建立調整圖層 ➡ 第 56 頁

4 改成紅色系試試。

在「色相／飽和度」的「內容」面板中，將「色相」滑桿拖曳至「-34」❽。

完成！成功改變了髮色。

如果連臉部的顏色也變了，就針對臉部添加薄薄的遮色片來修正。只要點選「色相／飽和度」調整圖層的圖層遮色片縮圖，再用筆刷（「前景色：黑」，「模式：柔光」）塗抹，即可添加遮色片，使之回復到原本的顏色。而將模式設為「柔光」，能讓遮罩效果更柔順自然。

重點提示

讓色彩顯得自然的關鍵訣竅

要做出自然的質感，就必須瞭解頭髮的特性以及可以染的顏色範圍。尤其是變更成較淺的髮色時，飽和度及亮度很容易就會脫離現實，故必須特別小心才行。其實頭髮比一般人想得還更會吸收光線，所以太亮、飽和度太高的髮色都是不可能存在的。雖說用 Photoshop 就能輕易改變顏色，但我們不該任意變換顏色，而是要多方嘗試以找出看起來最自然的結果才好。

調整「色相/飽和度」調整圖層，便能做出各種不同顏色的版本。

讓皮膚更光滑細緻

表面模糊 # 複製色版 # 套用影像

練習檔
8-5.psd

皮膚部分的編修處理也是人像作品必不可少的作業之一，本課程便要介紹如何以簡單的步驟來改善膚質。

攝影：Keng Chi Yang（Twitter/Instagram：@keng_chi_yang）
模特兒：朝日奈Mao（Twitter/Instagram：@maokra__）

這堂課將說明如何利用「表面模糊」與「紅」色版 ，來使人物的皮膚變平滑。讓我們先用模糊功能把皮膚上的瑕疵清掉後，再用「紅」色版來保護不該模糊的眼睛及頭髮等部分，好做出真正有品質的成果。

轉換為智慧型物件

為了方便比較效果的影響程度，我們要先複製圖層。然後再把複製出的圖層轉換為智慧型物件，以便之後能夠復原重做。

1. 開啟練習檔「8-5.psd」後，複製背景圖層 ❶。

選取欲複製的圖層後按 Ctrl（⌘）+ J 鍵，便能迅速複製圖層。

② 將複製出的圖層轉換成智慧型物件 ❷。
請查看其圖層縮圖，確認已顯示出智慧型物件的圖示。

轉換為智慧型物件 ➡ 第 167 頁

清除皮膚上的瑕疵

本例為求快速，選擇以模糊化皮膚的方式來迅速改善膚質。我們要用「表面模糊」功能，自然地將整體影像一起修正。

① 點選「濾鏡 > 模糊 > 表面模糊」命令 ❶。

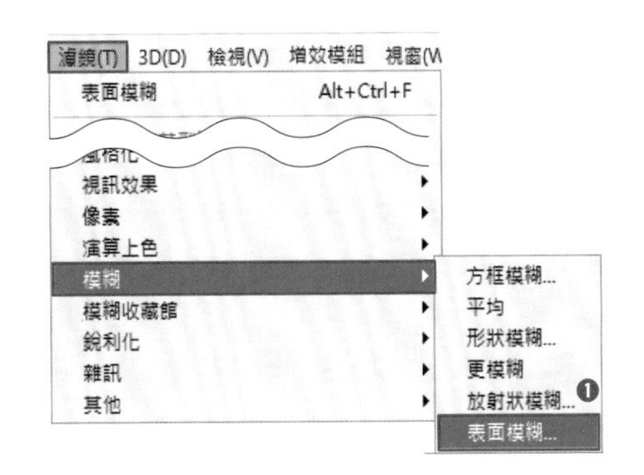

> 重點提示
> **「表面模糊」是什麼樣的功能？**
> 「表面模糊」是不會影響輪廓線等其他部分，只針對物體的表面做模糊化處理的一種功能。

② 這時會彈出「表面模糊」對話視窗。請一邊觀察預視區域，一邊調整出自然的皮膚質地。本例是將「強度」設為「22」像素 ❷，將「臨界值」設為「6」臨界色階 ❸。設定好後，就按「確定」鈕 ❹。

與人面對面交談時，通常都是把視線焦點放在對方的眼睛處，故不會在意皮膚上的小瑕疵。而本例就是要編修成近似這樣的感覺。

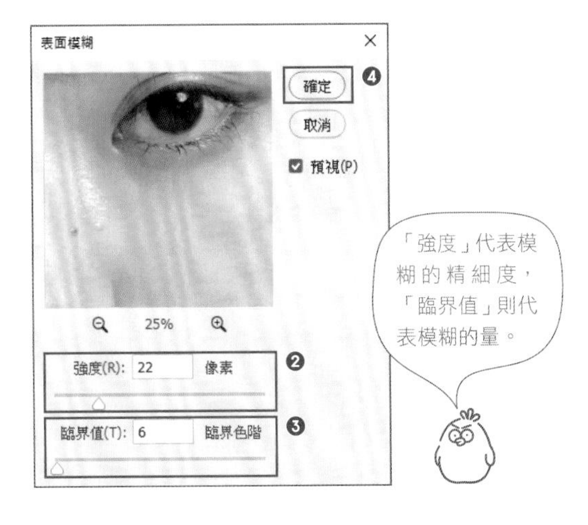

③ 被攝人物的整個表面都套用了模糊效果。

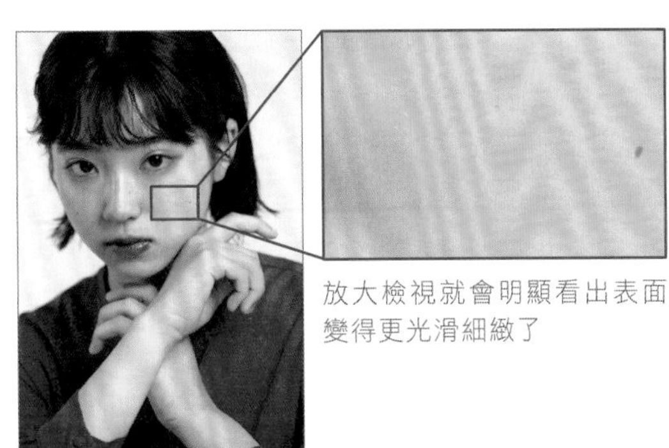

放大檢視就會明顯看出表面變得更光滑細緻了

消除眼睛及睫毛、頭髮等部分的模糊效果

現在皮膚已經處理得相當光滑，但眼睛和睫毛、頭髮等需要凸顯的部分卻也一起被模糊化了。所以我們要遮罩這些部分，讓模糊效果無法套用到這些地方。

1. 叫出「色版」面板，把「紅」色版往下拖曳至「建立新色版」鈕上 ❶。

   這樣就能夠複製「紅」色版 ❷。

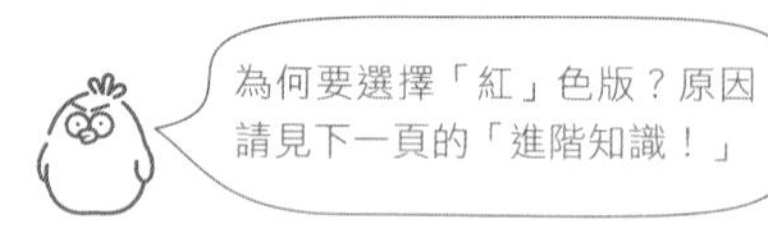

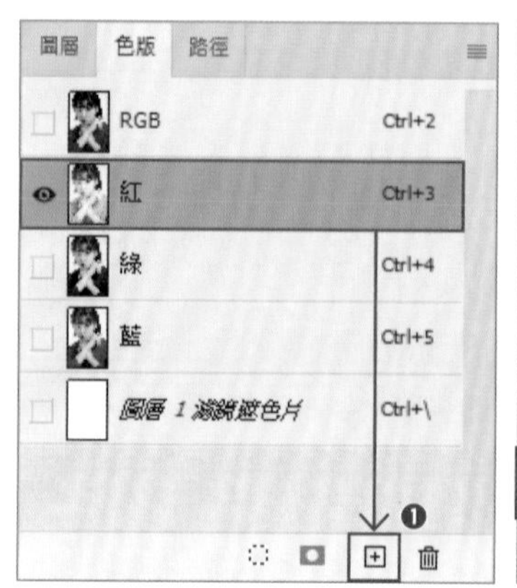

2. 接著要修改複製出的紅色色版，將紅色元素改為黑色。於選取複製出之紅色色版（「紅 拷貝」色版）的狀態下，按 Ctrl（⌘）+ L 鍵，叫出「色階」對話視窗 ❸。

3. 把要遮罩的部分（眼睛、睫毛、頭髮）調成黑色，不要遮罩的部分（皮膚）調成白色。本例將陰影設為「90」，中間調設為「1」，亮部設為「230」❹。

   調整好後，就按「確定」鈕 ❺。

   「色階」功能 ➔ 第 3 章 Lesson5

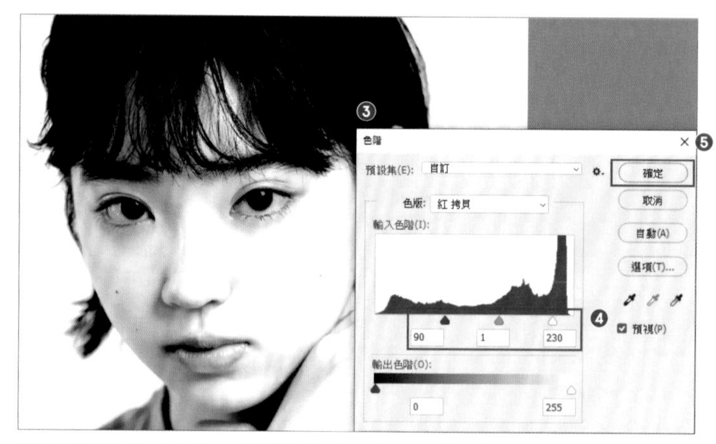

將皮膚部分調成白色，眼睛及睫毛、頭髮等部分調成黑色。

4. 接著要替「圖層 1」新增圖層遮色片，故叫出「圖層」面板，點按下方的「增加圖層遮色片」鈕 ❻。

   「圖層 1」就新增了圖層遮色片 ❼。

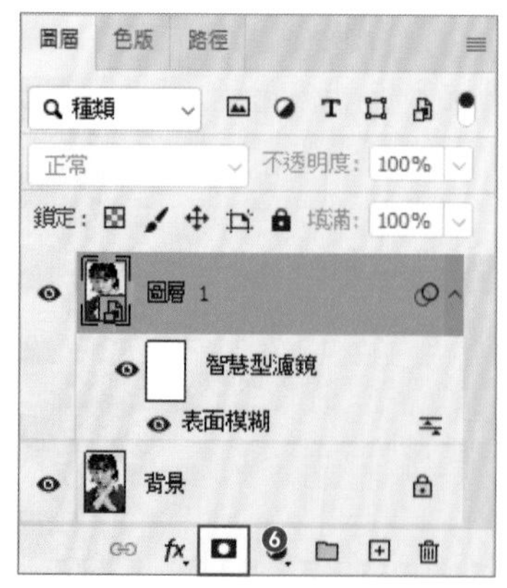

5 繼續要將步驟 ③ 中調整好的「紅 拷貝」色版，套用至這個新增的圖層遮色片。請點選「影像 > 套用影像」命令 ❽。

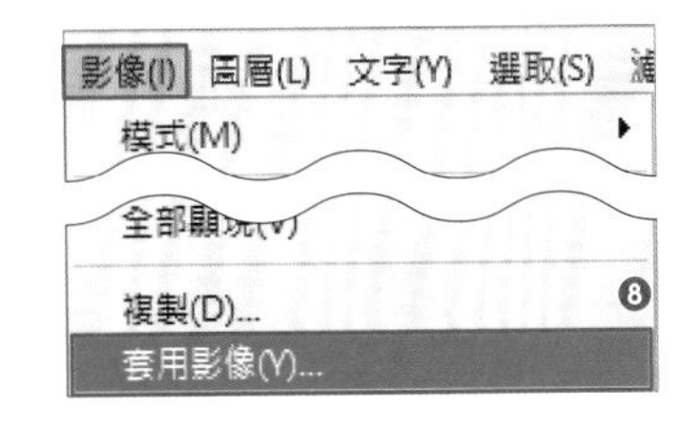

即將完成！

6 這時會彈出「套用影像」對話視窗。將「色版」選為「紅 拷貝」❾，「混合」選為「正常」❿，再按「確定」鈕 ⓫。

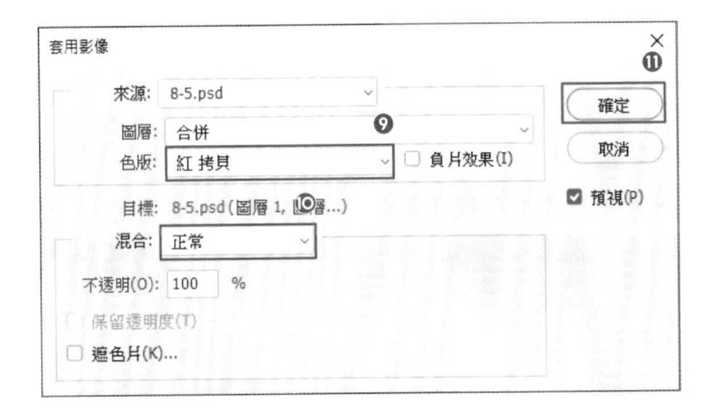

完成！ 成功於維持眼睛及睫毛、頭髮部分明顯清晰的同時，將皮膚修整得光滑而細緻。

進階知識！

● 如何選擇要用來製作遮色片的色版

在本例中，為了保護眼睛及睫毛、頭髮等部分，我們複製了色版並將之做成遮色片來使用。而這時到底該複製哪個色版，是取決於你想遮罩的部分。依據黑色部分會被遮罩的規則，本例選擇複製眼睛及睫毛等不想要模糊的部分呈黑色，而想要模糊的皮膚等部分呈白色的「紅」色版來做為遮色片的基礎。

「紅」色版
眼睛和頭髮較黑，皮膚較白。

「綠」色版
比起「紅」色版，皮膚的部分稍微黑一點。

「藍」色版
比起「紅」色版，皮膚的部分較黑。

CHAPTER 8

LESSON 6

色階 # 選取顏色

替人物上妝

練習檔
8-6.psd

本課程將介紹如何利用色彩校正及遮色片等功能，來創造化妝效果。

Before

After

這堂課將說明如何以「色階」和「選取顏色」功能來改變顏色與亮度，藉此替素顏的人物上妝。而此技巧的應用範圍甚廣，除了可用來展示彩妝產品的不同顏色版本外，也可藉此瞭解自己適合哪種顏色。

攝影：澀谷美鈴（Instagram：@sby_msz）
模特兒：Mi（Twitter/Instagram：@she_is_423）

製作眼影的顏色

我們要藉由改變膚色的方式來做出眼影的顏色。本例想做出橘色系的眼影，所以會先加深膚色，然後再強化紅色與黃色。

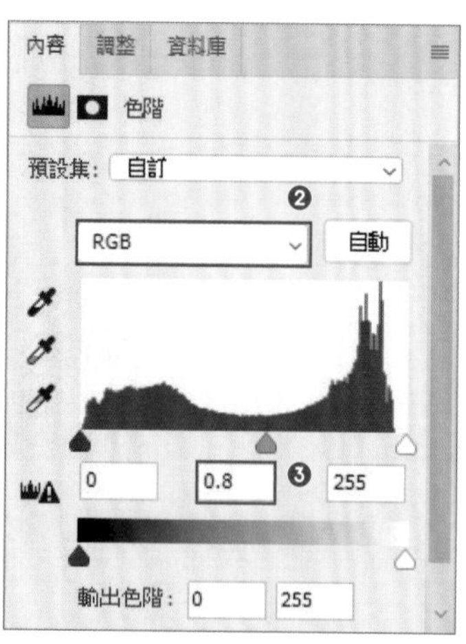

1. 開啟練習檔「8-6.psd」，然後在「圖層」面板建立「色階」調整圖層 ❶。

2. 為了塗上眼影，故需調出比膚色更深的顏色。首先要稍微調暗。於「內容」面板確認目前選取的色版是「RGB」❷，再將「中間調」設為「0.8」❸。

③ 接著強化紅色。切換至「紅」色版❹，將「中間調」設為「1.5」❺。

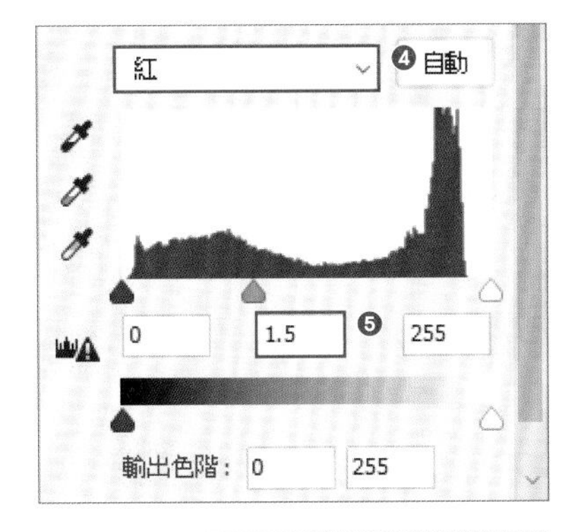

④ 然後再強化黃色。而要凸顯黃色，就等於減少藍色。故切換至「藍」色版❻，改變「輸出色階」的範圍。本例設為「0」、「170」❼。

這樣就完成眼影的顏色了❽。

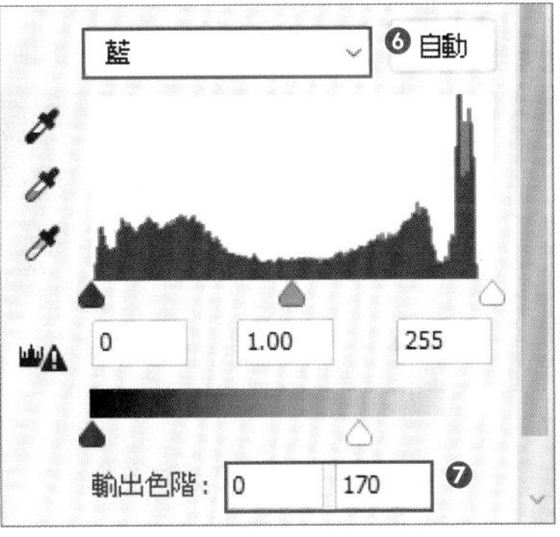

眼影的顏色套用在整張影像上的狀態

建立遮色片以塗上眼影

為了讓眼影的橘色只留在需要上妝的眼睛周圍，現在要建立遮色片，把其他部分全都遮罩起來以消除橘色。

① 點選圖層遮色片縮圖，然後按 Ctrl（⌘）+ I 鍵反轉遮色片的灰階階調。這時圖層遮色片縮圖會變成全黑❶，表示整個圖層完全被遮罩起來了。

由於調整圖層被遮罩起來，故影像顯示出其原始色彩

② 我們要從這個狀態開始消除眼睛周圍的遮罩。而要消除遮罩，就在該部分以白色塗抹即可。故於「工具列」點選「筆刷工具」，確認前景色為白色。

將筆刷設為「尺寸：70 像素」，「硬度：0%」，「不透明：30%」❷，然後在眼睛的周圍塗抹❸。

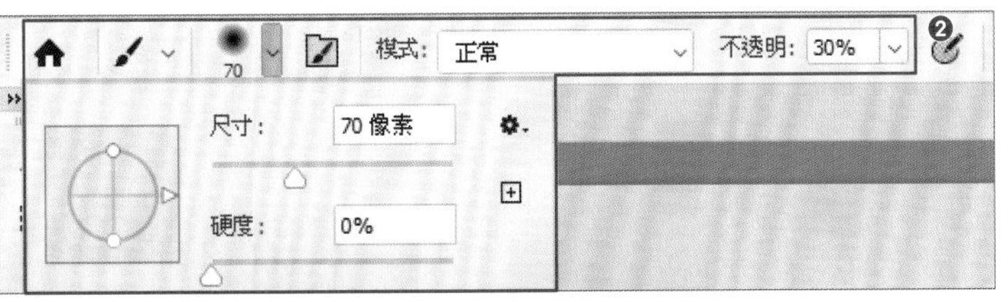

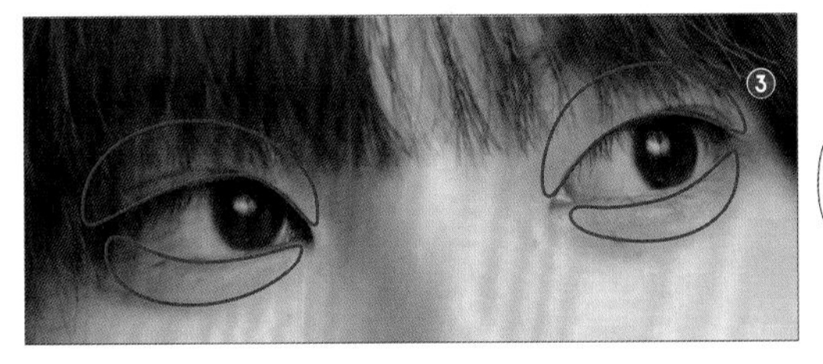

你可依喜好自行決定要塗多大的範圍。

③ 只有眼睛周圍部分取消了遮罩，露出眼影的顏色，就像塗上了眼影 ❹。

④ 查看圖層遮色片縮圖便可看出，只有取消了遮罩的部分呈現白色 ❺。

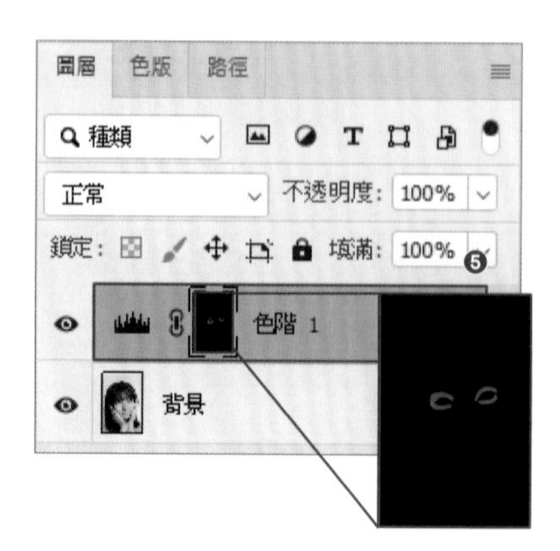

> 重點提示
>
> **查看遮罩的狀態**
>
> 若想查看遮罩的狀態（遮色片的樣子），可按住 Alt（option）鍵不放用滑鼠點一下圖層遮色片縮圖。這樣整個畫面就會只顯示出遮色片。而以同樣的操作方式便可恢復為一般的顯示狀態。

塗上收尾色

繼續要在雙眼皮及睫毛的根部塗上收尾色。做法和前面的步驟一樣，也是使用「色階」調整圖層。而由於是收尾色，故其紅色調要設得比眼影的顏色更強烈一些。

① 和第 214 頁的步驟 ① 一樣，新增「色階」調整圖層 ❶，於「內容」面板確認目前選取的色版是「RGB」後 ❷，把各個數值依序設為「50」、「1.00」、「255」 ❸。全面強化黑色。

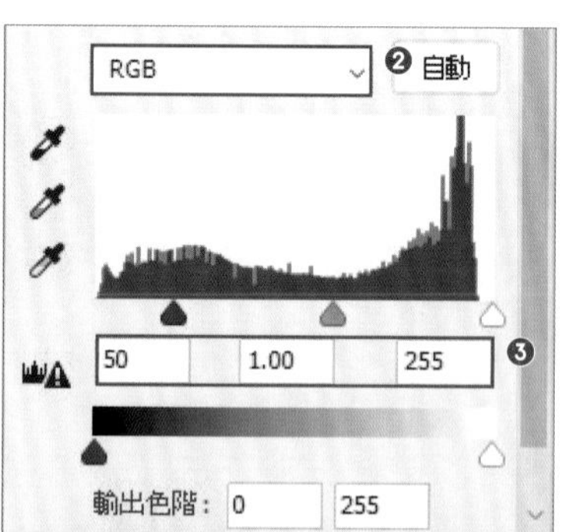

② 接著再強化紅色。切換至「紅」色版 ❹，將「中間調」設為「1.5」❺。

這樣就完成了收尾色 ❻。

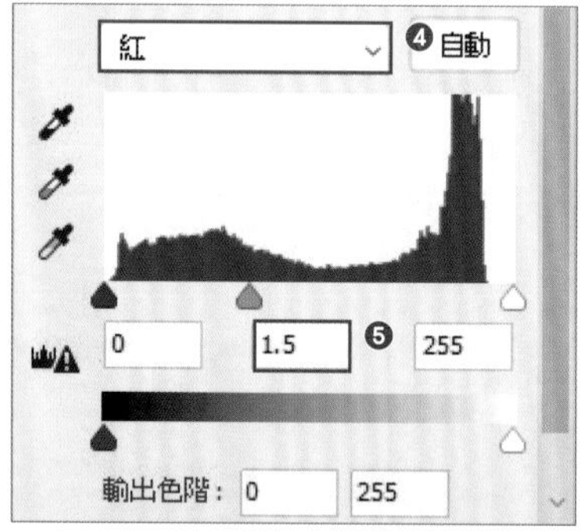

收尾色套用在整張影像上的狀態

③ 和第 215 頁的步驟 ① ② 一樣，先把整個調整圖層遮罩起來，再用「筆刷工具」塗抹以消除睫毛根部及雙眼皮部分的遮罩，讓調整圖層的顏色顯露出來 ❼。

這樣就塗上了收尾色 ❽。

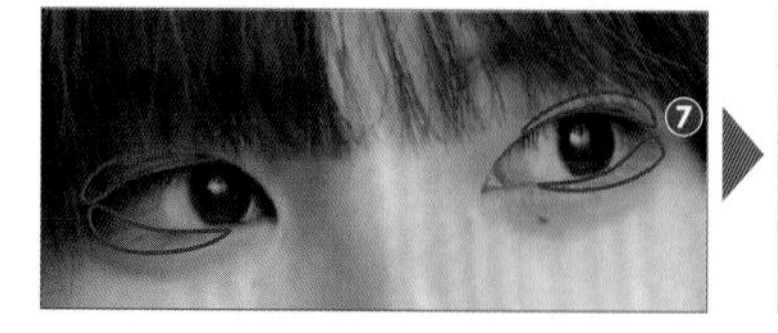

用筆刷塗抹睫毛根部以消除遮罩

別忘了適度調整筆刷的尺寸喔。

塗上口紅

最後讓我們在嘴唇上塗點口紅吧！本例的做法是新增「選取顏色」調整圖層後，和處理眼影時一樣，藉由遮色片來針對嘴唇部分進行變色。

即將完成！

① 建立「選取顏色」調整圖層 ❶。

建立調整圖層 ➡ 第 56 頁

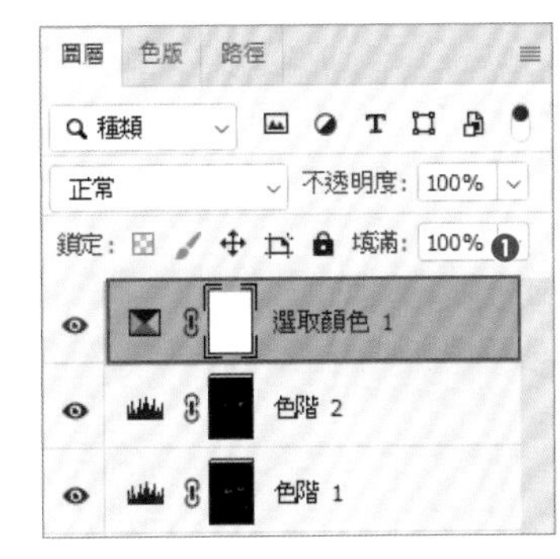

重點提示

「選取顏色」是什麼樣的功能？

「選取顏色」功能可選擇「紅色」、「黃色」、「綠色」等各種顏色，然後針對影像裡的該種色彩調整「青色」、「洋紅」、「黃色」及「黑色」的比例。本例選擇了「紅色」，以針對照片中的紅色部分（嘴唇）進行調整。

② 接著製作口紅的顏色。於「內容」面板確認目前選取的顏色是「紅色」後 ❷，將各個數值設定為如下 ❸。

青色：-55%
洋紅：0%
黃色：+100%
黑色：+80%

這樣就完成了口紅的顏色 ❹。

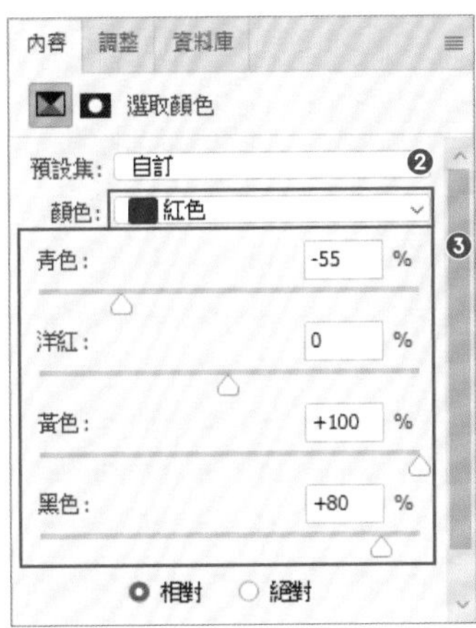

之所以調成這樣的顏色，是為了搭配眼影的顏色。

口紅的顏色套用在整張影像上的狀態

③ 和第 215 頁的步驟 ① 一樣，先把整個調整圖層遮罩起來，再把「筆刷工具」的「不透明」改為「100%」❺，然後塗抹以消除嘴唇部分的遮罩 ❻。

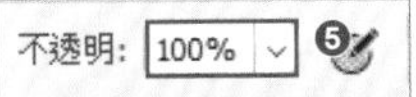

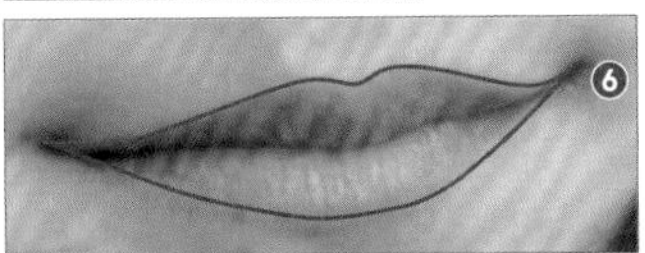

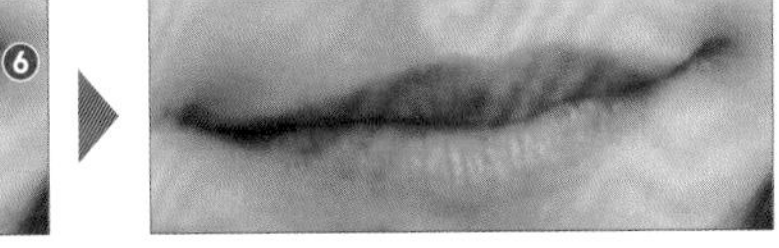

用筆刷塗抹嘴唇以消除遮罩

完成！ 化好妝囉！

CHAPTER 8 LESSON 7

污點和刮痕

清除翹起的散亂髮絲

練習檔
8-7.psd

本課程將解說如何在不改變背景的狀態下，清除翹起的髮絲部分。

Before

攝影：澀谷美鈴
（Instagram：@sby_msz）
模特兒：senatsu
（Instagram：@senatsu_photo）

翹起的髮絲

After

這堂課將説明如何運用「污點和刮痕」功能來輕鬆去除翹起的散亂髮絲。每當在戶外拍照，即使有先整理過頭髮，實際開始拍攝時也可能因風吹等各種因素而導致頭髮亂飛。而將這些翹起亂飛的髮絲去除，影像便會顯得更精緻洗鍊。接著就讓我們來嘗試去除本例中飛起的數根髮絲。

必備知識！

● 「污點和刮痕」是什麼樣的功能？

「污點和刮痕」是一種濾鏡功能，它能夠去除影像中的灰塵、髒污。和「仿製印章工具」等的不同處在於，由於是濾鏡，故可統一套用於大範圍。而本例也和 Lesson5 及 6 一樣，將利用遮色片讓濾鏡效果只套用於有需要的部分。

將整張影像模糊化

首先要把複製出的圖層轉換為智慧型物件，以便之後能夠復原重做。然後再套用「污點和刮痕」濾鏡，藉由將整張影像模糊化的方式，來消除飛揚的髮絲等細節資訊。

1 開啟練習檔「8-7.psd」後，按 Ctrl（⌘）+ J 鍵複製「背景」圖層 ❶。

複製圖層 ➡ 第 67 頁

2 接著將複製出的圖層轉換成智慧型物件 ❷，然後點選「濾鏡 > 雜訊 > 污點和刮痕」命令 ❸。

轉換為智慧型物件 ➡ 第 167 頁

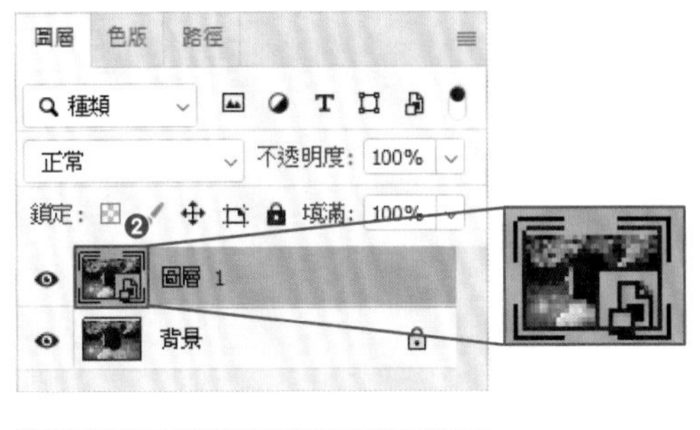

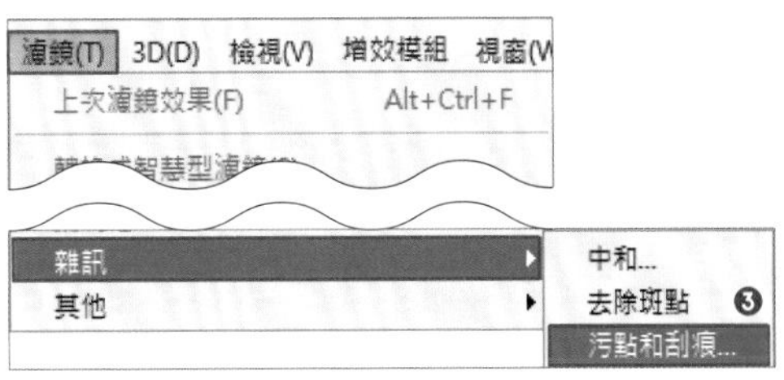

3 這時會彈出「污點和刮痕」對話視窗。於其中調整「強度」和「臨界值」的設定，讓飄散的髮絲變得不那麼明顯。本例是將「強度」設為「18」像素 ❹，將「臨界值」設為「2」色階 ❺。調整好後，就按「確定」鈕 ❻。

污點和刮痕

確定 ❻
取消
預視(P)
25%
強度(R): 18 像素 ❹
臨界值(T): 2 色階 ❺

4 「污點和刮痕」的效果就反映出來了。目前呈現只有影像中主要資訊被平均化的狀態，如散亂髮絲等的細節資訊則消失不見。

翹起的髮絲消失不見，呈現濾鏡套用於整體影像的狀態

讓效果只反映在必要部分

接下來要使用遮色片，只讓必要部分套用「污點和刮痕」濾鏡。

1. 新增圖層遮色片。在此我們以遮罩整體的狀態來新增遮色片。在「圖層」面板中，按住 Alt（option）鍵不放點按「增加圖層遮色片」鈕 ❶。

2. 這樣就會以遮罩整體的狀態（全黑的遮色片）建立出圖層遮色片 ❷，使得已套用的濾鏡效果都被隱藏起來。

3. 我們要針對想套用「污點和刮痕」濾鏡的頭髮部分消除遮罩。故於「工具列」點選「筆刷工具」，確認前景色為白色後，塗抹髮絲散亂翹起的部分 ❸。

為了使消除遮罩部分的邊界平順柔和些，本例將筆刷設為「尺寸：90 像素」，「硬度：0%」來塗抹。

\ 完成！/ 迅速清除了翹起的散亂髮絲。

只要使用這個「污點和刮痕」濾鏡，即使背景複雜，也能於不改變背景的狀態下，輕鬆針對翹起的髮絲等部分進行清除處理。

修正衣服的形狀

\# 快速遮色片 # 彎曲變形

練習檔
8-8.psd

本課程將介紹如何利用「彎曲」變形功能來調整衣服的形狀。

Before

After

攝影：萬城目瞬（Twitter：@0q_xney）
模特兒：朝日奈Mao（Twitter/Instagram：@maokra__）

這堂課將說明如何運用「快速遮色片」與「彎曲」變形功能，調整隨風起舞的衣服形狀。只要應用此技巧，包括身體及頭髮的形狀、臉的形狀等也都能夠有效修正。在此讓我們嘗試將因風鼓起的衣服前後形狀恢復成自然垂下貌，做成宛如風停後才拍攝的另一照片。

一旦學會這個做法，就能從一張照片創造出多種變化。

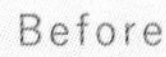

複製要變更的衣服範圍

要改變衣服的形狀，就必須先選取衣服的範圍。本例將使用快速遮色片模式，從原始影像將欲變更的衣服部分選取起來。

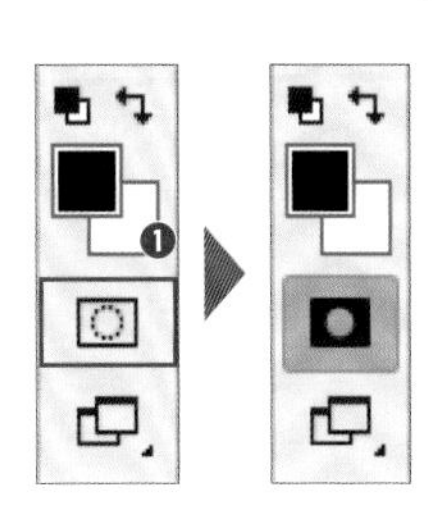

① 開啟練習檔「8-8.psd」後，點按「工具列」中的「以快速遮色片模式編輯」鈕 ❶。

2 選取「筆刷工具」，並確認前景色為黑色 ❷，然後大範圍地塗抹要變更的部分（也包含背景部分）❸。

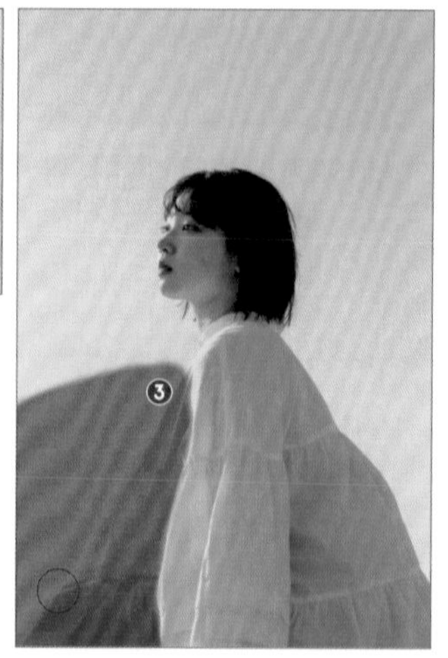

這時將筆刷尺寸設得大一些，塗起來會比較輕鬆快速。而為了讓邊界平順柔和，本例將筆刷的硬度設為0%，而所塗抹的是手臂前方包含背景的一大塊範圍。

3 點按「工具列」中的「以標準模式編輯」鈕 ❹。這時除了已塗抹（被遮罩）部分之外的其他部分就會被選取 ❺。按 Ctrl（⌘）+ Shift + I 鍵反轉選取範圍 ❻。

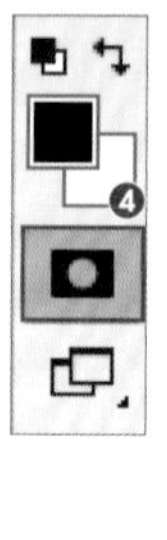

4 接著將選取範圍複製到新圖層。按 Ctrl（⌘）+ J 鍵，選取範圍內的影像就會被複製到新圖層中 ❼。

變形複製出的衣服部分

接下來我們要用「彎曲」變形功能來變形複製出的衣服影像。

1 點選「編輯 > 變形 > 彎曲」命令 ❶。

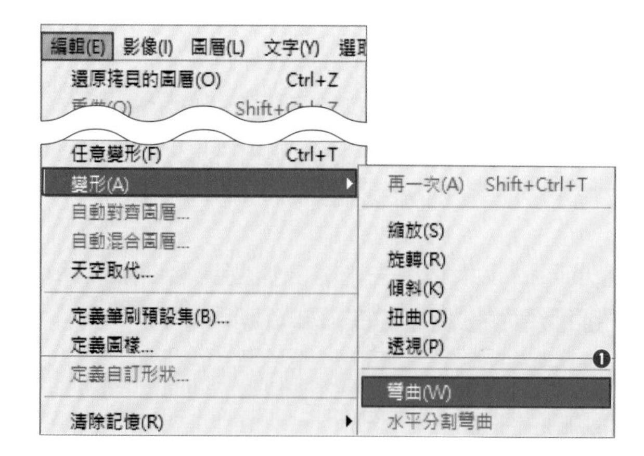

② 這時複製出的衣服周圍便會顯示出邊界方框，請拖曳邊框的邊界或內部❷，以變更其形狀。

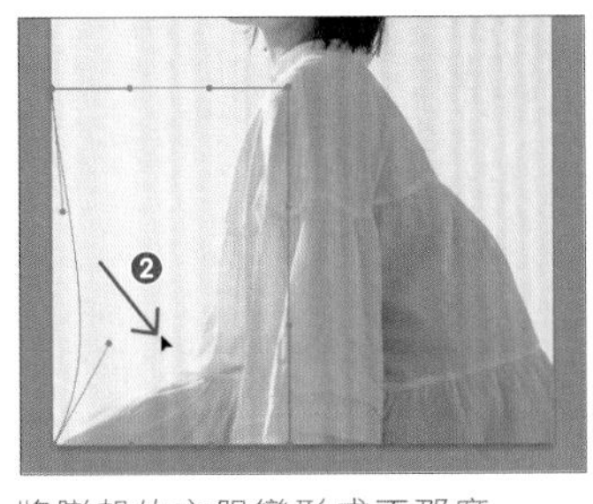

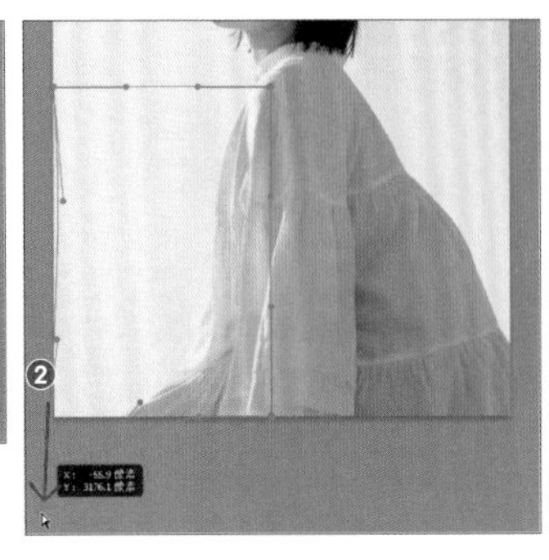

將膨起的衣服變形成不那麼膨的狀態

③ 變形完成後，按下 Enter（return）鍵即可確定操作。

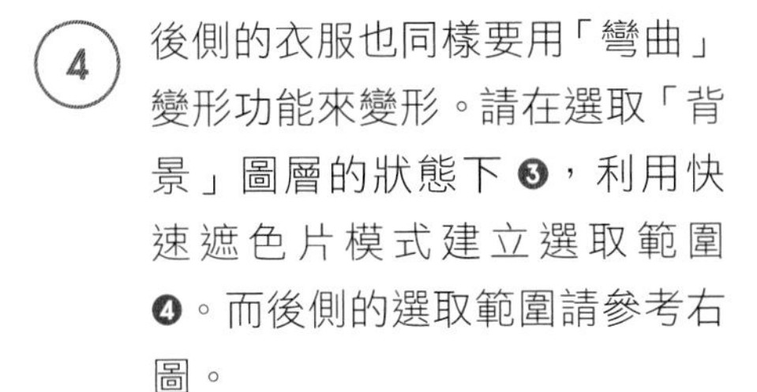

④ 後側的衣服也同樣要用「彎曲」變形功能來變形。請在選取「背景」圖層的狀態下❸，利用快速遮色片模式建立選取範圍❹。而後側的選取範圍請參考右圖。

選取包含背景的較大範圍，可變形的範圍就會比較大。

⑤ 參考前一頁的步驟 ③ 與 ④，把選取範圍內的影像複製到新圖層，再同樣以「彎曲」來變形❺。

重點提示

請注意拖曳的位置

若是將靠近邊界的部分往內側拖曳，就會導致下層影像露出，請務必小心。

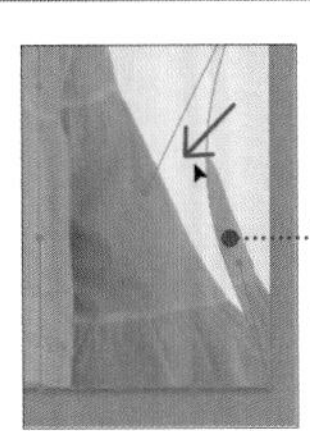

下層影像露出來的狀態

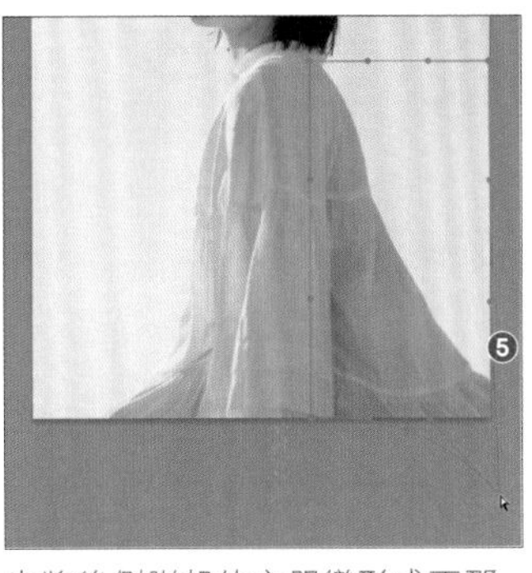

也將後側膨起的衣服變形成不那麼膨的狀態

完成！ 成功改變了隨風膨起的衣服形狀。

COLUMN

美顏（彩妝）App 與 Photoshop

各位有用過智慧型手機的美顏 App 嗎？

就算沒用過，應該也看過這類 App 的效果。我想大家一定都曾在社群網路上看到某些自拍照，皮膚白、眼睛大，莫名地帶著一種輕盈柔和的氣氛，其實那樣的照片絕大多數都是經美顏 App 編修後的成品。

這類 App 會自動識別臉部五官，並修正眼睛與皮膚等部分。不需要複雜的操作，只靠著簡單的輕點觸控即可自動修正照片，甚至還能畫上各式各樣的彩妝效果也是美顏 App 大受歡迎的理由之一。這時各位心裡一定覺得，App 都這麼方便好用了，何必還要特地用電腦以 Photoshop 做精細的編修、校正呢？

但其實美顏 App 和 Photoshop 兩者有著決定性的重大差異。

那就是影像品質。

經過美顏 App 加工處理的照片，人物的皮膚及衣著等的質感都會變差，也會產生雜訊。雖說這也是一種風格，但就維持原始照片品質的同時自然地上妝而言，Photoshop 可就是壓倒性的勝利了。

就如我們在本章所學到的，Photoshop 的調整功能可以改善膚質、替人物化妝等，能做到相當自然的編修效果。此外我們在第 1 章也曾提到過，最近的 Photoshop 也結合了 AI 技術的自動功能。例如使用 Photoshop 2021 配備的「Neural Filters」(「濾鏡 >Neural Filters」命令)，不僅能以較少的步驟做出自然的彩妝等編修處理，甚至還能改變人物的面部方向及表情。

就可輕鬆加工的便利性而言，美顏 App 目前確實領先，但 Photoshop 也是持續的改良操作便利性。

原始影像

以 Neural Filters 上妝後的影像

使用Neural Filters時，只要指定參考影像，便可重現該影像中的彩妝

目前的編修都是透過 AI 完成，還無法進行手動微調，讓人十分期待今後的更新版本呢。

讓食物更顯美味的編修技巧

拍攝美食照的機會很多，但要讓食物看起來更美味，
是需要一些技巧的。透過調整色彩以促進食慾，
並增添些許鮮嫩的光澤，創造出令人垂涎的食物美照。

CHAPTER 9

LESSON 1

選取顏色 # 自然飽和度

讓蛋糕更顯美味

練習檔
9-1.psd

本課程要介紹用「選取顏色」和「自然飽和度」調整圖層來讓蛋糕看起來美味可口的技巧。

Before

After

攝影：Chez Mitsu（Twitter/Instagram：@chez_mitsu）

本例的照片主角是蛋糕。這個蛋糕以酥脆的派皮為基底，上頭有顆鮮紅的草莓，整體由紅色及棕色的暖色系構成。所以我們要朝著凸顯此暖色系的方向來進行編修。此外，仔細觀察盛裝蛋糕的玻璃容器會發現，自然光穿透了該容器，在桌面上投射出了陰影。為了展露此玻璃及陰影的美麗質感，讓我們試著把玻璃的顏色調成偏青色。

像這樣一開始就決定好目標，進行首尾一貫的調整作業，就能創造出具一致性的影像氛圍。

讓蛋糕整體更偏暖色系

首先要把整個蛋糕的顏色調整得更偏暖色。本例的做法是建立「選取顏色」調整圖層，藉由減少草莓（紅色）及派皮（黃色）中的青色成分，來使之偏向暖色系。

1. 開啟練習檔「9-1.psd」後，建立「選取顏色」調整圖層 ❶。

建立調整圖層 ➡ 第 56 頁

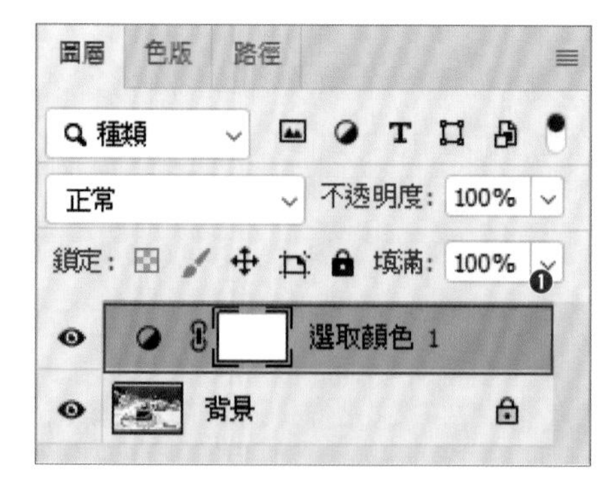

② 在「內容」面板將「顏色」選為「紅色」❷，然後把「青色」設成「-60」%❸。

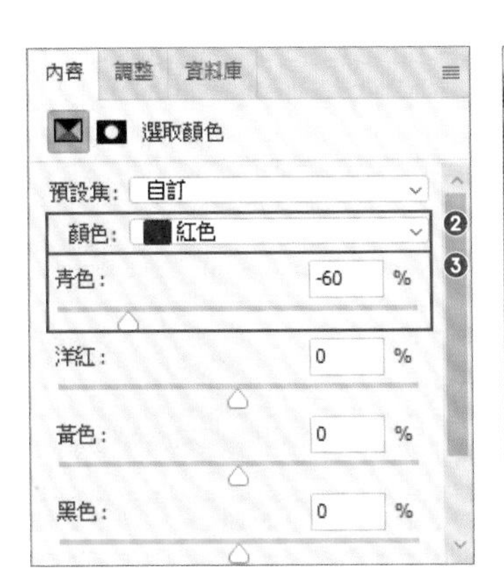

針對草莓等紅色部分降低其青色成分後的狀態

③ 繼續在「內容」面板將「顏色」選為「黃色」❹，然後把「青色」設成「-60」%❺。

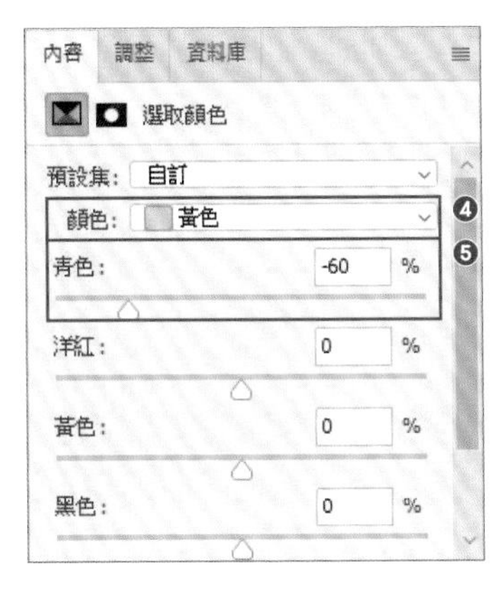

針對派皮等黃色部分降低其青色成分後的狀態

決定亮部的顏色

亮部是指影像中最明亮的部分。我們要以這張影像的亮部（亦即桌面的白色部分）為中心進行色彩調整，好進一步凸顯蛋糕。而為了強調白色，在此要為桌面等的白色部分添加一點青色，並減少黃色成分。

① 在「內容」面板將「顏色」選為「白色」❶，再把「青色」設成「+10」%❷，把「黃色」設成「-25」%❸。

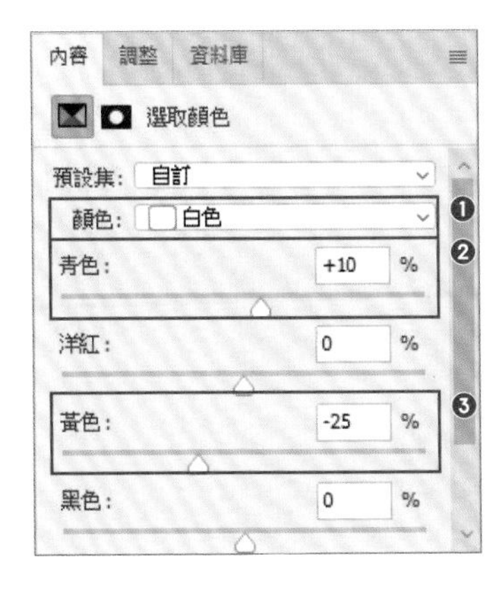

針對桌面等白色部分增加其青色成分後的狀態

決定蛋糕及亮部之外的其他部分的顏色

接著也替灰色（中間調）的陰影部分增添一些青色。

1. 在「內容」面板將「顏色」選為「中間調」❶，再把「青色」設成「+15」%❷，把「黃色」設成「-15」%❸。

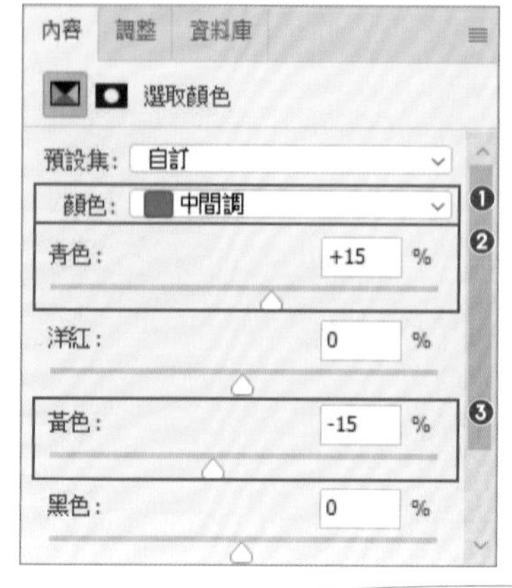

針對陰影等中間調部分增加其青色成分後的狀態。由於這張照片的中間調部分很多，故此舉也大大改變了整體印象

為主角的草莓及蛋糕是以紅色統整，故本例將背景處理成偏向紅色的互補色，也就是青色。這樣就能給人具整體感的印象。

使影像更鮮豔生動

做為編修的最後一步，我們要建立「自然飽和度」調整圖層來讓色彩更鮮豔。

1. 建立「自然飽和度」調整圖層❶。

   在「內容」面板把「自然飽和度」設為「+50」❷。

重點提示

小心別把數值設太高！

「自然飽和度」如果調得太強，可能會變成如彩色筆著色般缺乏透明感的顏色，請務必小心。

＼完成！／ 成功做出了令人垂涎的色彩。

CHAPTER 9 LESSON 2

繪製水蒸氣

筆刷工具 # 最大

練習檔
9-2.psd

本課程將解說如何運用「筆刷工具」和「最大」濾鏡，為杯子添加向上飄起的水蒸氣。

要拍出漂亮的水蒸氣並不容易。因此這堂課便要為各位介紹如何以筆刷繪製蒸氣軌跡，再套用濾鏡效果以製造自然的水蒸氣外觀。

用筆刷描繪蒸氣軌跡

首先要用筆刷繪製水蒸氣的基本形狀。本例是繪製兩個 S 形。

1. 開啟練習檔「9-2.psd」。原始影像呈現為無水蒸氣的狀態。

攝影：Chez Mitsu（Twitter/Instagram：@chez_mitsu）

② 建立新圖層 ❶。

建立新圖層 ➡ 第 30 頁

③ 選取「工具列」中的「筆刷工具」，設定「前景色：白色」，「尺寸：380 像素」，「硬度：0%」，「不透明：50%」，「流量：70%」。以此設定值，如圖從杯子上方繪製 S 形 ❷。

④ 將筆刷的尺寸改為「145 像素」後，於剛剛繪製的 S 形上，再重疊繪製一個 S 形 ❸。

套用「最大」濾鏡

為了做出如水蒸氣般的外觀，我們要讓以筆刷繪製的 S 形的白色部分柔和地散開。而為了方便之後能復原重做，還要先轉換成智慧型物件。

① 將剛剛建立並繪製了 S 形的圖層轉換成智慧型物件 ❶。

轉換為智慧型物件 ➡ 第 167 頁

② 點選「濾鏡 > 其他 > 最大」命令 ❷。

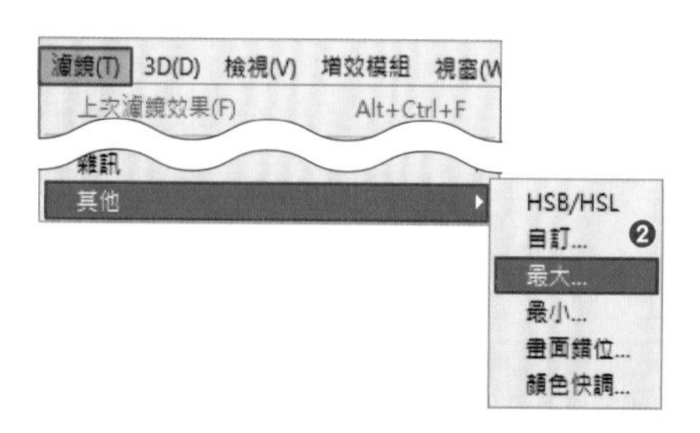

③ 這時會彈出「最大」對話視窗，將「強度」設為「65」像素，「保留」設為「圓度」❸，然後按「確定」鈕❹。

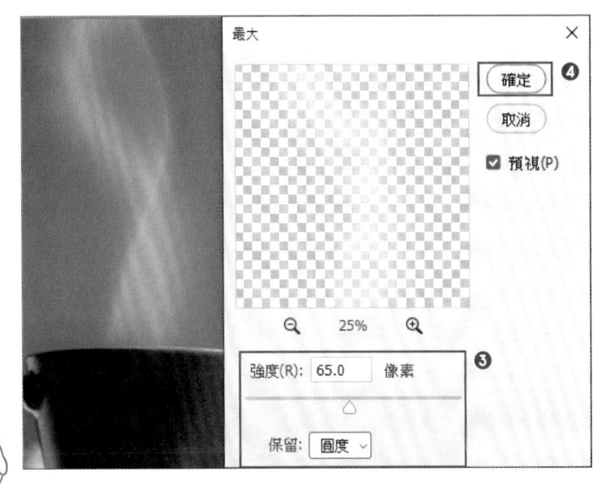

重點提示

「最大」濾鏡是什麼樣的濾鏡？

此濾鏡會擴大白色部分，並縮小黑色部分。在此可依據明亮程度與周圍攪拌混合，製造出如水蒸氣般的感覺。

Photoshop 會顯示濾鏡的套用進度，直到套用完成為止。有時可能會需要稍微等候一下。

完成！ 不需要繪畫才能，也能成功畫出水蒸氣。

進階知識！

● 嘗試變形水蒸氣

我們還可利用變形功能來改變水蒸氣的方向及大小。現在就來試試以「透視」變形功能來變形水蒸氣。

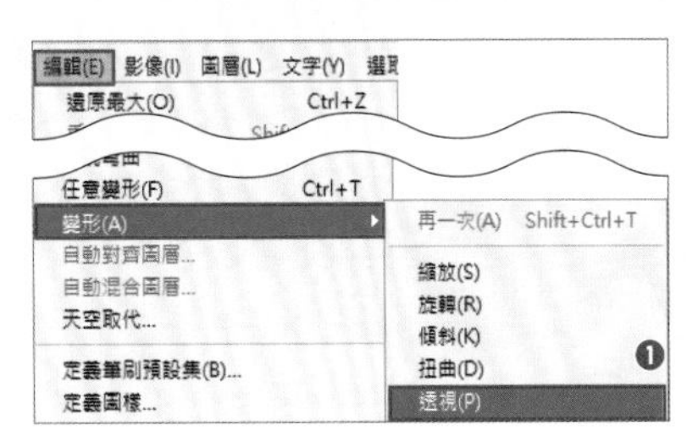

① 點選「編輯 > 變形 > 透視」命令❶。

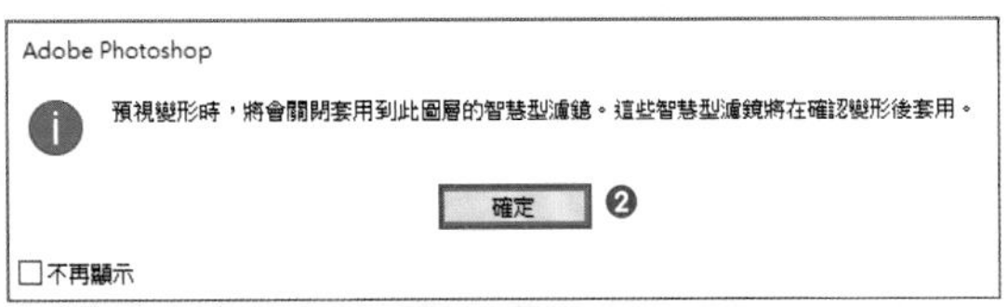

② 這時會彈出訊息說明智慧型濾鏡將暫時關閉，請按「確定」鈕即可❷。

③ 參考第 177 頁的操作說明來變形水蒸氣❸。在此將之變形成往上擴展、散開的樣子。

④ 按下 Enter（return）鍵，便會反映出變形結果。

CHAPTER 9
LESSON 3

圖層樣式 # 漸層工具

加上凝結的水珠

練習檔
9-3.psd

本課程將介紹如何運用圖層樣式，從無到有做出凝結的水珠。

Before

After

攝影：Chez Mitsu（Twitter/Instagram：@chez_mitsu）

這堂課要說明的是以圖層樣式製作凝結水珠的方法。只要遵照光線的反射定律來進行繪製，就能夠畫出水珠。想要呈現十分冰涼的印象時，便可應用這樣的技巧。

建立水珠形狀的選取範圍

首先用快速遮色片建立水珠形狀的選取範圍。

1 開啟練習檔「9-3.psd」後，建立新圖層 ❶。

建立新圖層 ➡ 第 30 頁

2 點按「工具列」中的「以快速遮色片模式編輯」鈕，切換至快速遮色片模式 ❷。接著點選「筆刷工具」，確認前景色為黑色後，塗抹出水珠的形狀 ❸。

繪製水珠時，要注意大小應與周圍的水珠差不多，且形狀應介於橢圓和蛋形之間，才能畫出自然的形狀。本例是以「尺寸：24 像素」且「硬度：90%」的筆刷繪製。

3 點按「工具列」中的「以標準模式編輯」鈕，回到標準模式 ❹。這時除了遮罩部分（已塗抹部分）以外的其他部分會被選取，故按 Ctrl（⌘）+ Shift + I 鍵反轉選取範圍 ❺。

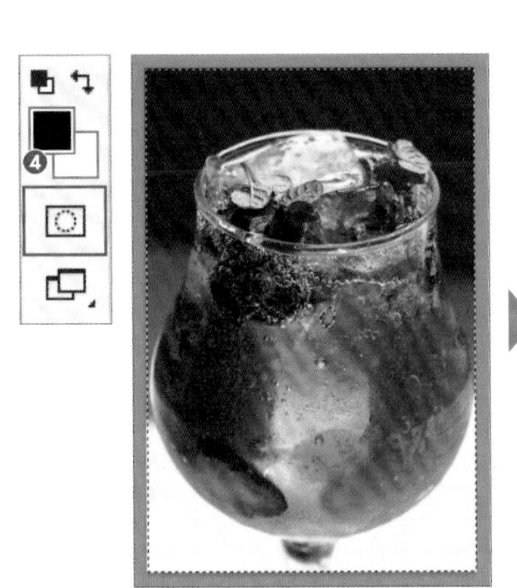

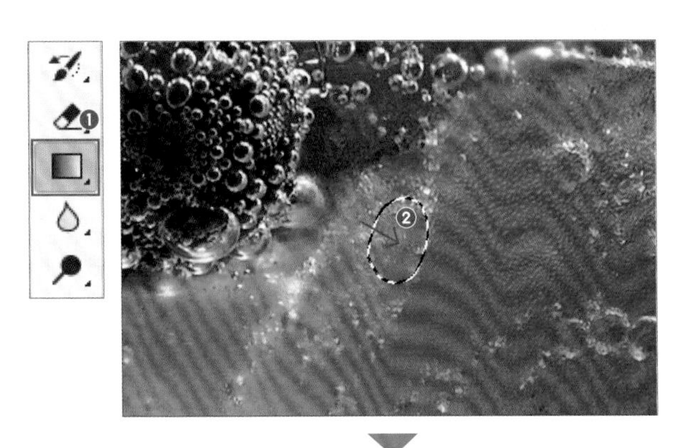

反轉選取範圍後，在快速遮色片模式中塗抹的部分就會成為選取範圍。

為水珠套用漸層

透明的水珠突起於物體表面，由於光線的穿透，使得不同的表面形狀呈現出各種不同的表情。在此我們要為水珠加上由黑到白的漸層。而這個漸層，是為了稍後要以特定混合模式合成所做的準備。

1 選取「工具列」中的「漸層工具」❶。確認前景色為黑色後，從選取範圍的左上往右下拖曳 ❷。這樣就能在水珠的範圍內填入由黑到白的漸層 ❸。填好後按 Ctrl（option）+ D 鍵取消選取。

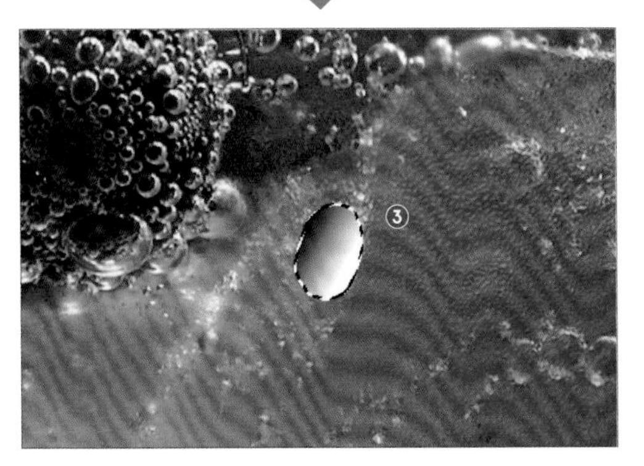

用圖層樣式製作水珠的陰影

現在要製作水珠的陰影及光線的折射效果。這部分的做法很多，而本例是選擇以「內光暈」和「陰影」圖層樣式來達成目的。

① 首先要重現水珠下方明亮的樣子。請雙按圖層名稱右側 ❶，叫出「圖層樣式」對話視窗。確認目前所顯示的是「混合選項」的設定內容，再將「混合模式」選為「柔光」，把「不透明」設為「80」% ❷。

重點提示

「柔光」混合模式會產生怎樣的效果？

柔光就是將「覆蓋」混合模式減弱、柔化的效果。本例是利用柔光的效果，依據漸層由黑至白的階調，來表現水珠的暗部與亮部變化。

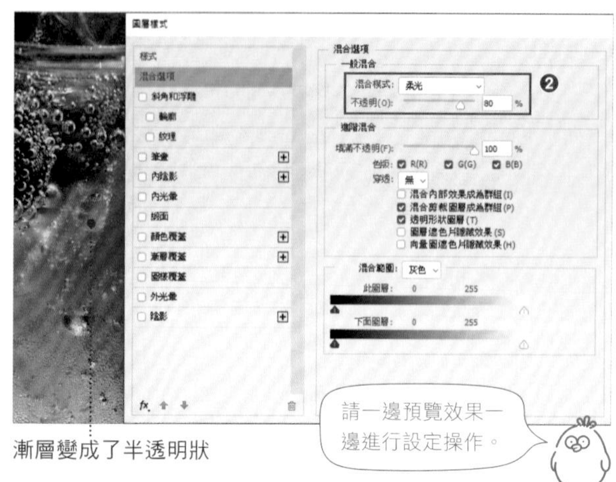

漸層變成了半透明狀

② 接著為了做出立體感，要把水珠的內側邊緣調暗。在「圖層樣式」對話視窗左側勾選「內光暈」項目 ❸，將「混合模式」選為「柔光」，「不透明」設為「100」% ❹，並如下設定其他數值。

顏色：黑色 ❺

技術：較柔 ❻

尺寸：18 像素 ❼

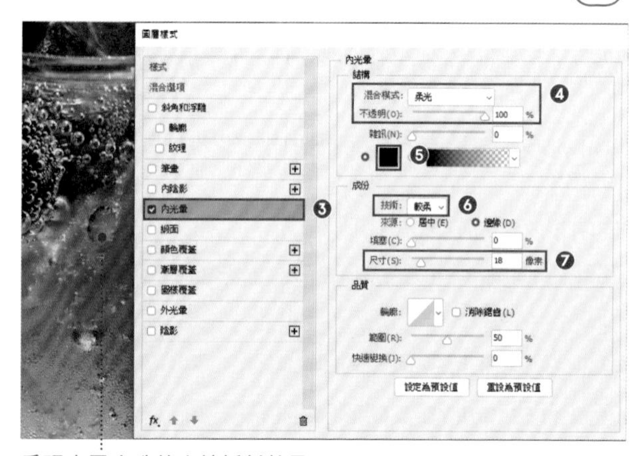
重現出了水珠的光線折射效果

③ 繼續要再製作水珠與玻璃接觸面的陰影。在左側勾選「陰影」項目 ❽，設定「混合模式：覆蓋」，「顏色：黑色」，「不透明：60」% ❾，並如下設定其他數值 ❿，然後按「確定」鈕 ⓫。

角度：127°

勾選「使用整體光源」項目

間距：7 像素

展開：3%

尺寸：4 像素

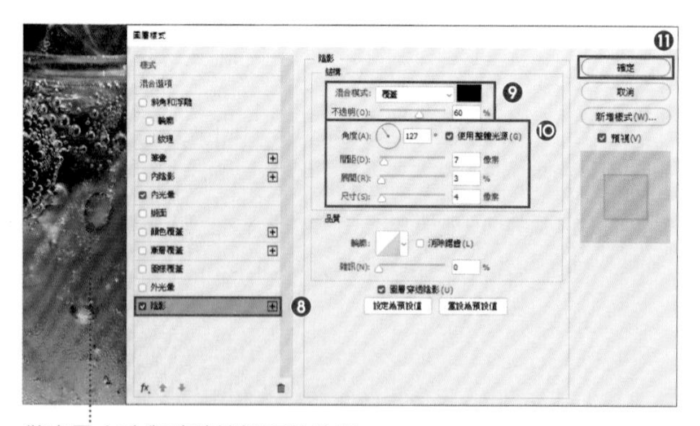
做出了水珠與玻璃接觸面的陰影

重點提示

瞭解角度，做出真實的立體感

「角度」設定的是製造出陰影的光源位置。而所謂的「使用整體光源」項目，是用來指定整個影像文件的光源位置是否要統一。此外，「間距」是指物體與其陰影的距離，「展開」則是指陰影邊緣的模糊程度。

繪製水珠的亮部光點

最後，我們要替水珠加上亮晶晶的亮部光點。一旦加上亮部光點，便能看出光線的照射位置，立體感就會增加。

1. 建立新圖層 ❶。於「工具列」點選「筆刷工具」，將前景色設為白色，我們要繪製一個小點。本例將筆刷的「尺寸」設為「8 像素」,「硬度」設為「85%」❷。

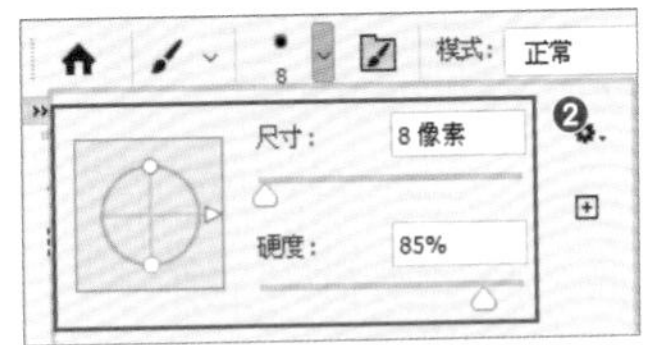

2. 在水珠的左上角點一下，畫出白色的小點 ❸。

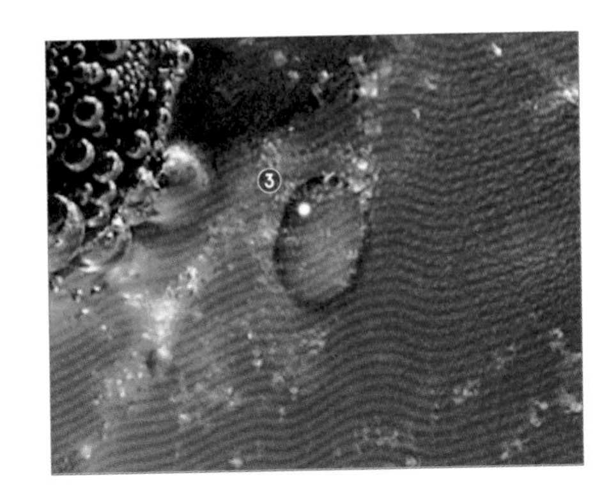

完成！ 成功做出了水滴。

請試著添加更多水滴，展現出飲料的冰涼感。

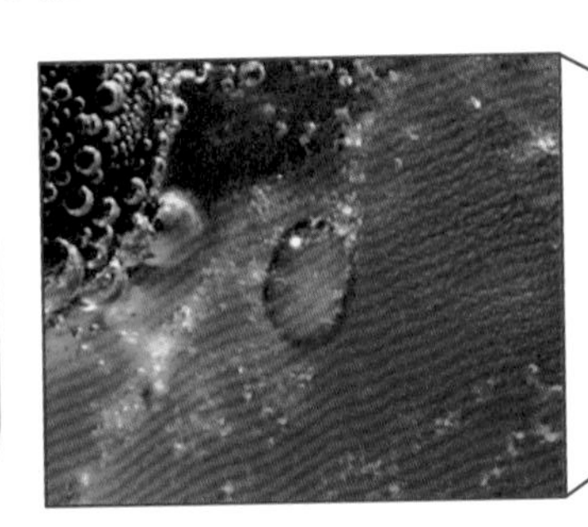

若能進一步反映出不同的亮部光點形狀、隨表面曲度而造成的不同水珠形狀，以及模糊程度等，成果就會更自然。有餘力的人請務必嘗試看看。

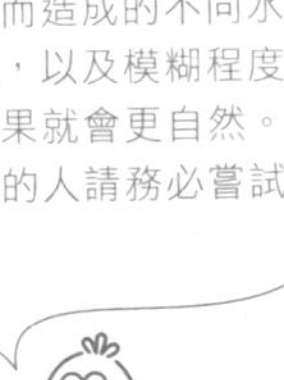

CHAPTER 9
LESSON 4

\# 顏色範圍 # 圖層樣式 # 群組遮色片

替食物增添光澤

練習檔
9-4.psd

本課程將示範如何利用原本就有的亮部（光澤）來增加亮部。就讓我們在適當的位置多增添一些自然的光澤吧！

Before

After

攝影：Chez Mitsu（Twitter/Instagram：@chez_mitsu）

增添光澤

在這堂課裡，我們將選取原始影像中的亮部（光澤），然後用純色填色圖層製作只含亮部的圖層。利用這個自製的圖層，我們就能在保有原始亮部的光澤感與濕潤感的同時，增添自然的亮部。最後再以「外光暈」圖層樣式進行最後修飾，呈現些許模糊光暈。

選取亮部

首先用「顏色範圍」功能來選取影像中的亮部。

1. 開啟練習檔「9-4.psd」後，點選「選取 > 顏色範圍」命令 ❶。

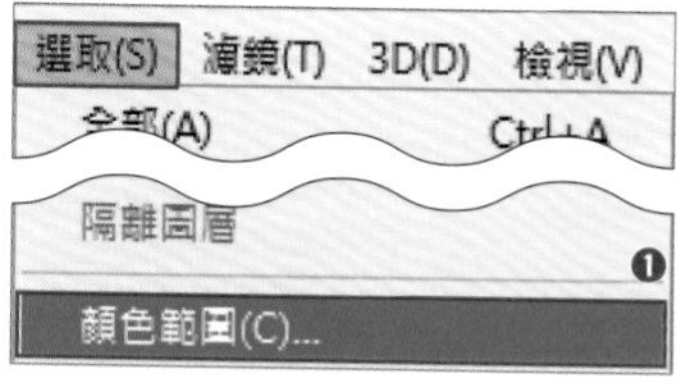

2. 這時會彈出「顏色範圍」對話視窗。在影像中的亮部點一下 ❷。這時在預視窗格裡，會將被選取的亮部範圍顯示為白色 ❸，接著請調整「朦朧」的數值，使亮部都確實呈現為被選取的白色狀態。本例將「朦朧」設為「40」❹。設定好後，就按「確定」鈕 ❺。

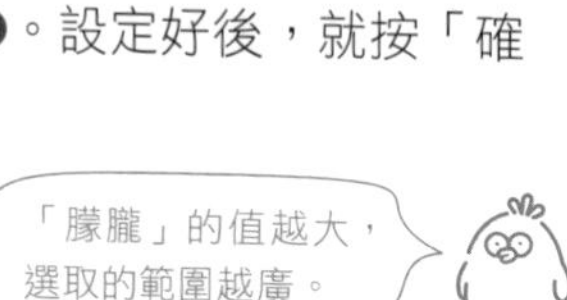

製作只含亮部的圖層

前面的步驟已將亮部選取起來，若在此狀態下建立調整圖層或填色圖層，除了選取範圍以外的其他部分就會被遮罩。在此我們要建立白色的「純色」填色圖層，如果除了亮部以外的部分被遮罩，就等於白色的填色部分代表了亮部的形狀。

1. 確認目前選取了亮部範圍 ❶，再點按「圖層」面板下方的「建立新填色或調整圖層」鈕 ❷，選擇「純色」❸。

2. 這時會彈出「檢色器」對話視窗。在顏色欄位點選白色後 ❹，按「確定」鈕 ❺。

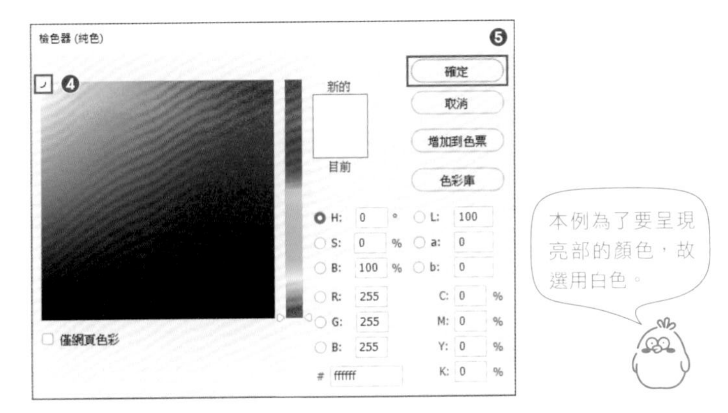

依需要配置亮部的位置

利用「任意變形」功能，將亮部移動到合適的位置。多餘的亮部就用遮色片隱藏起來。

1. 點選「編輯 > 任意變形」命令 ❶。

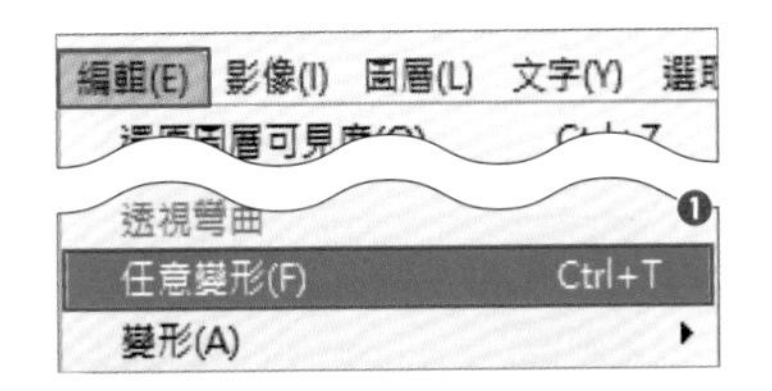

2. 拖曳邊框的邊界或者內部 ❷，以移動亮部的位置。本例將位於中央附近的大塊亮部移到近處的柳橙片上。

將大塊亮部移到近處的柳橙片上

3. 移動完成後，按下 Enter（return）鍵即可確定操作。

只留下需要的亮部

在前面的步驟中，我們留下了純色填色圖層中的所有亮部，故現在要先將該圖層全部遮罩，把所有亮部都隱藏，然後只讓必要部分顯示出來。

1. 點選純色填色圖層 ❶，按 Ctrl（⌘）+ G 鍵將之建立為群組。

2. 按住 Alt（option）鍵不放用滑鼠點一下「圖層」面板下方的「增加圖層遮色片」鈕 ❷。這時圖層群組上就會新增出全黑的圖層遮色片縮圖，表示整個群組都被遮罩起來了 ❸。

> 重點提示
>
> **建立群組以進行非破壞性的資料製作**
>
> 在此之所以建立圖層群組，是為了避免破壞前面的步驟所建立的亮部遮色片。藉由先群組化後再對群組建立遮色片的方式，就能在不破壞亮部遮色片的狀態下，只顯示出必要部分。

3. 接著就針對想留下的亮部部分消除其遮罩。於「工具列」點選「筆刷工具」，然後用白色塗抹想增添亮部之處。

只塗抹想增添亮部（光澤）的地方以消除其遮罩

請想像圖層的遮色片為子，而群組的遮色片為父的概念。

降低筆刷的硬度使塗抹範圍較柔和，亮部的邊界就會顯得自然。

替亮部加上光暈以凸顯光澤

為了讓增加的亮部看起來更自然，最後再來製造一些光線往外側漫溢的光暈效果。在此要使用「外光暈」圖層樣式來處理。

1 雙按純色填色圖層的圖層名稱右側 ❶，叫出「圖層樣式」對話視窗。

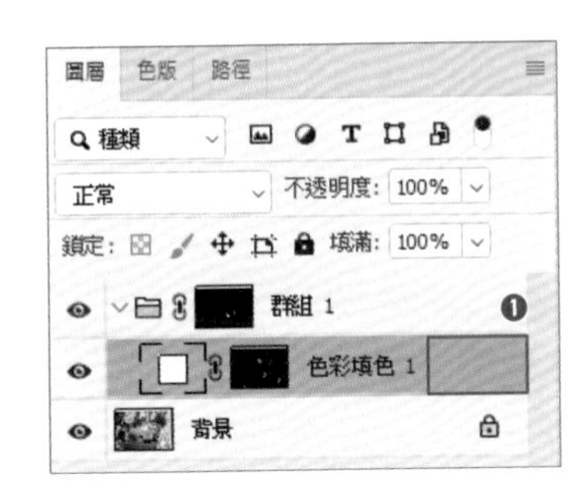

即將完成！

2 勾選「外光暈」❷，並如下設定 ❸，然後按「確定」鈕 ❹。

混合模式：濾色
不透明：30%
顏色：白色
技術：較柔
展開：23%
尺寸：27 像素

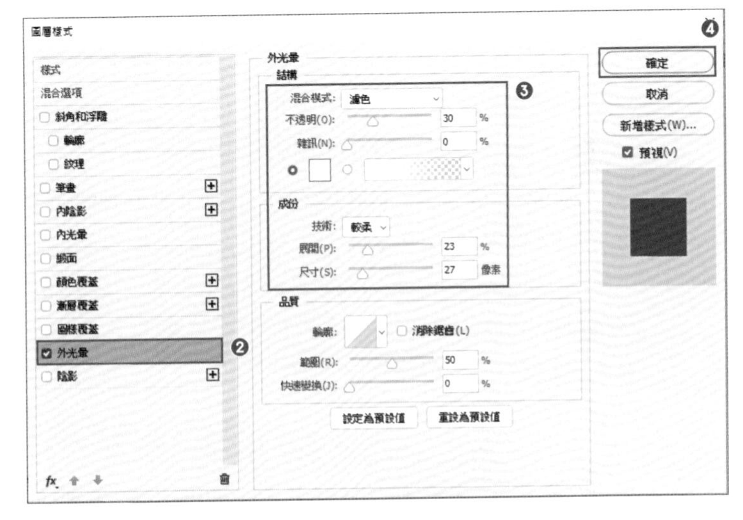

\ 完成！/ 成功為食物增添了更多光澤。

重點提示

想要再次調整圖層樣式時該怎麼辦？

已設定的圖層樣式效果會顯示在圖層之下 ❶。只要雙按此處的效果名稱，就能叫出「圖層樣式」對話視窗以再次調整設定。

COLUMN

看起來美味的顏色與滋滋作響感

顏色會影響人的心理。例如，藍色的果實和橘色的果實相比，你覺得哪種看起來比較好吃呢？多數果實成熟時都會轉為紅色或橘色等暖色系，很少有果子成熟時是呈現藍色等冷色系。正因為在自然界裡成熟多半都是轉為暖色調，故一般而言，覺得橘色果實顯得比較美味的人佔了大多數。

顏色的搭配組合也會對我們造成影響。例如比起清一色都為綠色的沙拉，添加了紅番茄及黃甜椒等色彩繽紛的沙拉，不僅吸睛，看起來也更美味。若能以顏色所具有的這種印象做為武器，就能創作出效果更好的宣傳影像。

在廣告等領域經常有所謂「滋滋作響感」的說法。這不是一般人熟悉的詞彙，各位或許不是很明白它到底代表了什麼意義。這個詞彙源自英文的「sizzle」，此單字原本代表以熱油煎肉時發出滋滋聲的樣子，而基於其刺激食慾的性質，便有人將看起來很好吃形容為「具有滋滋作響感」。同樣道理，替看來好吃的顏色進一步添加鮮嫩的水滴，或是熱騰騰的水蒸氣等，就能有效喚起影像觀賞者對類似的水果或料理等的美味記憶。「如何呈現才能夠打動人心？」編修影像時，一定要考量到你的目標對象才行。

藍色的果實：視覺印象不自然，無法勾起食慾

紅色的果實：給人已成熟的印象，看起來很好吃

跟專業的學！進階作品創作

在這最後的第 10 章中，讓我們運用從前面各章學來的知識，
進一步學習合成多張影像時所需的技巧。
不只是把影像疊在一起而已，
我們還將巧妙地運用遮色片及混合模式等，
以製作出具魅力的作品。

合成多張影像 # 建立圖層群組 # 圖層樣式

製作奇幻的空中水族館

練習檔
10-1.psd

自此開始，我們將體驗合成多張影像來製作單一作品的過程。而這堂課將利用「濾色」混合模式，創造海中生物如半透明的白色精靈般在空中游泳的視覺印象。

Before

近景

遠景

After

攝影：kix.（Twitter：@KIX_dayinmylife）
模特兒：Semi
（Twitter/Instagram：@meenmeen_0）

攝影：senatsu
協助拍攝：海遊館

在這堂課裡，我們要以「濾色」混合模式將兩張選定的照片重疊於背景上。藉由將圖層轉換成黑白影像，並利用「濾色」混合模式能讓亮處更亮的特性，創造出如半透明骸骨般的海中生物。

就讓我們隨著本例，一同發揮照片所具有的夢幻氛圍，親身體驗這樣的作品創作過程。

配置多張影像

將近景的素材與遠景的素材配置於背景影像上。請從遠景素材開始配置，這樣近景素材就會在最近處（最上層）。

① 開啟練習檔「10-1.psd」❶。

點選「檔案 > 置入嵌入的物件」命令❷。

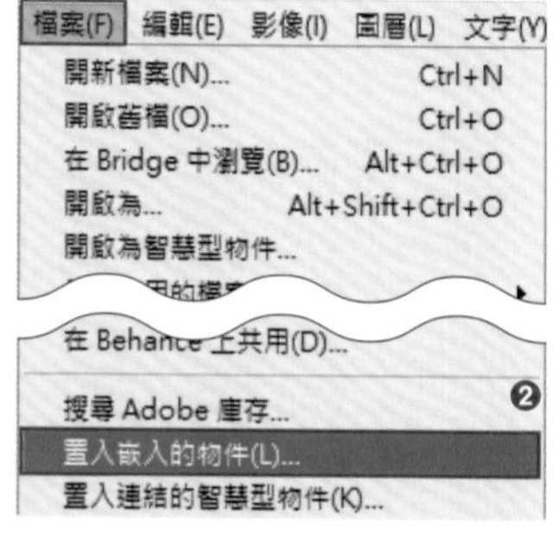

② 這時會彈出「置入嵌入的物件」對話視窗。首先要配置遠景影像。選擇遠景素材「CP10_1_material_1.png」後 ❸，按「置入」鈕 ❹。

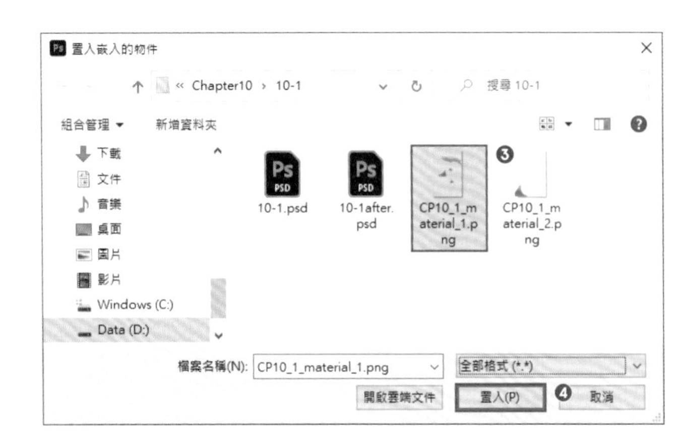

③ 這樣就置入了「CP10_1_material_1.png」，按下 Enter（return）鍵即可確定置入 ❺。

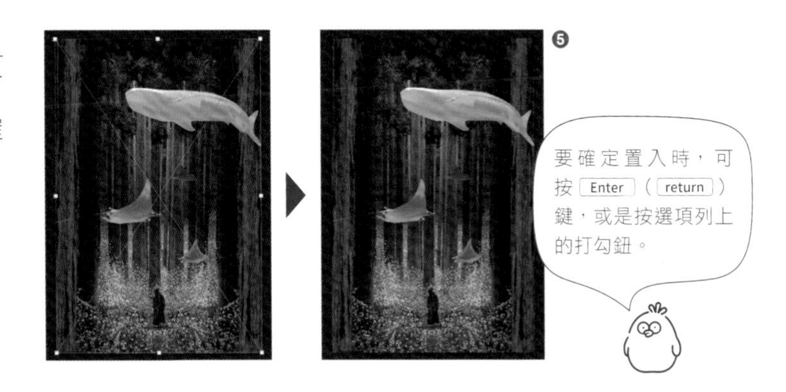

④ 同樣以嵌入的方式置入近景素材「CP10_1_material_2.png」。

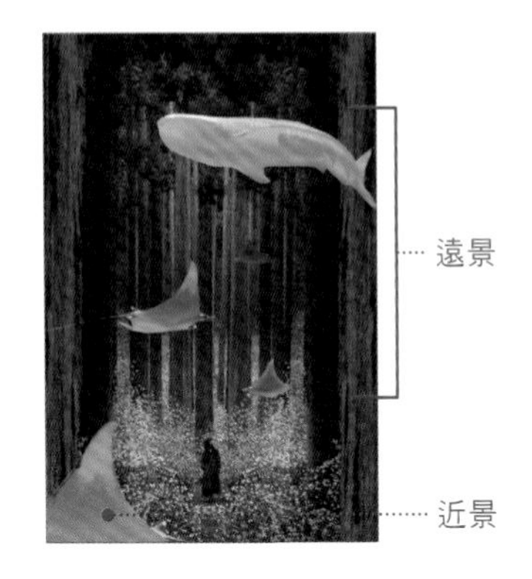

將多張照片群組起來

現在要將置入的多個素材圖層建立成群組，將它們整合在一起。如此就能對整個群組套用調整效果或遮色片，形成方便管理的圖層結構。

① 選取剛剛置入的兩個圖層（按住 Shift 鍵連續點選）❶，再按 Ctrl（⌘）+ G 鍵建立為群組 ❷。

2 替群組設定清楚易懂的名稱，本例設為「material」❸。

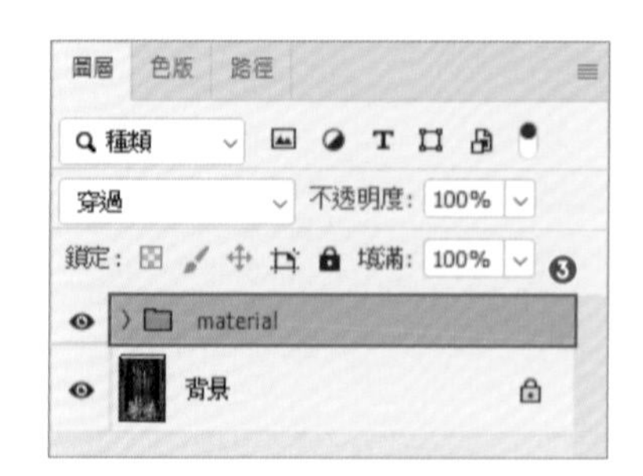

為整個群組套用調整效果

接著要將「material」群組的混合模式設為「濾色」，使之呈現可看見下層影像的半透明狀。此外還要去除色彩資訊，轉成黑白影像，只顯示出明暗差異。這樣就能做出如精靈般輪廓發光的半透明感。

1 點選「material」群組 ❶，將「混合模式」選為「濾色」❷，然後建立「黑白」調整圖層 ❸。

2 按住 Alt（option）鍵不放，將滑鼠指標移至「黑白」調整圖層與「material」群組的交界處點一下 ❹，用「material」群組來替「黑白」調整圖層建立剪裁遮色片 ❺。

3 這時「material」圖層群組的透明部分便被遮罩起來，只留下鯨鯊及魔鬼魚部分的黑白影像，而背景則呈現為原始色彩。

替群組套用遮色片

接下來為了把上方的鯨鯊與遠處的魔鬼魚處理成在樹的後面的樣子，我們要替「material」群組套用遮色片。

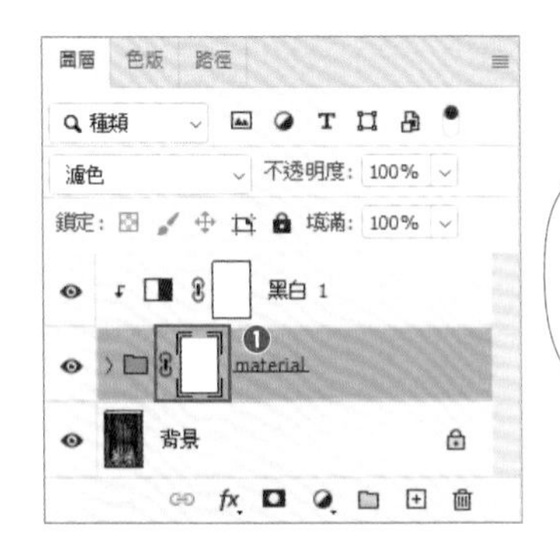

只要在「圖層」面板中點選該圖層群組後，按下方的「增加圖層遮色片」鈕，即可替該群組新增圖層遮色片。

1. 替「material」圖層群組新增圖層遮色片 ❶。

2. 用黑色筆刷塗抹想要遮罩的部分。本例塗抹的是鯨鯊的尾鰭部分 ❷，以及遠處魔鬼魚的胸部 ❸。

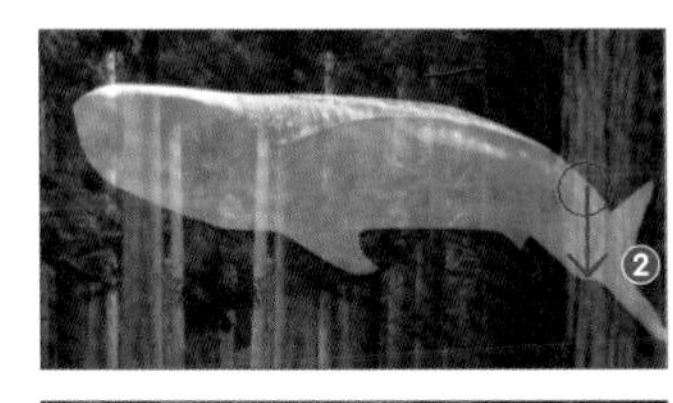

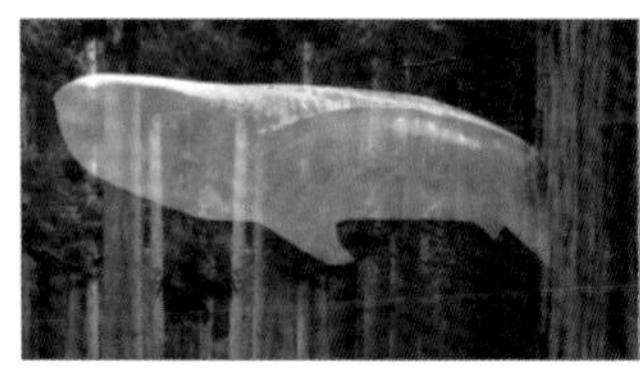

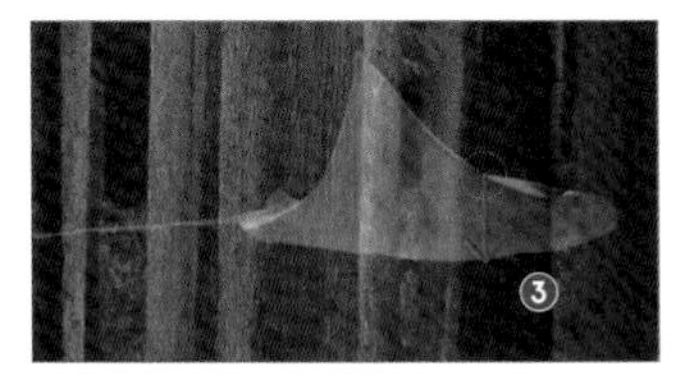

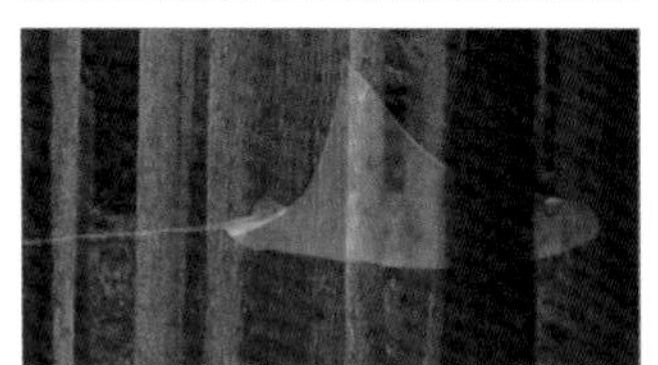

鯨鯊是以「尺寸：130 像素」、「硬度：25%」左右的筆刷塗抹。魔鬼魚則以較小的「尺寸：40 像素」左右的筆刷塗抹。

3. 成功地遮罩了兩處。

加上發光效果

繼續要為「material」群組中的各圖層添加效果，使之呈現出發光的樣子。在此要套用圖層樣式的光暈類效果。

1. 展開「material」群組，雙按近景素材「CP10_1_material_2」圖層名稱右側 ❶。

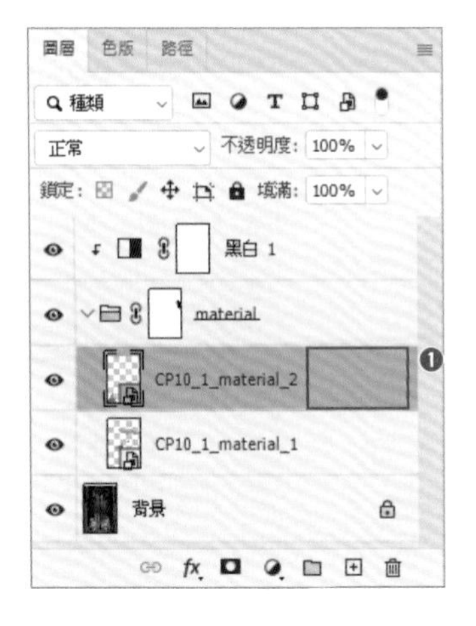

② 在「圖層樣式」對話視窗中，勾選「外光暈」項目 ❷，並如下設定。

混合模式：線性加亮（增加）❸
不透明：40% ❹
展開：7% ❺
尺寸：100 像素 ❻
範圍：100% ❼

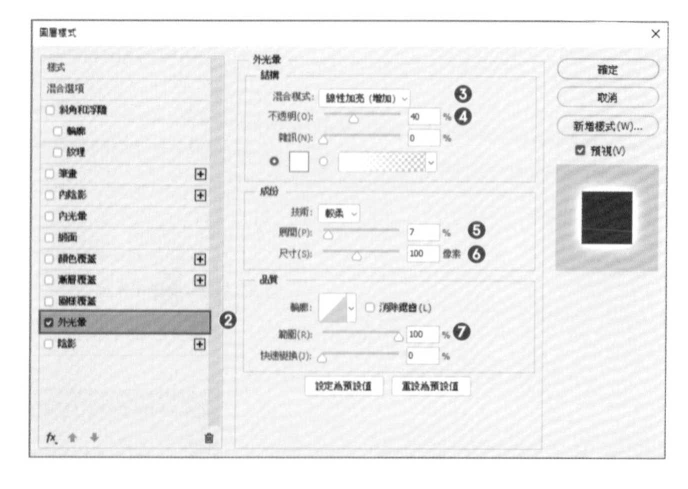

③ 接著再勾選「內光暈」❽，並如下設定。

不透明：17% ❾
填塞：5% ❿
尺寸：100 像素 ⓫

設定好後，就按「確定」鈕 ⓬。

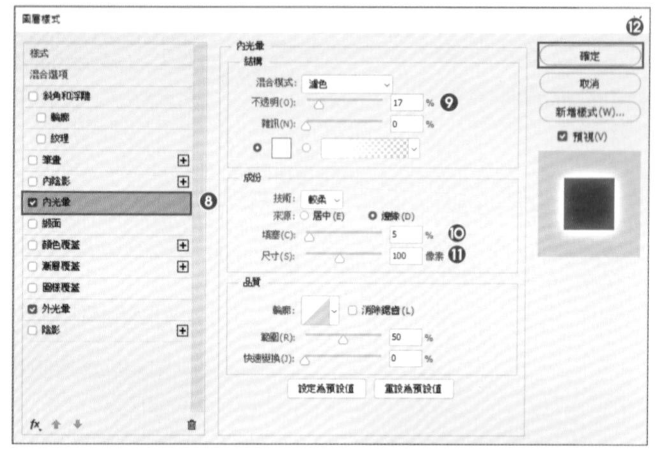

④ 這樣近景圖層的影像就發出了柔和的光暈。

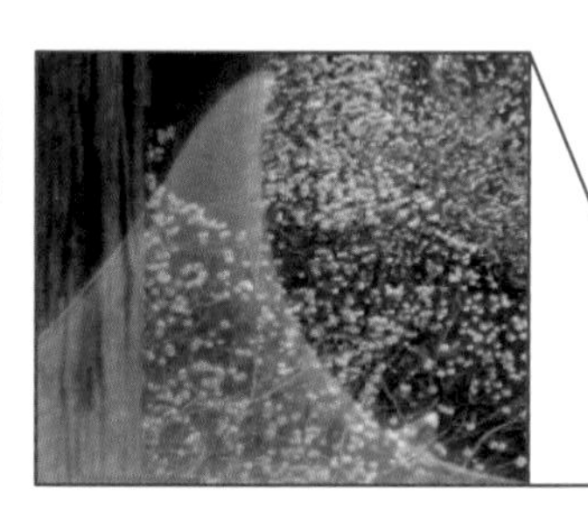

將圖層樣式複製到其他圖層

讓我們把套用在近景素材圖層「CP10_1_material_2」上的圖層樣式複製到遠景素材圖層「CP10_1_material_1」。

① 按住 Alt（option）鍵不放，將「fx」圖示拖曳到「CP10_1_material_1」圖層上 ❶。

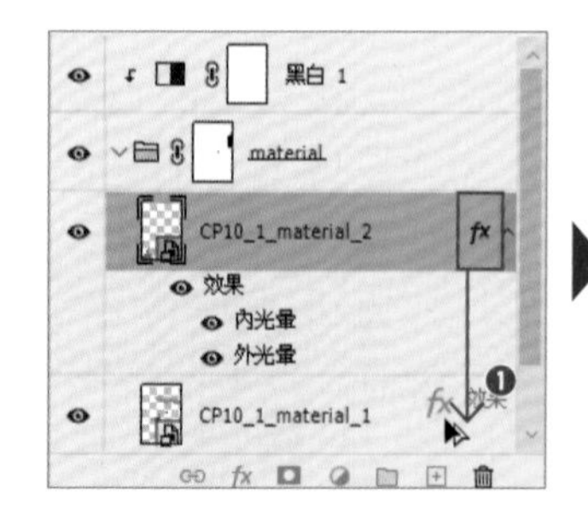

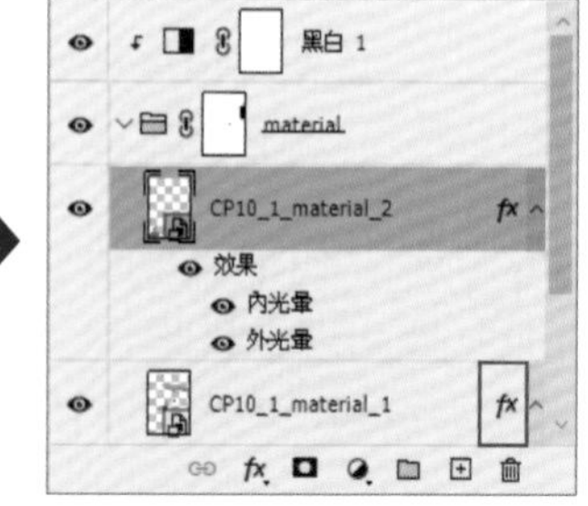

② 也為遠景圖層加上柔和的光量效果了。

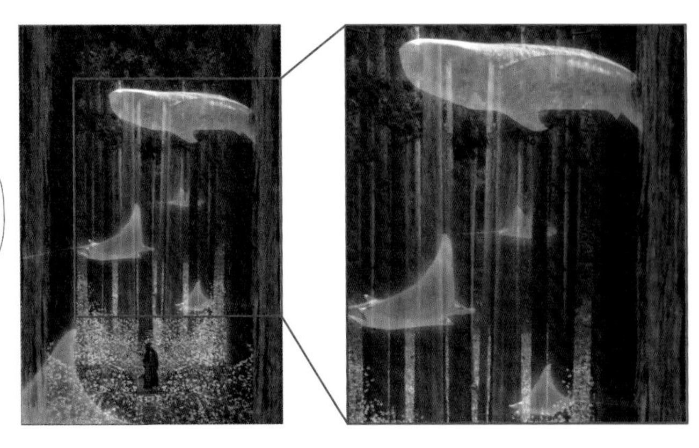

將近景模糊化

最後再使用「高斯模糊」，將近景處的魔鬼魚模糊化。藉由增強遠近感，來讓觀賞者更能感受到立體空間。

① 選取近景素材圖層「CP10_1_material_2」後❶，點選「濾鏡＞模糊＞高斯模糊」命令❷。

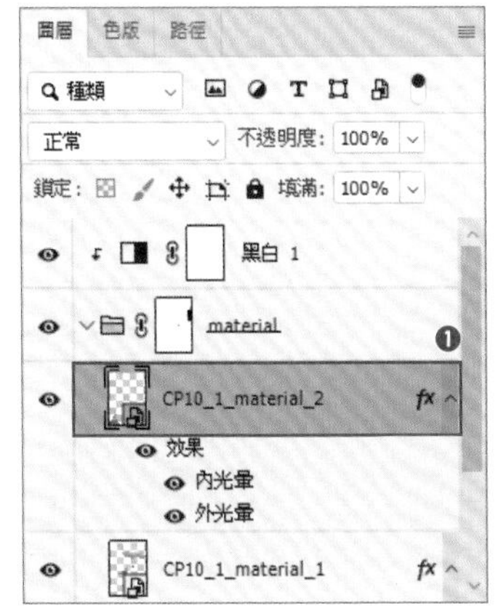

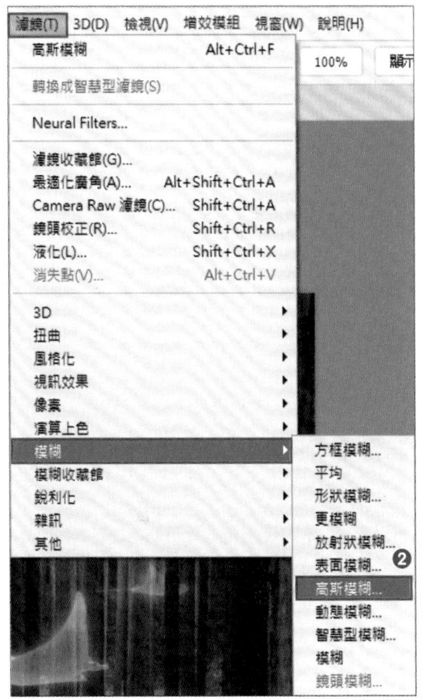

② 這時會彈出「高斯模糊」對話視窗，將「強度」設為「9.0」像素❸，然後按「確定」鈕❹。

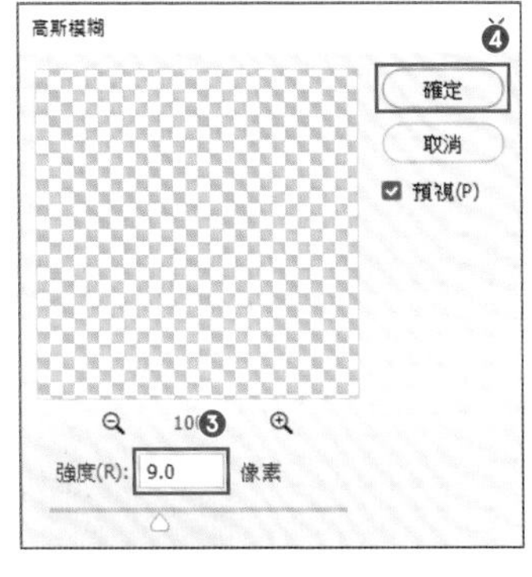

＼完成！／ 完成了奇幻的空中水族館。

合成多張影像 # 覆蓋 # 小光源

合成廢墟與海底影像

練習檔
10-2.psd

在本課程中，我們要變更圖層的「混合模式」並運用遮色片，嘗試做出自然的合成影像。

在這堂課裡，我們要合成以仰角拍攝的大樓影像與從海底拍攝的鯊魚照片，做出鯊魚悠游於海底廢墟的影像作品。於過程中，我們將學到單純發揮混合模式特性，完全不需任何細緻的剪裁去背處理的快速技巧，以及搭配運用放射性漸層來製造幽暗感的手法等視覺表現技巧。

配置素材影像

首先要在背景影像上配置鯊魚的照片。

① 開啟練習檔「10-2.psd」❶。

點選「檔案 > 置入嵌入的物件」命令，選擇鯊魚照素材檔「CP10_2_material.tif」，將鯊魚照片配置於廢墟影像上❷。

置入嵌入的物件 ➡ 第 242 頁

❶

❷

攝影：senatsu
協助拍攝：海遊館

消除必要部分的遮罩

接著先用全黑的遮色片將素材照片整個遮罩起來，再針對必要部分以白色筆刷塗抹來消除遮罩。

1. 於「圖層」面板點選「CP10_2_material」圖層後❶，按住 Alt（option）鍵不放用滑鼠點一下下方的「增加圖層遮色片」鈕❷，便會新增出圖層遮色片❸。

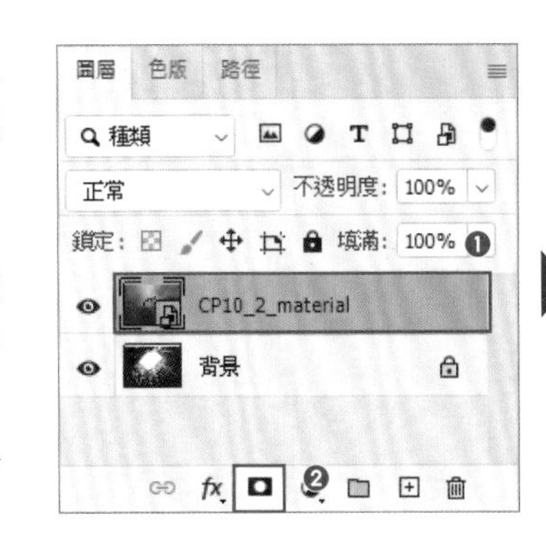

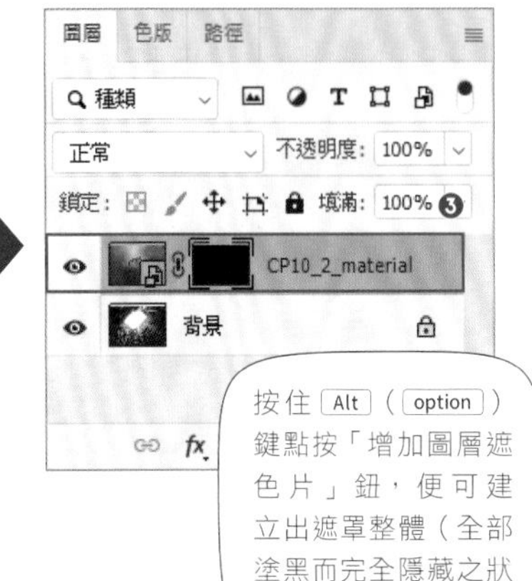

按住 Alt（option）鍵點按「增加圖層遮色片」鈕，便可建立出遮罩整體（全部塗黑而完全隱藏之狀態）的圖層遮色片。

2. 在此我們只消除天空部分的遮罩，故使用「筆刷工具」（「前景色：白色」，「尺寸：300 像素」，「硬度：0%」）塗抹天空部分❹。

複製圖層並變更混合模式

現在要複製圖層後，反轉遮色片，並於未合成的部分加上海水的顏色。

1. 點選「CP10_2_material」圖層後，按 Ctrl（⌘）+ J 鍵複製該圖層❶。

2. 點選複製出的圖層的圖層遮色片縮圖❷，再按 Ctrl（⌘）+ I 鍵反轉遮色片的灰階階調❸。

3. 將圖層的「混合模式」選為「覆蓋」❹。

4 廢墟部分就疊上了海水的顏色。

以「覆蓋」混合模式重疊，便可於維持照片明暗差異的同時，合成海水的部分。

5 再複製剛剛複製出的「CP10_2_material 拷貝」圖層 ❺，並將複製出的圖層更改為「混合模式：小光源」❻，「填滿：30%」❼。

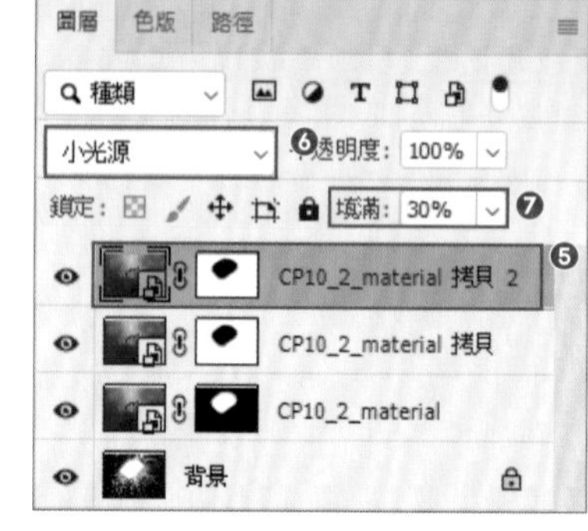

以「小光源」混合模式重疊，便可讓海水的顏色也擴大至亮部。

重現海水的深度

海水越深，光線就越照不到深處，視野也會變得不那麼清晰。故在此要以「色階」來調整「背景」圖層，減弱其對比，藉此重現在深海中的感覺。

1 按住 Alt 鍵不放，點一下「背景」圖層的眼睛圖示 ❶，將「背景」圖層之外的其他圖層都隱藏起來。

重點提示

只顯示單一圖層

在有多個圖層的狀態下，按住 Alt（option）鍵不放以滑鼠點一下欲顯示之圖層的眼睛圖示，即可將其他圖層都隱藏起來。

2 叫出「色版」面板，從「藍」色版複製出「藍 拷貝」色版。

複製色版 ➡ 第 108 頁

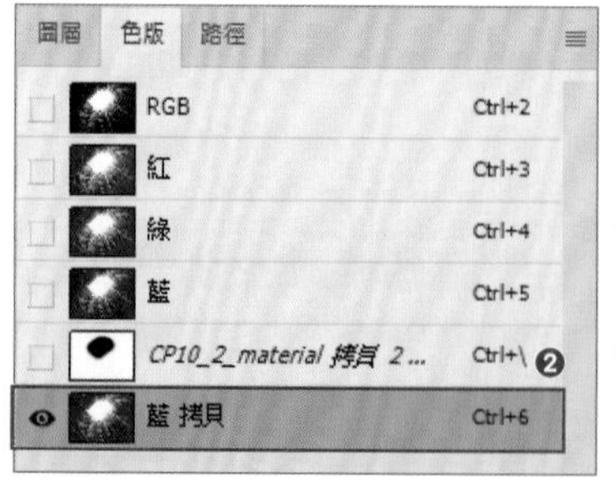

只顯示「藍 拷貝」色版的狀態

③ 按 Ctrl（⌘）+ L 鍵，叫出「色階」對話視窗，將陰影、中間調、亮部依序設為「120」、「0.9」、「210」後 ❸，按「確定」鈕 ❹。

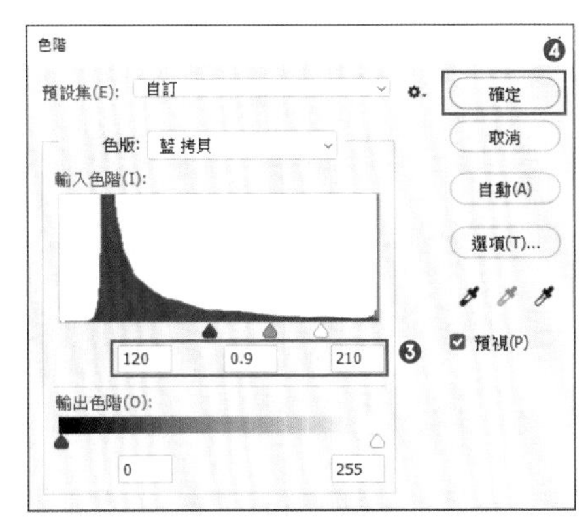

④ 做出了除亮部以外都為黑色的色版 ❺。

⑤ 於「圖層」面板將所有圖層都顯示出來，點選「背景」圖層後，新增「色階」調整圖層 ❻。

⑥ 點選「影像 > 套用影像」命令 ❼，叫出「套用影像」對話視窗。將「色版」選為「藍 拷貝」❽，並勾選「負片效果」項目 ❾，再按「確定」鈕 ❿。

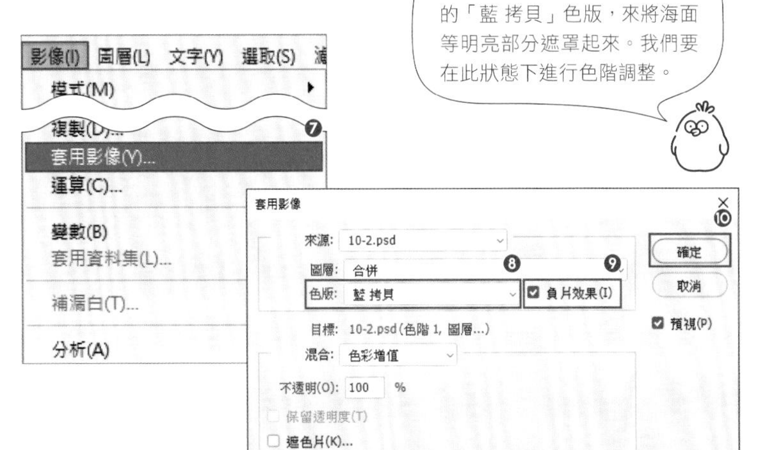

⑦ 這時，剛剛於「色版」面板中製作的遮色片，便反映在「色階」調整圖層的圖層遮色片上 ⓫。

⑧ 現在用「色階」調亮中間調，在「內容」面板將亮部、中間調、陰影依序設為「0」、「1.84」、「255」⓬。

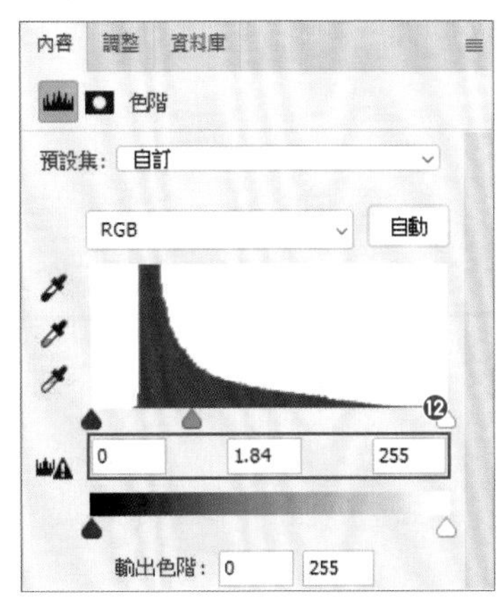

9 對比減弱，看不清遠處，變得更能感受到海水的質量。

把光線到不了的地方調暗

為了表現出海水的深度，我們要讓影像的四個角落保持黑暗。本例的做法是將「色階」調整圖層建立為群組，然後用放射性漸層來遮罩四個角落。

即將完成！

1 點選「色階」調整圖層 ❶，按 Ctrl（⌘）+ G 鍵將之建立為群組 ❷。

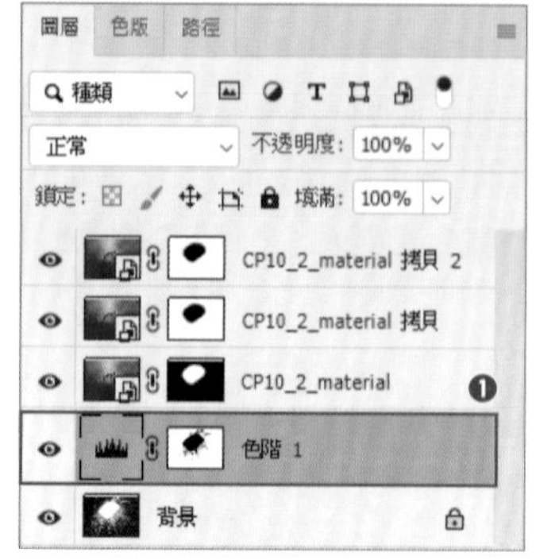

2 替群組新增圖層遮色片後 ❸，點選「工具列」中的「漸層工具」❹，於選項列選擇「放射性漸層」❺。

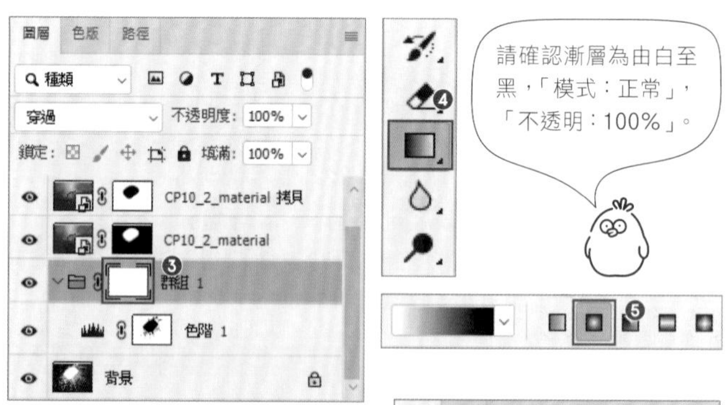

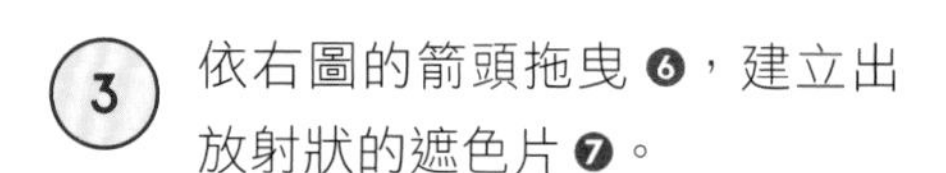

3 依右圖的箭頭拖曳 ❻，建立出放射狀的遮色片 ❼。

完成！ 成功做出彷彿從海底廢墟向上仰望般的影像作品。

將檔案載入堆疊 # 進階混合

利用雙色調替照片增添視覺震撼

練習檔
model_01.png
model_02.png

本課程將運用圖層樣式來限制所顯示的色版，藉此將兩張照片合成為色彩數量有限的雙色調影像。

Before

攝影：丁　紗奈（@sj_1711）
模特兒：William Franklin
（@the_trauma_ocean）

After

在這堂課裡，我們要將兩張照片加工處理成紅色與青色的雙色調影像。由於這種方式能將照片擷取瞬間所屬的時間軸，以軌跡的形式呈現出來，故可透過不同的照片組合及所欲傳達之意圖，進一步提升作品的創作性。

將多張照片載入為圖層堆疊

首先使用為 Photoshop 自動處理功能之一的「將檔案載入堆疊 」功能，在單一 PSD 檔內以圖層形式配置多張影像。

1. 點選「檔案 > 指令碼 > 將檔案載入堆疊」命令 ❶。

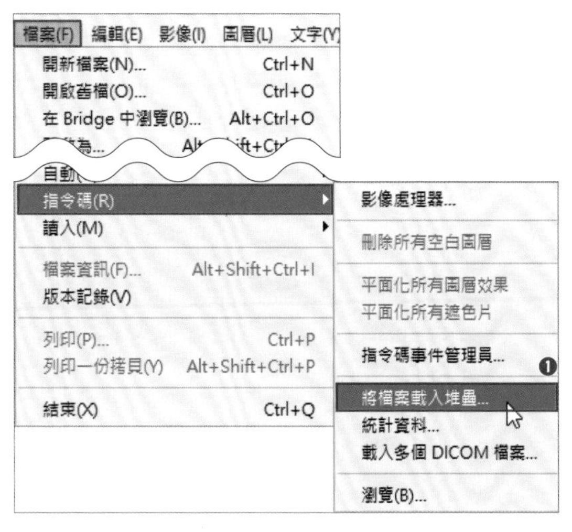

② 這時會彈出「載入圖層」對話視窗，請點按「瀏覽」鈕 ❷，選擇練習檔「10-3」資料夾中的「model_01.png」和「model_02.png」❸，再按「開啟」鈕 ❹。

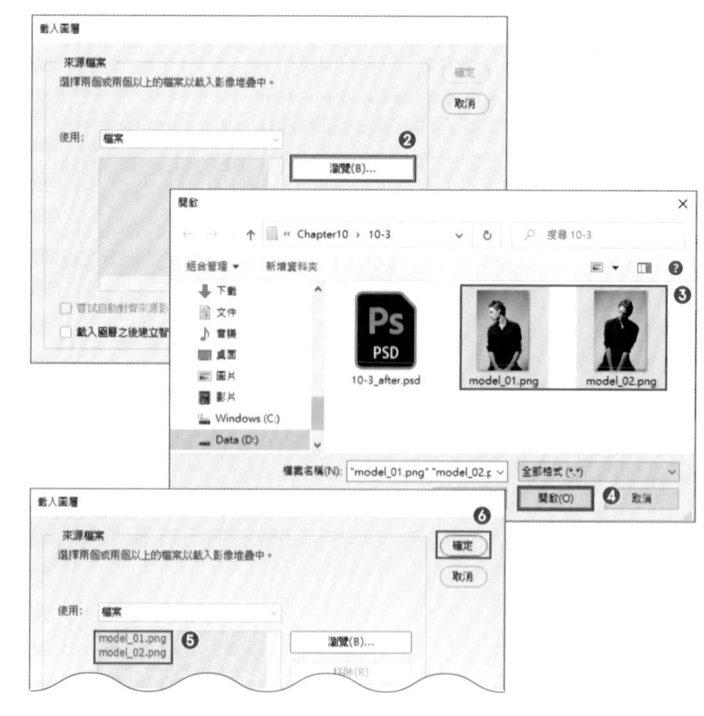

③ 當「載入圖層」對話視窗中顯示出所選檔案的檔名 ❺，就按下「確定」鈕 ❻。

④ 於「圖層」面板可確認，所選擇的檔案已被載入為圖層 ❼。

也請確認由上而下是否依序為「model_01.png」、「model_02.png」。

把背景處理成白色

為了使完成的雙色調看起來更漂亮，現在要先把背景處理成白色。本例的做法是替人物去背，然後配置在填滿了白色的圖層之上。而由於有兩個人物圖層，故需分別針對各圖層進行同樣的作業。

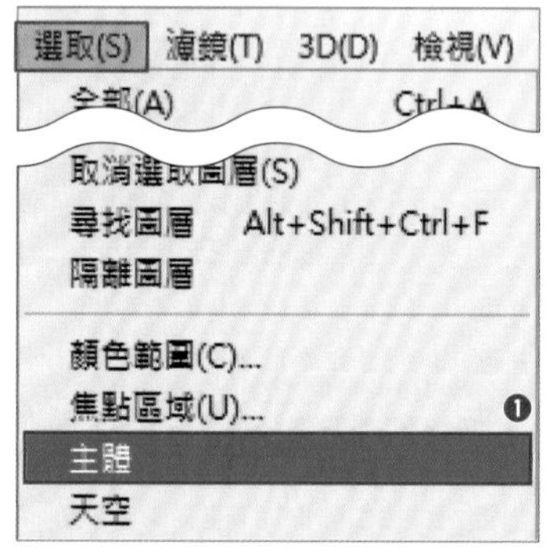

① 選取「model_01.png」圖層後，點選「選取 > 主體」命令 ❶，以選取人物 ❷。

② 點按「圖層」面板下方的「增加圖層遮色片」鈕 ❸，以新增圖層遮色片 ❹。

「model_01.png」圖層中人物以外的部分就被遮罩起來了 ❺。

3 在被遮罩的圖層下方建立一個新圖層 ❻。

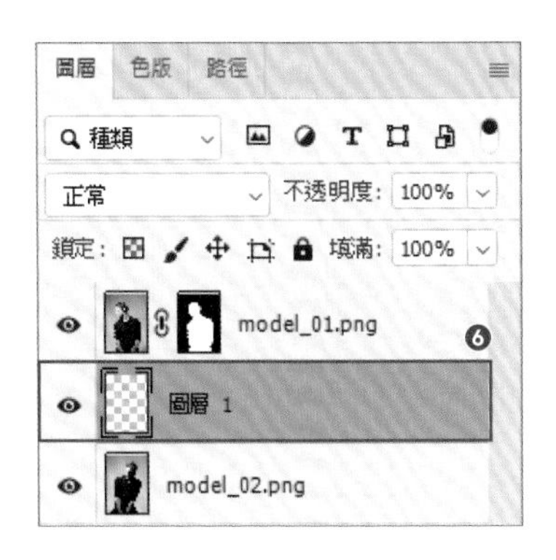

4 將背景色設為白色 ❼，然後按 Ctrl（⌘）+Back space（delete）鍵以填入白色。

人物的背景就變成白色了 ❽。

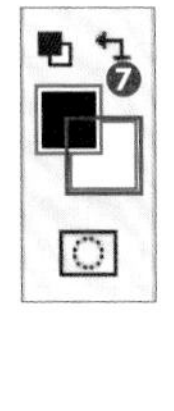

5 於「圖層」面板選取被遮罩的圖層和填滿白色的圖層後 ❾，按 Ctrl（⌘）+E 鍵。這樣就能合併所選取的圖層 ❿。

6 隱藏合併後的圖層 ⓫。
接著點選另一個人物圖層 ⓬，同樣以步驟 ① ～ ⑤ 的方式，建立白色圖層並加以合併 ⓭。

選擇要混合的色版

最後要在圖層樣式的「進階混合」設定中，把 RGB 色版的顯示縮減為只顯示其中一個色版。這樣就能讓套用於圖層的效果只套用在單一色版，並以此狀態與下層圖層合成。

顯示「model_01.png」圖層，雙按該圖層的圖層名稱右側，叫出「圖層樣式」對話視窗。取消「色版」中的「G」與「B」❶，然後按「確定」鈕❷。

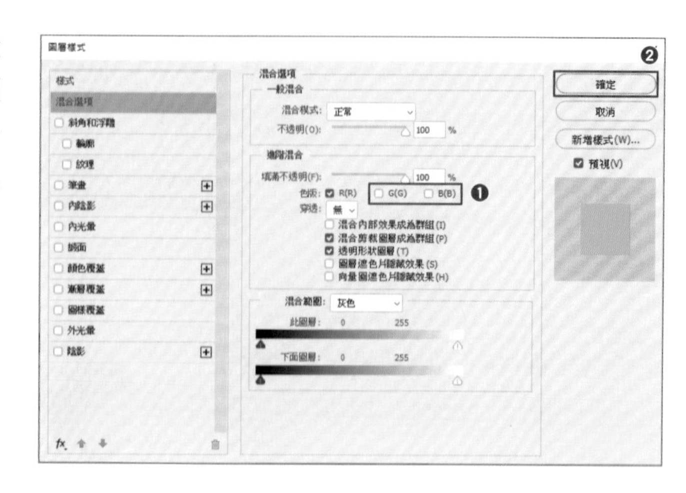

＼完成！／ 限制了 RGB 色版的顯示，成功做出了雙色調作品。

＼進階知識！／

● 嘗試更改所顯示的色版

讓我們來試試不同的色版組合會讓顏色如何變化。請依據你想呈現的氛圍來分別應用。

光是改變所顯示的色版，就能輕鬆做出具視覺震撼力的影像，請務必多多嘗試。

只顯示「G」

只顯示「B」

剪裁遮色片 # 替群組套用遮色片

製作多重曝光風格的作品

練習檔
10-4.psd

本課程將組合不同種類的照片，創作出多重曝光的視覺效果。讓我們變更混合模式並運用剪裁遮色片，進一步磨練自己的合成技巧。

Before

攝影：丁　紗奈
（Instagram：@sj_1711）
模特兒：William Franklin
（Instagram：@the_trauma_ocean）

After

這堂課將合成兩張照片，以數位方式製作多重曝光的影像。讓我們仔細調整照片的配置位置、遮色片的套用方式，以及整體色彩等，以進一步提升創作性。

所謂的多重曝光，是一種在同一張照片上疊加多張照片的拍攝手法。

調整人物照的色調

首先建立調整圖層，將人物照轉換為黑白影像後，再用「色階」功能調亮影像。

① 開啟練習檔「10-4.psd」。在「model」圖層之上新增「黑白」調整圖層 ❶。

新增調整圖層 ➡ 第 56 頁

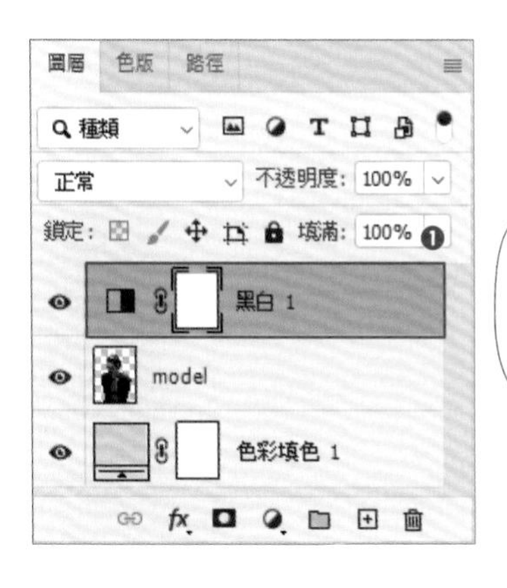

最後一堂課的難度稍高。請發揮前面學到的技巧，勇敢挑戰看看。

② 按住 Alt（option）鍵不放，將滑鼠指標移至「黑白 1」圖層與「model」圖層的交界處點一下，以建立剪裁遮色片 ❷。

剪裁遮色片 ➡ 第 114 頁

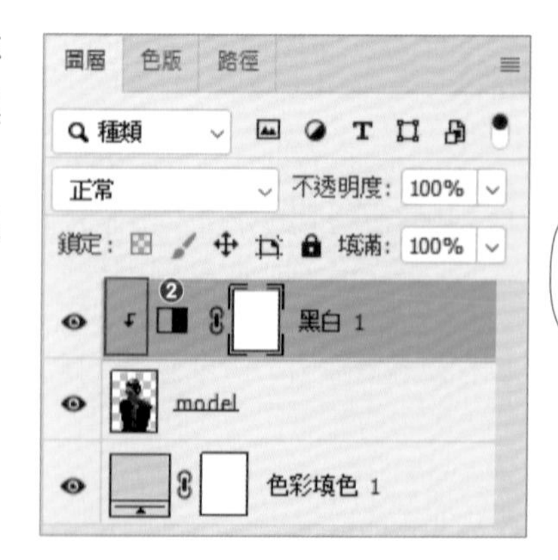

這張人物照已事先去背，並於其下建立「純色」填色圖層做為背景。

③ 在「黑白」調整圖層之上新增「色階」調整圖層，並同樣建立剪裁遮色片 ❸。

在「內容」面板將此「色階」調整圖層的中間調調亮。本例將亮部、中間調、陰影依序設為「0」、「1.4」、「255」❹。

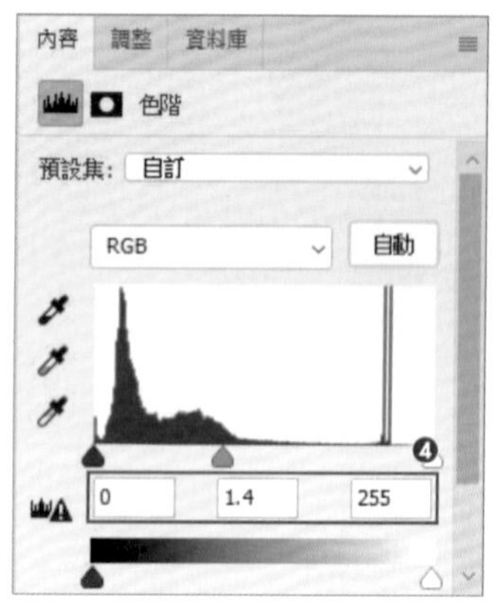

④ 由於建立了剪裁遮色片，所以「黑白」和「色階」調整圖層的效果都只會套用於「model」圖層。

與別的照片合成

接著以嵌入方式將要合成的照片置入，然後用「濾色」混合模式合成，以製作多重曝光的基底。

① 點選「檔案 > 置入嵌入的物件」命令，選擇置入「material1.jpg」檔，再用「任意變形」等功能，將其位置和大小調整成如右圖狀。

置入嵌入的物件 ➡ 第 242 頁

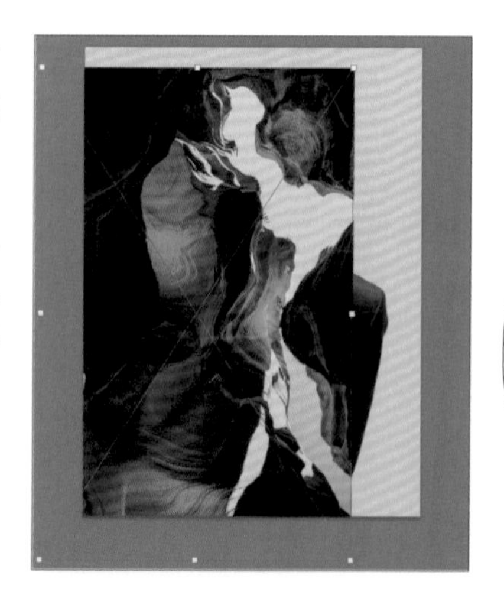

本例將從溪谷裂隙往上看見的天空部分，調整成從男性頭頂延伸至左臂的狀態。

② 在「圖層」面板將混合模式選為「濾色」❶。

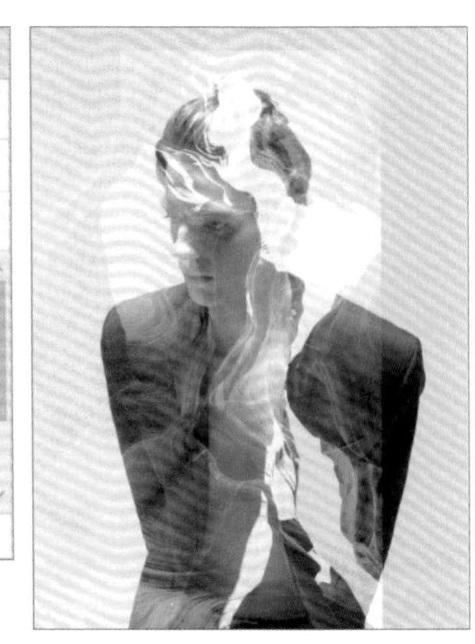

用人物的形狀來遮罩影像素材

現在要建立人物的選取範圍來遮罩溪谷影像。為了方便後續作業，我們要先建立群組，然後再套用遮色片。

① 點選「material1」圖層 ❶，按 Ctrl（⌘）+ G 鍵將之建立為群組後，為群組新增圖層遮色片 ❷。

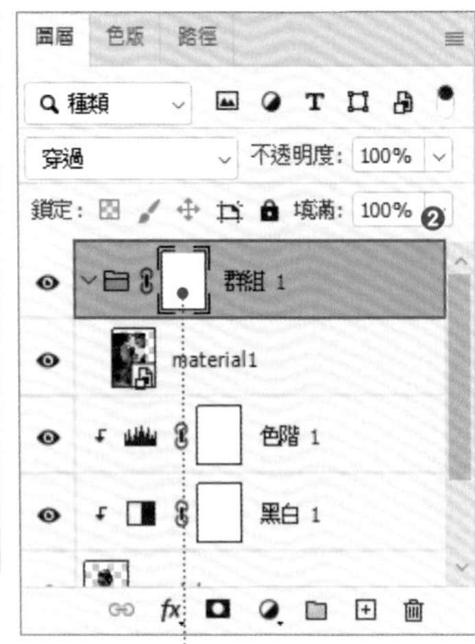

替群組新增了圖層遮色片

② 按住 Ctrl（⌘）鍵不放，用滑鼠點一下「model」圖層的圖層縮圖 ❸。

③ 這樣就建立出了人物的選取範圍 ❹。

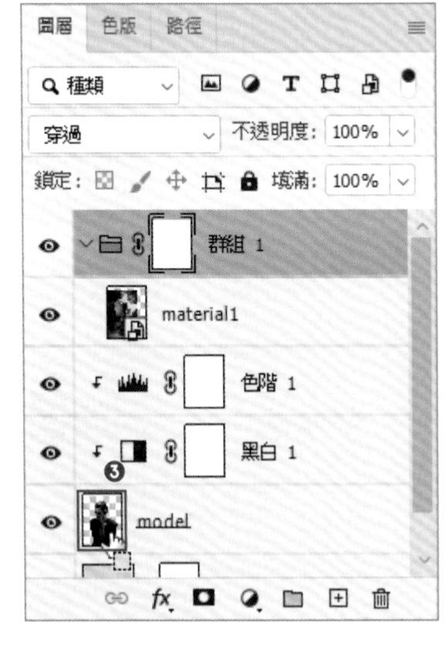

重點提示

從圖層或遮色片縮圖建立選取範圍

按住 Ctrl（⌘）鍵不放以滑鼠點選圖層縮圖，便可將所點選圖層的不透明部分建立為選取範圍。而要從遮色片建立選取範圍時，則需點選圖層遮色片縮圖，這時所點選之圖層遮色片縮圖的未遮罩部分，就會成為選取範圍。

這是很常用的快速鍵，請務必記住。

4 按 Ctrl（⌘）+ Shift + I 鍵反轉選取範圍。接著將背景色設為黑色，然後按 Ctrl（⌘）+ Back space（delete）鍵以填入背景色。這樣一來選取範圍就會被遮罩，只有人物部分會顯示出溪谷影像素材（「material1」圖層）❺。按 Ctrl（⌘）+ D 鍵取消選取。

使合成的照片與人物的分界不那麼明顯

為了讓溪谷影像與人物照融合得更自然，接下來要進行一些局部的遮罩處理。

1 點選「material1」圖層並新增圖層遮色片 ❶。

2 選取「工具列」中的「筆刷工具」，用黑色塗抹模特兒的雙肩及臉部 ❷，將這些部分遮罩起來。

將筆刷的「硬度」、「不透明」、「流量」都設為「50%」左右，便可達成自然的融合效果。

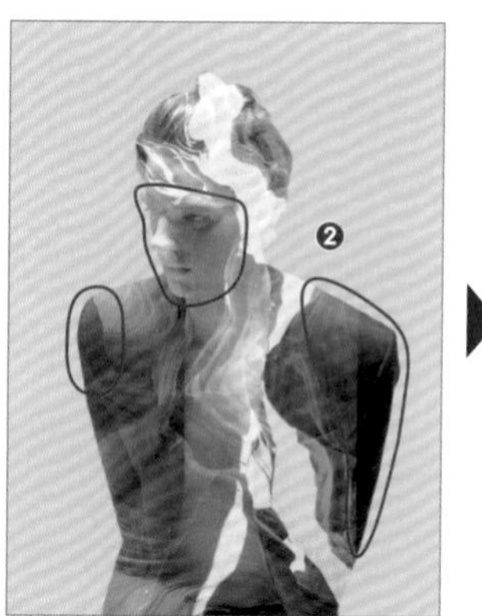

由於已在群組上套用遮色片，故可放心地用筆刷塗抹，不必擔心會因為反覆塗抹多次而使影像超出範圍。

統一整體顏色

到目前為止的編修，黑白人物、合成的峽谷，還有背景的色調都不一致，缺乏統一感。我們要讓整體反映相同的色彩，統一色調。

1 在最上層新增一個「純色」填色圖層（顏色：#cea97a）❶，並將該圖層設為「混合模式：覆蓋」，「不透明度：60%」❷。

添加色彩

最後要變更合成部分的色相與飽和度，添加青色調後，再套用漸層遮色片讓原始顏色透出。

即將完成！

① 在「群組 1」圖層群組之上新增「色相／飽和度」調整圖層，並針對「群組 1」圖層群組建立剪裁遮色片 ❶。接著在「內容」面板設定「色相：-175」，「飽和度：-15」❷。

② 點選「工具列」中的「漸層工具」，於選項列選擇「線性漸層」後，按住 Shift 鍵不放如右圖拖曳 ❸。

藉由套用漸層遮色片，原始顏色便能透出來 ❹。

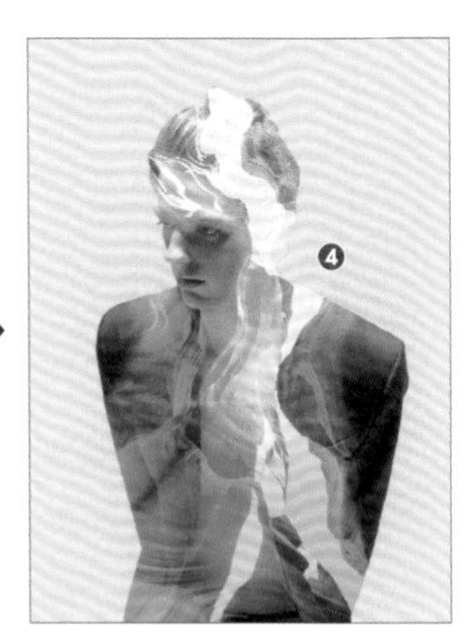

即將完成！

③ 繼續於「色相／飽和度 1」圖層之上再新增一個「色相／飽和度」調整圖層，並同樣建立剪裁遮色片 ❺。在「內容」面板替此「色相／飽和度 2」圖層設定「飽和度：+35」❻。

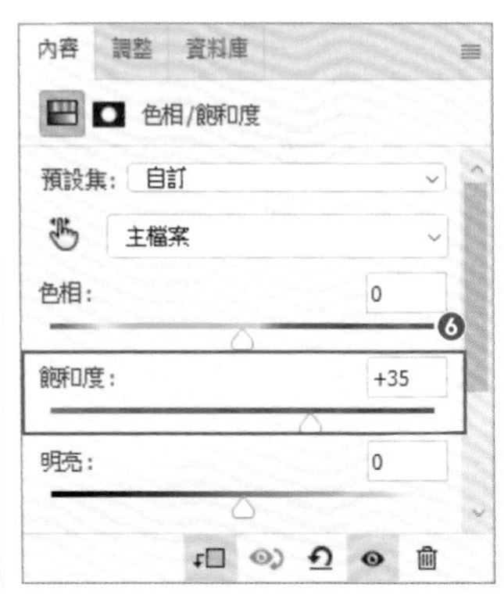

完成！ 充分發揮兩張照片各自特色的多重曝光風格影像，至此大功告成。

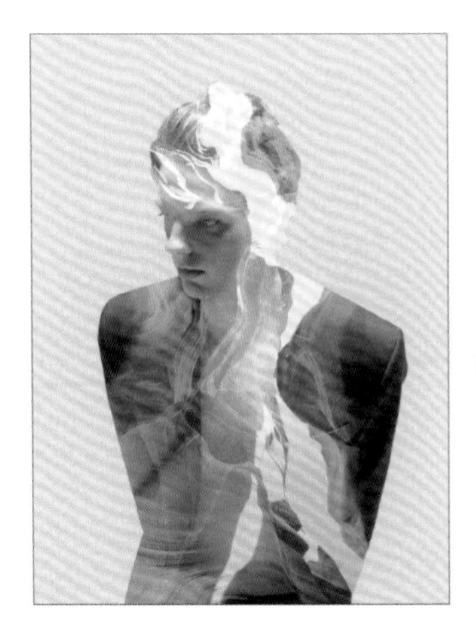

COLUMN

透過觀察，就能展現變化萬千的各種世界

在合成廢墟與海底的課程中，我們重現了光線的量隨著深度越深而減少，與海面的距離越遠而漸漸變暗的視覺效果。正如各位從課程中體驗到的，那是合成兩張照片所做出的場景，並非實際從海底朝著海面拍攝而得。儘管如此，該作品依舊成功展現出了宛如真的從海底抬頭仰望般的真實感，可不是嗎？

這影像終究只是一種「視覺表現」，並非現實。但藉由一邊想像光線的照射狀況一邊進行編修處理，就能做出具真實感的作品。我們並不是依據太陽光如何穿透海水直到海底的科學知識來編修影像。其實只要「觀察」眼睛所接收到的資訊，並「整理」這些資訊，然後將資訊「重新建構」成影像，便能創造出具真實感的視覺表現。

平常就要多多觀察眼前的景與物。映入眼簾的資訊就是「老師」，也是「答案」。

請試著想像「潛入海中的時候」、「看著大型水族箱的時候」。視野很清晰嗎？不同於照射至地面的光線，在水中，深度越深，光線就越到達不了。那麼，在光線難以到達的狀態下，視野會有什麼樣的變化？在越變越暗的同時，物體的輪廓也會越來越模糊，越來越看不清楚。正如受強光照射時對比就會很強烈，光線一旦變弱，對比也隨之轉弱。請從日常生活開始觀察，並整理要點，以呈現出準確的印象。

合成廢墟與海底的例子，正是將平日觀察而得的「海水的透光性沒有那麼高，所以偏暗。而因為偏暗，所以對比也較弱」這樣的資訊反映在作品中。除此之外，藉由將自身所具備的其他知識，像是光線的折射及水底相機的鏡頭特性等也反映出來，就能更進一步增加作品的真實感。

即使是在創作賽博龐克或動漫風格等脫離現實的視覺表現時，也同樣適用此道理。就算是超現實的世界，藉由納入日常觀察而得的資訊，才能呈現出具說服力的世界觀。

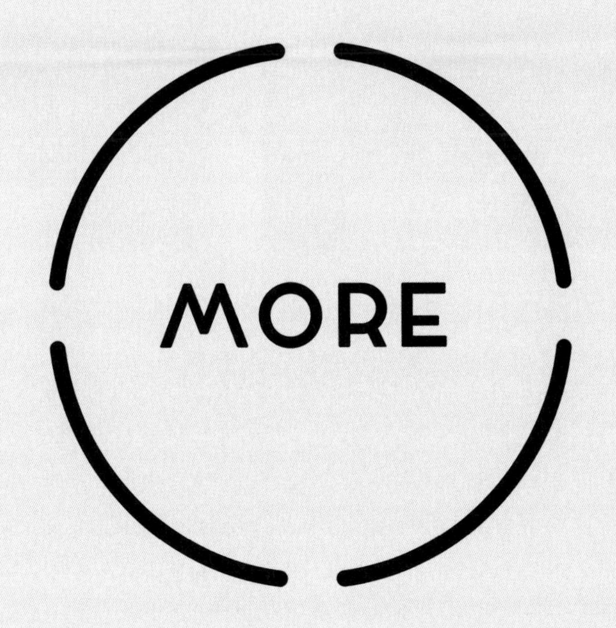

有助於更上一層樓的知識

這部分整理了外掛程式的介紹
以及快速鍵列表等可進一步提升效率的實用知識。

外掛程式 #Luminar

活用 Luminar 外掛程式

這個部分要介紹可擴充 Photoshop 功能的外掛程式。我們一起來瞭解使用外掛程式能夠做些什麼吧。

Luminar AI

開發公司：Skylum
（skylum.com）

Before

After

攝影：Emma Anna Claire Suga

Luminar AI 是一款基於 AI 技術的外掛程式，專門用於自動校正，可快速獲得預期的效果。它能瞬間變換天空的顏色，也能輕鬆改變人像照給人的印象。

必備知識！

● 什麼是外掛程式？

所謂的「外掛」，是指藉由結合外部軟體等來擴充功能的方法。而以此為目的製作的工具軟體，就叫「外掛程式」（簡稱「外掛」）。外掛程式的英文 plug-in，據說本來是指在製作音樂時用插頭連接（plug）各個設備以變化聲音的做法，漸漸地，大家便將擴充功能都泛稱為 plug-in。

AI Sky Replacement 使用範例

Before

攝影：澀谷美鈴（Instagram：@sby_msz）

After

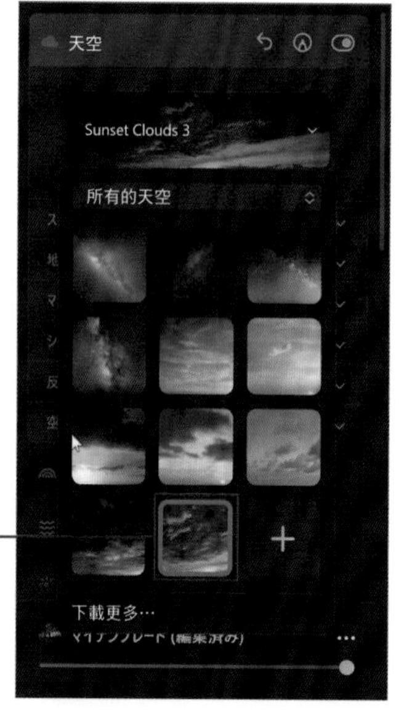

使用AI Sky Replacement這個功能時，只需從範本中選取天空，該功能便會自動合成所選取的天空，並調整讓整體影像融合得更自然。

AI Skin Enhancer 使用範例

Before

攝影：澀谷美鈴（Instagram：@sby_msz）

After

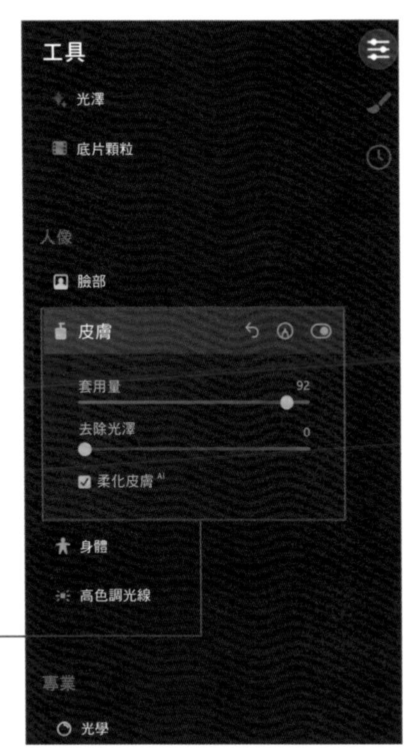

想用Photoshop改善膚質時，必須自行指定要調整的部分。但Luminar的AI Skin Enhancer功能則可自動偵測皮膚上的瑕疵等，並達成自然的修整效果

使用外掛程式

若要使用外掛程式，你可先透過 Photoshop 的「增效模組」選單來新增外掛程式，或是直接將外掛程式安裝於電腦。以下便以 Luminar AI 為例，介紹直接安裝至電腦的做法。

1. 啟動 Luminar AI 的安裝程式，確認已勾選下方軟體清單中的 Photoshop 項目後❶，進行安裝。

2. 待安裝完成，就能在「濾鏡」選單中看到「Skylum Software > Luminar AI」了❷。

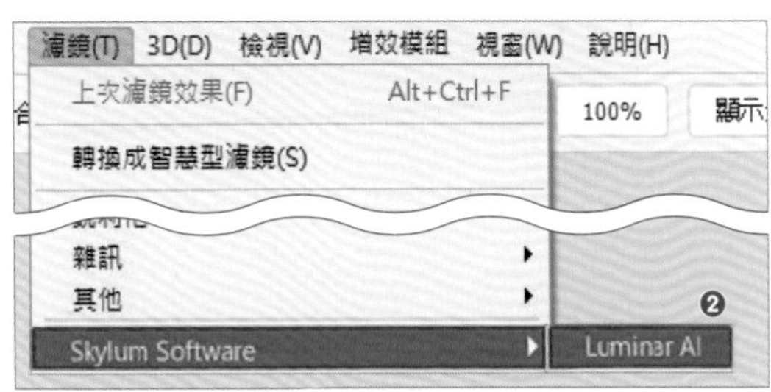

快速鍵列表

以下要介紹的是能提升 Photoshop 操作效率的各種快速鍵。

如何使用快捷

所謂快速鍵，就是能利用電腦鍵盤進行操作的按鍵。藉由按下特定按鍵，即可切換各種功能。而依據操作內容不同，有些快速鍵需搭配使用滑鼠，也有些操作只在按下快速鍵的期間運作。

※ 以下僅列出 Windows 的快速鍵。若你使用 Mac，請將 Ctrl 替換為 ⌘，將 Alt 替換為 option 即可。不適用此規則者會列在（ ）內。

※ 所列順序是依據選單項目順序＋推薦度順序。

● 基本操作的快速鍵

目的	按鍵操作
開新檔案	Ctrl + N
開啟舊檔	Ctrl + O
覆寫儲存檔案	Ctrl + S
另存新檔	Ctrl + Shift + S
儲存副本	Ctrl + Alt + S
列印	Ctrl + P
結束（關閉 Photoshop）	Ctrl + Q

● 編輯的基本快速鍵

目的	按鍵操作
還原操作	Ctrl + Z
重做還原的操作	Ctrl + Shift + Z
剪下	Ctrl + X
拷貝	Ctrl + C
貼上	Ctrl + V
任意變形	Ctrl + T
切換前景和背景色	X
恢復為預設的前景和背景色	D
切換至快速遮色片模式	Q

● 操作影像的快速鍵

目的	按鍵操作
開啟「影像尺寸」對話視窗	Ctrl + Alt + I
開啟「版面尺寸」對話視窗	Ctrl + Alt + C
執行「自動色調」	Ctrl + Shift + L
執行「自動對比」	Ctrl + Shift + Alt + L
執行「自動色彩」	Ctrl + Shift + B

● 操作圖層的快速鍵

目的	按鍵操作
建立新圖層	Ctrl + Shift + N
將圖層群組起來	Ctrl + G
選取全部圖層	Ctrl + Alt + A
合併可見圖層	Ctrl + Shift + E
在所選圖層之下插入新圖層	Ctrl + 點按「建立新圖層」鈕
選取最上層的圖層	Alt + .
選取最下層的圖層	Alt + ,
選取下一層 / 上一層圖層	Alt + [/]
將目前選取的圖層往下 / 往上移一層	Ctrl + [/]
將圖層移至最下 / 最上層	Ctrl + Shift + [/]
隱藏其他圖層	Alt + 點按眼睛圖示

目的	按鍵操作
合併所選圖層	Ctrl + E
隱藏圖層樣式	Alt + 雙按圖層樣式的效果名稱
關閉 / 啟動圖層遮色片	Shift + 點按圖層遮色片縮圖
建立 / 解除剪裁遮色片	Ctrl + Alt + G
建立剪裁遮色片	Alt + 點按圖層的分界線
建立隱藏全部 / 選取範圍的圖層遮色片	Alt + 點按「增加圖層遮色片」鈕

● 與選取範圍有關的快速鍵

目的	按鍵操作
選取全部	Ctrl + A
取消選取	Ctrl + D
重新選取	Ctrl + Shift + D
增加選取範圍	Shift + 拖曳
從選取範圍減去	Alt + 拖曳
反轉選取範圍	Ctrl + Shift + I
將選取範圍複製到新圖層	Ctrl + J
建立正圓形或正方形的選取範圍	Shift + 拖曳
從中心開始建立出選取範圍	Alt + 拖曳

● 與影像的顯示有關的快速鍵

目的	按鍵操作
移動版面	Space + 拖曳
以 100% 的比例顯示	Ctrl + 1
依畫面大小顯示（顯示全頁）	Ctrl + 0
暫時切換為「縮放顯示工具」	Ctrl + space
暫時切換為「縮放顯示工具」的縮小顯示	Alt + space（option + ⌘ + space）

目的	按鍵操作
以滑鼠指標的位置為中心放大、縮小顯示	Alt + 轉動滑鼠滾輪
顯示尺標	Ctrl + R

● 切換（選取）工具的快速鍵

目的	按鍵操作
切換至「移動工具」	V
切換至「矩形選取畫面工具」/「橢圓選取畫面工具」	M
切換至「物件選取工具」（「快速選取工具」/「魔術棒工具」）	W
切換至「裁切工具」	C
切換至「滴管工具」	I
切換至「筆刷工具」	B
切換至「仿製印章工具」	S
切換至「橡皮擦工具」	E
切換至「漸層工具」/「油漆桶工具」	G
切換至「加亮工具」/「加深工具」	O
切換至「筆型工具」	P
切換至「水平文字工具」/「垂直文字工具」	T
切換至「路徑選取工具」/「直接選取工具」	A
切換至「矩形工具」/「橢圓工具」	U
切換至「手形工具」	H
切換至「縮放顯示工具」	Z（+ Alt 可切換至縮小顯示）
從選取類工具暫時切換至「移動工具」	Ctrl

超迷人 Photoshop 入門美學 (CC 適用)

作　　者：senatsu
文字設計：木村由紀（MdN Design）
製　　作：柏倉真理子
設計團隊：高橋結花 / 鈴木 薫
協力編輯：日下部理佳（時間株式会社）/ 明間慧子
編　　輯：浦上諒子
副 主 編：田淵 豪
主　　編：藤井貴志
譯　　者：陳亦苓
企劃編輯：江佳慧
文字編輯：詹祐甯
設計裝幀：張寶莉
發 行 人：廖文良

發 行 所：碁峰資訊股份有限公司
地　　址：台北市南港區三重路 66 號 7 樓之 6
電　　話：(02)2788-2408
傳　　真：(02)8192-4433
網　　站：www.gotop.com.tw
書　　號：ACU084500
版　　次：2023 年 10 月初版
建議售價：NT$550

商標聲明：本書所引用之國內外公司各商標、商品名稱、網站畫面，其權利分屬合法註冊公司所有，絕無侵權之意，特此聲明。

版權聲明：本著作物內容僅授權合法持有本書之讀者學習所用，非經本書作者或碁峰資訊股份有限公司正式授權，不得以任何形式複製、抄襲、轉載或透過網路散佈其內容。
版權所有 ● 翻印必究

國家圖書館出版品預行編目資料

超迷人 Photoshop 入門美學(CC 適用) / senatsu 原著；陳亦苓譯. -- 初版. -- 臺北市：碁峰資訊, 2023.10
面；　公分
ISBN 978-626-324-634-8(平裝)
1.CST：數位影像處理
312.837　　112014854

讀者服務

- 感謝您購買碁峰圖書，如果您對本書的內容或表達上有不清楚的地方或其他建議，請至碁峰網站：「聯絡我們」\「圖書問題」留下您所購買之書籍及問題。（請註明購買書籍之書號及書名，以及問題頁數，以便能儘快為您處理）
http://www.gotop.com.tw
- 售後服務僅限書籍本身內容，若是軟、硬體問題，請您直接與軟體廠商聯絡。
- 若於購買書籍後發現有破損、缺頁、裝訂錯誤之問題，請直接將書寄回更換，並註明您的姓名、連絡電話及地址，將有專人與您連絡補寄商品。